미적분에 빠신 하루

골디락스 접근법을 활용한 새로운 미적분 교과서

골디락스 접근법을 활용한 새로운 미적분 교과서

미적분에 빠진 하루

초판 1쇄   2020년 12월 22일

지은이 오스카 E. 페르난데스
옮긴이 강신원
발행인 최홍석

발행처 (주)프리렉
출판신고 2000년 3월 7일   제 13-634호
주소 경기도 부천시 원미구 길주로 77번길 19 세진프라자 201호
전화 032-326-7282(代)   **팩스** 032-326-5866
URL www.freelec.co.kr

편집 강신원
표지 디자인 황인옥
본문 디자인 박경옥

ISBN 978-89-6540-285-5

미적분에 빠진 하루

골디락스 접근법을 활용한
새로운 미적분 교과서

오스카 E. 페르난데스 지음

강신원 옮김

프리렉

에밀리아와 앨리시아에게
언젠가 너희가 미적분을 마주했을 때
이 책을 펼쳐 읽고선 나를 보고 안아주었으면.
내가 수학을 사랑하는 만큼,
아니 그보다 더 너희 둘을 사랑한단다.

머리말

반갑습니다. 저는 웰즐리 대학 포츠하이머 교수학습센터장이자 수학과 조교수인 오스카 페르난데스(Oscar Fernandez)입니다. 이제부터 제가 미적분을 알려드리겠습니다.

누구를 위한 책인가?

다음 세 가지 항목을 통해 여러분이 이 책에 알맞은 독자인지 확인할 수 있습니다.

- 대수, 기하 및 일부 함수에 대한 배경 지식이 있는가(초월 함수 - 지수, 로그, 삼각 함수 - 에 대한 지식은 필수가 아님)? 만약 그렇다면, 이 책은 당신을 위한 것이다.
- 지금 미적분 과정을 배우고 있는가(또는 조만간 배울 예정인가)? 만약 그렇다면, 이 책은 당신을 위한 것이다.
- 오래전에 미적분을 배운 적 있는데, 지금 다시 빠르게 복습하고 싶은가? 만약 그렇다면, 이 책은 당신을 위한 것이다.

이러한 세 가지 질문 중에 하나라도 "아니오."라고 답했다면 이 책은 당신을 위한 책이 아닐 수 있습니다. 그렇다면 우선 이 책이 당신에게 적합한지 훑어보고 결정하기를 권합니다. 앞선 질문에 모두 "예."라고 답했다면, 좋습니다! 계속 진행합시다.

인지 과학자들이 과거 수십 년간 축적한 증거에 따르면 오늘날 '골디락스 효과'라고 부르는 학습 방법이 효과가 있다고 합니다. 골디락스 효과란 넘치지도 모자라지도 않게 딱 맞는 수준의 도전과 복잡성으로 가르칠 때 최선의 학습 효과를 얻을 수 있다는 것입니다.

그렇다면 미적분을 배울 때의 도전에 대해 생각해 봅시다. 전통적으로 학생들은 세 가지 학습 원천으로부터 도움을 받습니다. 바로 미적분 교과서와 선생님, 보충 자료(참고서나 문제집)입니다. 이들 세 가지는 각각 장점과 단점이 있습니다. **그림 1**의 ⓐ는 세부 수준(자세한 설명)과 통찰의 깊이, 콘텐츠의 개인화라는 세 가지 측면에서 이들의 장점과 단점을 나타낸 것입니다.

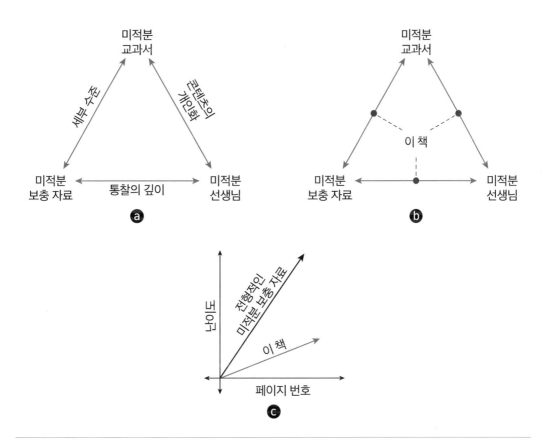

그림 1

머리말 **007**

앞서 언급한 미적분을 배우는 세 가지 학습 원천을 이러한 세 가지 측면에서 비교해 보면 다음과 같은 몇 가지 사항을 확인할 수 있습니다.

- **세부 수준 측면:** 대부분의 미적분 보충 자료(참고서나 문제집)에는 수학적 정리에 대한 공식적인 설명이 없습니다. 이는 논의된 공식과 기법을 언제 적용할 수 있는지 항상 명확하지는 않다는 뜻입니다(언제 적용하는지는 해당 정리의 가설부터 살펴봐야 명확하게 알 수 있습니다). 반면에 대부분의 미적분 교과서는 정반대여서, 정리 및 증명에 대한 공식적인 설명으로 가득 차 있습니다. 그 결과 미적분 학습 경험이 너무 형식적으로 느껴지게 됩니다. 즉, 증명과 엄격함이 종종 설명을 지나치게 복잡하게 만들고, 개념 뒤에 있는 직관을 모호하게 만듭니다. `결론` 세부 설명이 너무 적으면 미적분에 대한 잘못된 지식으로 이어질 수 있다. 세부 설명이 너무 자세하면 미적분에 대해 흥미를 잃게 될 수 있다.

- **통찰의 깊이 측면:** 대부분의 미적분 보충 자료는 표면적인 수학적 통찰력만을 제공하며, 대신 계산 기술과 과정, 기법을 가르치는 데 더욱 중점을 둡니다. (예: "A를 보면 이렇게 푸시오.") 공정하게 말하자면 대부분의 미적분 보충 자료는 말 그대로 보충하는 용도일 뿐입니다. 따라서 더 깊은 수학적 통찰을 제공하는 미적분 교과서나 선생님을 통한 학습과 병행하는 것이 좋습니다. 하지만 미적분을 배울 때 보통 학생들이 "이론은 적게, 예제를 더 많이"라고 요청하는 데서 알 수 있듯이 교과서나 선생님은 너무 지나칠 때가 있습니다. `결론` 통찰의 깊이가 모자르면 미적분을 암기 과목처럼 느끼게 한다. 통찰의 깊이가 너무 깊으면 미적분을 너무 이론적이고 비현실적으로 느끼게 만든다.

- **콘텐츠의 개인화 측면:** 고등학교에서 배우는 미적분은 교육 과정의 개정에 따라 다루는 내용이 달라집니다. 그리고 대학에 진학하게 되면 전공에 따라 필요한 미적분 내용도 다르기 마련입니다. 하지만 미적분 교과서에서는 이러한 측면을 고려하지 않습니다. 게다가 대학의 미적분 교재는 수업에서 다룰 수 있는 것보다 훨씬 많은

내용을 담은 거의 천 페이지에 달하는 두께입니다. 따라서 보통의 미적분 교과서는 여러분의 관심사에 전혀 맞춤화되지 않았습니다. 대학에서는 미적분 교과서에서 제공하는 수백 페이지의 콘텐츠를 대략 30시간 길이의 수업으로 추출하기 위해 최선을 다하며, 이상적으로는 수업에 참여하는 학생들의 특정 관심사를 고려합니다. 이는 확실히 미적분 교과서보다는 개선된 것이지만, 많은 학생들 중에 각 학생에게 콘텐츠를 개인화하는 것은 여전히 어렵습니다. 결론 콘텐츠의 개인화가 너무 부족하면 미적분을 제대로 배울 기회를 낭비하는 셈입니다. 물론, 보통 미적분 강사가 가르치는 내용은 미적분 교과서보다는 개선되었지만, 충분히 개인화되지는 않았습니다.

결론: 지금까지 논의한 학습 원천 중 어느 것도 미적분 학습에 "딱 맞춤"인 것은 없습니다. 그래서 바로 이 책을 집필했습니다.

이 책은 미적분을 배우는 데 "골디락스 접근법"을 활용한다

그림 1의 **ⓑ**가 나타내는 바는 다음과 같습니다.

- **이 책은 직관과 이론의 균형을 맞춰 적절한 수준의 세부 정보를 제공한다.** 1장에서는 미적분학의 핵심 아이디어를 다룹니다. 1장에서 다루는 내용은 책의 나머지 부분에서 배울 모든 내용의 기반이 됩니다. 왜냐하면 미적분학의 주요 개념과 사고 방식, 지배적인 프레임워크 뒤에 있는 직관을 개발하는 데 초점을 맞추기 때문입니다. 이어지는 장에서는 정의 및 정리에 대한 공식적인 설명과 적절한 균형을 유지하면서 미적분의 수학에 대해 논의하므로, 여러분은 미적분 용어를 배우고 전체 스토리를 이해하며 언제, 어떻게 사용하는지까지 체득할 수 있습니다.
- **이 책을 통해 여러분은 미적분 탐험을 개인화할 수 있다.**

이 책으로 미적분을 배우는 데는 지수 함수와 로그 함수 또는

삼각 함수에 대한 사전 지식이 필요하지 않다

$\sin x$가 무엇인지 모른다고요(또는 아직 완전히 이해하지 못했다고요)? e^x나 $\ln x$도 그렇다고요? 그래도 문제 없습니다. 이들 함수의 미적분은 매 섹션의 끝 부분('초월 함수 이야기'라는 소제목)에서 다룹니다. 원한다면 읽고, 원하지 않으면 건너뛰어도 됩니다. 선택은 여러분 몫입니다.

또한 각 섹션에서는 이론에 대해 논의하지만, 증명보다는 직관에 중점을 둡니다. 더 많은 기술적인 논의와 증명은 부록으로 남겼습니다(프리렉 홈페이지 자료실에서 내려받으면 됩니다). 이 역시 원한다면 내려받아 살펴보고 원하지 않으면 건너 뛰어도 됩니다.

마지막으로, 실생활에 응용하는 깊이 있는 내용에도 똑같은 접근법을 사용합니다. 이러한 내용은 부록 B에 포함되어 있습니다.

이 책을 이렇게 구성함으로써 여러분은 **그림 1 ⓒ**에 나타냈듯이 보다 친절하고 부드럽게 미적분을 익힐 수 있으며, 직관적으로 이해할 수 있습니다.

- **이 책은 깊이 있는 수학적 통찰력에 대해 딱 맞는 수준을 제공한다.** 여러분은 미적분의 "어떻게"와 "왜"를 모두 배우게 됩니다. 그러면서 어째서 미적분의 핵심 개념이 중요한지 이해할 수 있습니다. 여러분은 다양한 다른 장소(예: 실제 상황)에서 미적분 개념이 나타나는 것을 접하게 됩니다. 그리고 원한다면 미적분의 발명을 이끈 역사적 맥락까지도 살펴볼 수 있습니다(이들 내용 중 일부는 선택 사항이며 부록에 포함되어 있습니다).

페이지 수

핵심 미적분
(초월 함수 없음) — 150

표준 미적분
(초월 함수 포함) — 180

그림 2

Reason 2 ﹕ 이 책으로 공부해야 하는 이유: 보너스 기능

이 책에서는 골디락스(맞춤식) 접근 방식에 더해 다음과 같이 설계된 추가 기능으로 여러분의 미적분 학습을 강화합니다.

- **간결한 콘텐츠**: 이 책에서는 연습문제와 부록을 제외하면 기껏해야 180페이지 분량으로 미적분을 설명합니다. 초월 함수(지수, 로그 및 삼각 함수)를 제외하면 150페이지까지 줄어듭니다(**그림 2**). 이러한 분량은 보통의 미적분 교과서에서 동일한 내용을 가르치는 데 드는 대략 300페이지보다 훨씬 적습니다.

- **200여 개의 예제 풀이**: 이 책에는 196개의 독특한 예제와 풀이 과정이 포함되어 있습니다. 또한 그중 많은 문제에 대해 단순한 계산을 넘어 생각하는 과정을 풀어 썼습니다. 따라서 여러분도 수학자가 미적분을 바라보듯이 생각하는 방법을 배울 수 있습니다.

- **모든 연습문제의 해답**: 이 책에는 300여 개의 연습문제가 있습니다. 그중에서 증명이나 유도를 묻는 문제가 아닌 모든 연습문제에 대해 해답을 수록했습니다.

- **색상과 상자를 활용한 콘텐츠 구분**: 본문에 나오는 정의와 정리 및 중요한 내용은 파란색 상자로 표시하여 쉽게 찾을 수 있습니다. 각 장 마지막에 있는 연습문제에서도 응용 문제는 파란색으로 표시했습니다. 물론 이 외에도 다양한 개념을 설명하는 데 색상을 사용합니다.

- **도서 콘텐츠와 연계된 온라인 콘텐츠**: 수학에서 인터랙티브 그래프나 영상은 때로 백 마디 말보다 낫습니다. 이 책에서는 도서 콘텐츠를 기반으로 한 여러 디지털 리소스를 만들어 학습을 돕습니다. 이 책 곳곳에서 온라인 콘텐츠에 대한 참조를 찾을 수 있으며, 그래프 및 기타 디지털 리소스에 대한 원문 링크는 다음 웹 사이트에서 확인할 수 있습니다.

$$https://press.princeton.edu/titles/13351.html$$

또한 이 책의 각 장에 딸린 온라인 부록은 프리렉 홈페이지 자료실에서 내려받을 수 있습니다.

$$https://freelec.co.kr \rightarrow [자료실]$$

- **참고문헌 제공**: 이 책에서 사용한 외부 콘텐츠나 그밖에 유용한 자료에 대한 출처는 참고문헌으로 제공합니다. 참조할 참고문헌은 본문에서 대괄호로 감싼 숫자로 표현합니다(예를 들어, 참고문헌 [3]).
- **저자에게 직접 문의**: 이 책은 여러분이 미적분을 배우는 데 도움을 주는 것이 목적입니다. 따라서 질문이나 의견, 제안할 사항이 있으면 언제든지 저자에게 다음 이메일로 연락하세요. (다만, 질문은 진지해야 하며, 영문으로 보내야 합니다.)

$$math@surroundedbymath.com$$

또한 다음 링크를 통해 이 책에 대한 피드백을 보내도 좋습니다.

$$https://goo.gl/forms/yOIFolqTEEdzkVhr2$$

여러분의 의견은 이 책을 개선하는 데 도움이 되며 앞으로 새로운 버전에 반영될 것입니다.

끝으로

　이 책은 미적분을 배우는 데(또는 다시 복습하는 데) 관심이 있는 모든 사람을 위한 책입니다. 첫째, 무엇보다도 먼저 미적분 교과서에서 다루는 표준 콘텐츠를 재구성하여 세부 수준과 통찰의 깊이, 콘텐츠의 개인화 측면(**그림** 1의 **ⓐ**와 **ⓑ** 참조)에서 "적절한" 균형을 유지하려 노력했습니다.

　둘째, 이 책은 미적분을 "물 흐르듯이" 효과적으로 학습할 수 있도록 설계되었습니다. 하지만 "물 흐르듯이"와 "물타기(물을 부어 흐리게 만듦, 즉 엄격함이나 자세함을 배제하는 것)"를 혼동해서는 안 됩니다. 이 책은 미적분 공식을 모아놓거나 (이미 미적분을 알고 있다고 가정하고) 단순히 미적분 개념에 대해 간단하게 다루는 책이 아닙니다. 이 책은 필자가 대학에서 교양 미적분을 가르치며 만든 노트를 기반으로, 미적분을 배우는 데 방해가 되는 과도한 콘텐츠를 제거하고 형식적이지 않은 문장으로 풀어썼으며, 연관된 실제 응용 사례를 제시하여 여러분이 미적분을 다양한 경로를 통해 배울 수 있도록 구조화했습니다.

　마지막으로, 미적분 교과서에서 다루는 대부분의 주제 역시 이 책에서도 다룹니다. 하지만 이 책에서 미적분 모두를 포괄적으로 다루지는 않습니다. 이 책은 현재의 미적분 교과서와는 구성 측면에서 차이가 있습니다(물론 원한다면 교과서로도 사용할 수 있음). 동시에 보통의 미적분 보충 자료보다는 훨씬 더 많은 내용을 다룹니다. 앞에서 설명한 바를 다시 언급하자면 이 책은 미적분 교과서와 미적분 보충 자료 사이의 "골디락스 영역"을 차지합니다.

　여러분과 함께 미적분 모험을 시작하게 되어 정말 기쁩니다. 이 책으로 한번 미적분을 배우고 나서 에필로그를 읽어보기 바랍니다. 에필로그에는 미적분을 넘어 수학을 탐색하는 데 유용한 조언과 격려가 포함되어 있습니다. 1장에서 만납시다!

매사추세츠주 브루클린에서

오스카 E. 페르난데스

환영합니다. 이 책을 통해 모험을 시작하기 전에 미적분을 정복하는 데 도움이 되는 몇 가지 실용적인 팁을 먼저 이야기하겠습니다.

이 책에서 배울 수 있는 것

'이 책에서 배울 수 있는 것'이라니 미적분 책인데 이런 말이 조금 우습게 들릴 수 있습니다. 하지만 연구에 따르면, 학생들은 사전에 무엇을 배우려 하는지 그리고 수업이 끝나고 나서 배운 지식으로 무엇을 할 수 있는지 미리 알 때 가장 효과적으로 배울 수 있다고 합니다. 이 책에서는 각 장 시작 부분에서 먼저 '미리보기'로 배울 내용을 간단히 소개하고, 자세한 학습 목표와 목적은 프리렉 홈페이지 자료실에서 내려받아 살펴볼 수 있게 했습니다. 따라서 이 책의 각 섹션을 읽을 때 해당 자료를 편리하게 살펴볼 수 있도록 준비하는 것이 좋습니다. (또한, 이 책의 원문 웹 사이트에서는 이 책의 학습 목표와 목적을 AP Calculus(대학 교양과목 수준의 미적분)에서 사용하는 커리큘럼 프레임워크에 매핑하므로 관심 있는 분은 참고해도 좋습니다.)

수학 책을 읽는 방법(이 책을 포함해서)

등장 인물과 줄거리와 같은 소설의 요소를 이 책에 불어넣기 위해 최선을 다했지만, 이 책은 소설이 아닙니다. 따라서 이 책은 소설을 읽을 때와는 달리 읽어야 합니다. 예를 들어 단순히 이 책을 읽는 것만으로는 미적분을 이해하는 데 도움이 되지 않습니다. 그것보다는 오히려 이 책을 통해 직접 연습하는 것을 추천합니다. 예제로 익히고, 연습문제를 풀고, 보충 자료를 살펴보세요. 수학을 배우는 데는 수학을 직접 해보는 것이 최고입니다. 더불어 이 책을 읽고 풀면서 그때그때 떠오르는 질문과 의견을 적어두세요. 그래야만 수학을 수동적이 아니라 능동적으로 배울 수 있습니다.

미지막으로 수학에서 정리(Theorem)가 수행하는 특별한 역할과 정리를 최대한 활용하는 방법에 대해 이야기하겠습니다. 느슨하게 말해서 정리는 참이라고 증명된 문장입니다. 선형직인 정리는 서론, 가정, 결론과 같은 구조를 가지고 있습니다. 피타고라스 정리를 예로 들면 다음과 같습니다.

정리(피타고라스 정리): 평면에서 직각 삼각형을 생각해 봅시다.

c는 삼각형의 빗변의 길이를 나타내고 a와 b는 다른 두 변의 길이를 나타냅니다.

그러면 $c^2 = a^2 + b^2$입니다.

이 정리에서 첫 번째 문장은 서론으로서, 정리가 무엇에 대해 말하려 하는지 맥락을 제공합니다. 두 번째 문장에는 몇 가지 가정이 포함되어 있습니다(여기에서도 그렇지만 때로는 서론에도 가정이 포함되어 있습니다). 마지막 문장은 결론을 담고 있습니다.

이 책을 통해 직접 연습하라는 앞선 말을 이러한 정리에 대해서도 똑같이 적용하세요. 정리를 만날 때마다 잠시 시간을 내어 정리가 말하는 내용을 제대로 이해합시다. 그림을 그리고, 정리를 말로 설명하고, 일부 가정을 제거하면 결론에 어떤 영향을 미치는지 상상해 보세요. 이 모든 작업을 수행하면 정리의 실제 쓰임새를 이해하고 기억하는 데 도움이 되며, 언제 정리를 적용할 수 있는지(또는 적용할 수 없는지) 알 수 있습니다.

더 나은 학생이 되는 방법

마지막으로 다음 한 가지를 권합니다. 공부하는 동안 학습법에 관한 과학의 최신 연구를 활용하십시오. 사실이나 개념을 머릿속에서 떠올리는 인출 연습(retrieval practice)과 유형이 다른 문제를 섞어서 푸는 인터리빙(interleaving)과 같은 학습 전략은 모두 인지과학 연구에 의해 뒷받침됩니다. 이 책과 관련한 원문 웹 사이트에서 이러한 학습 전략에 대한 내용을 살펴볼 수 있습니다

좋습니다. 지금은 이게 전부입니다. 이제 미적분 모험을 시작합시다!

강사에게

아마도 이 책을 보고 "별로 다른 것도 없잖아!"라고 생각할지도 모르겠습니다. 하지만 이 책은 다릅니다. 이 책의 목표는 수많은 미적분 교과서 중의 또 다른 하나로 자리 잡으려는 것도 아니고, 학생들에게 미적분이라는 주제를 지나치게 단순화해서 설명하고자 하는 것도 아닙니다. 그보다는 앞서 언급했듯이, 미적분 교과서에서 표현하는 콘텐츠의 표준을 재구성하여 세부 수준과 통찰의 깊이, 콘텐츠의 개인화 측면에서 "적절한" 균형을 유지하려 했습니다.

이 책은 시대의 징조이기도 합니다. 트위터와 SNS 시대에 학생들은 더 짧고 간결하게 미적분을 다루기 원한다는 것이 점점 분명해졌습니다. 이 책에서는 초월 함수와 관련된 학습을 선택할 자유와 함께, 간결하게 설명을 진행함으로써 학생들이 미적분 개념에 좀 더 빠르게 익숙해질 수 있습니다. 실제로 필자는 이 책의 내용을 미적분 입문 과정의 주요 교재로 성공적으로 사용했을 뿐만 아니라, 더 엄격한 고급 미적분 과정의 참고 자료로도 활용했습니다(특히 연습문제가 다루는 범위가 넓기 때문에).

마지막으로 강사들에게 도움될 만한 것으로, 앞서 이 책의 학습 목표와 목적을 언급하면서 이야기한 AP Calculus에서 사용하는 커리큘럼 프레임워크에 대한 내용을 참고하면 좋습니다. AP Calculus 커리큘럼에는 미적분에 대한 다양하고 유용한 교육 기술을 논의하는 것 외에도 AP Calculus에서 다루는 각 개념에 대한 자세한 학습 목표와 함께, 미적분에 대한 6가지 광범위한 학습 목적을 자세히 설명합니다. 이 책과 함께 제공되는 원문 웹 사이트에서 AP Calculus 프레임워크의 각 학습 목표와 목적을 이 책의 관련 섹션 및 연습문제에 매핑하는 보충 자료를 찾을 수 있습니다.

시작하기 전에

이 책을 읽을 때는 다음과 같은 사항을 염두에 두면 좋습니다.

번호 매기기 체계

- 수식에 번호를 매겨야 할 경우, (장 번호.수식 번호) 형식으로 번호를 매겼습니다. 예를 들어 **3.17**은 3장에서 17번째로 번호를 붙인 수식을 나타냅니다.
- 수식 번호는 다음과 같이 책에서 오른쪽으로 표시됩니다. **3.17**
- 각 장의 그림과 표는 x.y로 표시하며, 회색 동그라미로 표현하지 않는다는 점을 제외하면 수식 번호 체계와 같습니다.
- 부록 A, B의 수식과 그림, 표는 (부록 문자.수식 번호) 형식으로 번호를 매겼습니다. 예를 들어 **B.7**은 부록 B에서 7번째로 번호를 붙인 수식을 나타냅니다.
- 각 장(X)에 딸린 부록에 있는 수식과 그림, 표는 각각 **AX.y** 및 AX.y로 번호를 매겼습니다. 예를 들어 식 **A1.5**는 1장 부록에서 5번째로 번호를 붙인 수식을 나타냅니다.

- 정의와 정리는 다음과 같이 파란색으로 나타냅니다.

  정의 2.1

  정의 내용...

  정리 3.2

  정리 내용...

- 부록 B에는 각 장에 포함하기에는 너무 긴 응용 예제가 담겨 있습니다. 이들은 본문에서 다음과 같이 회색 막대로 참조를 나타냅니다.

  > 응용 사례
  > 관련 내용...

- 각 장 끝의 연습문제에 대한 참조는 다음과 같이 나타냅니다.

  연관 문제 3, 4, 등

- 오른쪽에 있는 것과 같이 여백에 있는 얇은 파란색 사각형은 연계된 온라인 콘텐츠(인터랙티브 그래프 또는 추가로 논의하는 내용)가 앞서 언급한 웹 사이트에 있다는 표시입니다.

- 초월 함수(지수 함수, 로그 함수, 삼각 함수)가 포함된 콘텐츠는 '초월 함수 이야기'라는 소제목 아래에 표시됩니다.

- 그밖에도 많은 섹션에서 팁을 제안하고 핵심을 요약합니다. 이는 '팁과 아이디어, 핵심'이라는 소제목 아래에 표시됩니다.

Contents

머리말 006
학생에게 014
강사에게 016
시작하기 전에 018

1장
패스트트랙: 미적분에 대한 소개

022

1.1 미적분이란? 022
1.2 극한: 미적분의 기초 026
1.3 미적분의 발명으로 이어진 세 가지 어려운 문제 028

2장
극한: 한없이 다가가는 방법
(하지만 결코 도달하지 않는)

032

2.1 한쪽 극한: 그래프로 살펴보기 032
2.2 한쪽 극한의 존재 036
2.3 양쪽 극한 040
2.4 한 점에서 연속성 042
2.5 구간에서 연속성 045
2.6 극한의 법칙 052
2.7 극한의 계산 - 대수적 기법 056
2.8 무한대에 다가갈 때의 극한 062
2.9 무한대가 나오는 극한 067
2.10 끝으로 072

연습문제 073

3장
미분: 변화와 정량화

084

3.1 순간 속도 문제 해결하기 084
3.2 접선 문제 해결하기: 한 점에서의 미분계수 089
3.3 순간 변화율: 미분계수의 해석 093
3.4 미분 가능성: 미분계수가 존재할 때와 그렇지 않을 때 095
3.5 미분계수: 그래프 접근법 098
3.6 미분계수: 대수적 접근법 100
3.7 미분 공식: 기본 법칙 106
3.8 미분 공식: 거듭제곱의 법칙 109
3.9 미분 공식: 곱의 법칙 112
3.10 미분 공식: 연쇄 법칙 114
3.11 미분 공식: 몫의 법칙 117
3.12 (선택 사항) 초월 함수의 미분 119

3.13 고계 미분   126
3.14 끝으로   128
 연습문제   129

4장
미분의 응용

140

4.1 상관 비율   140
4.2 선형화   149
4.3 증가 김소 테스트   154
4.4 최적화 이론: 극값   162
4.5 최적화 이론: 최댓값과 최솟값   165
4.6 최적화의 응용   171
4.7 이계 미분의 의미   179
4.8 끝으로   186
연습문제   187

5장
적분:
변화를 더하다

200

5.1 면적으로서의 거리   200
5.2 적분에 대한 라이프니츠 표기법   204
5.3 미적분의 기본 정리   207
5.4 역미분과 미적분의 기본 정리 2   211
5.5 부정적분   214
5.6 적분의 속성   217
5.7 부호가 있는 순수 면적의 합   220
5.8 (선택 사항) 초월 함수의 적분   222
5.9 치환 적분   224
5.10 적분의 응용   232
5.11 끝으로   237
연습문제   239

에필로그   250
감사의 말   252
부록 A: 함수 알아보기   253
부록 B: 추가 응용 예제   304
연습문제 해답   318
참고문헌   332
응용 예제 찾아 보기   334

1

패스트트랙: 미적분에 대한 소개

이번 장 미리보기: 미적분은 수학에 대한 새로운 사고 방식입니다. 이번 장에서는 미적분의 사고 방식, 미적분의 핵심 개념과 실제로 미적분으로 해결할 수 있는 문제 유형에 대해 살펴봅니다. 전체적으로 초점은 미적분 뒤에 있는 아이디어(미적분의 큰 그림)에 맞추고 이어지는 장에서는 미적분 속 수학에 대해 설명합니다. 이번 장을 읽으면 미적분을 직관적으로 이해할 수 있게 되고, 계속해서 공부해 나갈 기반을 마련할 수 있게 됩니다. 준비되었나요? 이제 모험을 시작합시다!

1.1 미적분이란?

이 질문에 대한 필자의 답변은 다음과 같이 두 부분으로 되어 있습니다.

미적분은 사고 방식, 즉 동적(dynamics) 사고 방식이다.

내용적으로 미적분은 무한소(infinitesimal)의 변화를 다루는 수학이다.

사고 방식으로서의 미적분

미적분에 앞서 배우는 수학(대수학과 기하학을 포함하는)은 주로 정적 문제, 즉 변화가 없는 문제에 중점을 둡니다. 그와 달리 미적분의 중심은 변화입니다. 미적분은 동적 문제에 관한 것입니다. 예를 들어 다음과 같은 문제를 살펴봅시다.

- 한 변의 길이가 2m인 정사각형의 둘레의 길이는 얼마인가? ← **미적분에 앞서 배우는 수학 문제**
- 초당 2m/s의 일정한 속도로 한 변의 길이가 증가하는 정사각형에서 둘레의 길이는 얼마나 빠르게 변하는가? ← **미적분 문제**

미적분에 앞서 배우는 내용과 미적분 사이의 이러한 정적 vs. 동적의 차이는 점차 심화됩니다. 바로 이러한 변화(change)가 미적분의 사고 방식입니다. 따라서 여러분이 미적분이라는 주제를 배울 때는 동적 측면에서 문제를 생각해야 합니다. 예를 들어 다음과 같습니다.

- 반지름이 r인 구의 부피를 구하라. ← **미적분 이전의 사고 방식**: $\frac{4}{3}\pi r^3$ 사용, (**그림 1.1 ⓐ**)
- 반지름이 r인 구의 부피를 구하라. ← **미적분 사고 방식**: 구를 아주 작은 두께의 원기둥으로 무한하게 자른 다음 그 부피를 더한다(**그림 1.1 ⓑ**). 이렇게 원기둥의 두께를 "무한소로 작게" 만든다는 접근 방식이 $\frac{4}{3}\pi r^3$ 공식을 재현한다. (5장에서 그 이유를 살펴본다.)

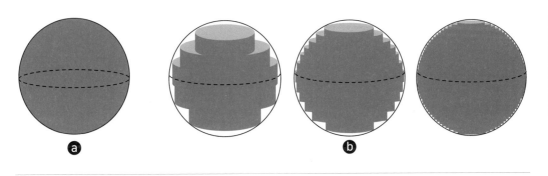

그림 1.1 구의 부피 시각화 ⓐ 미적분 이전의 사고 방식, ⓑ 미적분 사고 방식

무언가 신비한 단어인 '무한소'가 다시 한 번 나왔습니다. 방금 무한소가 무엇을 의미하는

지 단서를 제공했습니다. 곧이어 설명하겠습니다. 지금은 우선 잠시 멈춰서 여러분이 방금 궁금했을 수 있는 부분에 대해 이야기하겠습니다. "왜 구분구적법(slice-and-dice)과 같은 접근 방식을 사용할까요? 어째서 $\frac{4}{3}\pi r^3$ 이란 공식을 사용하지 않나요?" **답변:** 만약 구 대신 어떤 덩어리의 부피를 구하고자 한다면, 미적분 이전의 정적인 사고 방식으로는 덩어리를 잘라 내지 않을 겁니다(이때 이러한 덩어리의 부피를 구하는 공식은 없습니다). 반면에 미적분의 동적 사고 방식은 똑같은 구분구적법 접근 방식을 사용하여 합리적인 근사치를 이끌어 낼 수 있습니다.

이렇게 부피를 구하는 예제는 미적분의 동적 사고 방식의 힘을 보여줍니다. 또한 심리적으로도 미적분 이전의 정적 사고 방식을 버리는 데는 시간이 걸림을 알 수 있습니다. 수학을 배울 때 미적분 이전에는 이러한 정적 사고 방식 위주였으므로, 수학에 대해 그런 생각하는 데 익숙합니다. 하지만 여러분! 두려워하지 마세요. 바로 이 책이 여러분이 미적분의 동적 사고 방식으로 전환하도록 안내할 겁니다. 이제 앞서 언급했던 '무한소'에 대한 통찰로 돌아가 봅시다.

| "무한소의 변화"란 무엇인가? |

앞선 부피 예제에서 '무한소'가 무엇을 의미하는지 실마리를 얻었을 겁니다. 무한소의 대략적인 정의는 다음과 같습니다.

> "무한소의 변화"란 상상할 수 있는 한 가장
> 0에 가까운 변화지만 변화가 0은 아닌 것을 의미한다.

운동이 불가능하다고 주장하는 일련의 역설을 고안한 그리스 철학자인 엘레아의 제논(Zeno, 기원전 490-430경)을 통해 무한소를 살펴보겠습니다. (분명히 제논은 동적 사고 방식을 지니지 않았습니다.) 이러한 역설 중 하나인 이분법 역설(Dichotomy Paradox)은 다음과 같이 말할 수 있습니다.

특정 거리를 이동하려면 먼저 그 절반을 지나야 한다.

이를 나타낸 것이 **그림 1.2**입니다. 여기서 제논은 2m 거리를 걸어가려고 합니다. 하지만 제논의 사고 방식을 따르면 첫 걸음을 내디딜 때 단지 절반(1m)만 나아갑니다(**그림 1.2 ⓑ**).

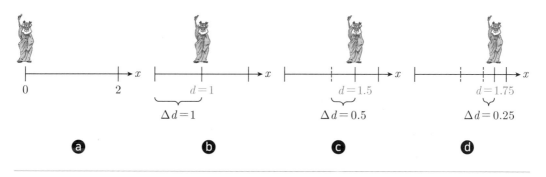

그림 1.2 제논은 각 단계마다 남은 거리의 절반씩 나아가 2m 거리를 걸어가려 한다.

그런 다음 두 번째 단계에서 남은 거리의 절반인 0.5m를 걷습니다(**그림 1.2 ⓒ**). **표 1.1**은 각 단계를 마친 후 나아간 총 거리 d와 거리의 변화량 Δd를 추적한 것입니다.

표 1.1 제논의 각 단계 후 거리 d와 거리의 변화량 Δd

Δd	1	0.5	0.25	0.125	0.0625	0.03125	0.015625	0.0078125	...
d	1	1.5	1.75	1.875	1.9375	1.96875	1.984375	1.9921875	...

제논 거리의 각 변화량 Δd는 이전 변화량의 절반입니다. 따라서 제논이 걷기를 계속하면 Δd는 0에 가까워지지만 0이되지는 않습니다(각 Δd는 항상 양수의 절반이기 때문입니다). 제논이 무한한 단계를 수행한 후 다시 확인해 보면 다음 단계의 변화량 Δd는, 두구두구두구... '무한소의 변화'가 될 것입니다. 즉, 상상할 수 있는 한 0에 가깝지만 0은 아닙니다.

이 예제를 통해 무한소의 변화가 무엇인지 외에도 두 가지를 더 알 수 있습니다. 첫째, 미적분의 동적 사고 방식을 보여줍니다. 여기서는 제논의 걷기에 대해 논의하면서 그가 걷는 거리의 변화에 대해 생각해 보았습니다. 그러면서 움직임을 나타내는 그림과 표로 시각화했습니다. (미적분은 동작을 나타내는 동사로 가득 차 있습니다!) 둘째, 이 예제는 우리에게 도전 과제를 제시합니다. 우리는 분명히 2m를 걸을 수 있습니다. 그러나 **표 1.1**에서 알 수 있듯이 제논의 걷기에서는 매번 걸을 때마다 2m 지점에 다가가지만 결코 도달하지는 않습니다. 이러한 사실을 수식으로 어떻게 설명할 수 있을까요? (이게 바로 도전입니다.) 미적분 이전의 수식으로는 설명할 수 없습니다. 우리는 매우 동적인 결론을 수량화하는 새로운 개념이 필요합니다. 바로 이러한 새로운 개념이 미적분의 수학적 기초인 극한(limit)입니다.

1.2 극한: 미적분의 기초

표 1.1로 돌아가 보겠습니다. 이미 눈치 챘을 수 있지만 Δd와 d는 다음과 같은 관계가 있습니다.

$$\Delta d + d = 2, \text{ 즉 } d = 2 - \Delta d \qquad \text{(1.1)}$$

이 식은 각 Δd 값을 **표 1.1**의 해당 d 값과 관련시킵니다. 좋습니다. 하지만 이 식은 표 안에 내재된 동적 구조를 풀어내지 못하기 때문에 우리가 찾는 수식은 아닙니다. 표에서는 제논이 이동한 거리 d가 2에 가까워짐에 따라 Δd가 0에 가까워짐이 분명히 나타납니다. 이를 줄여서 표현하면 다음과 같습니다. (여기서 "→"는 "가까워진다, 접근한다"는 의미입니다.)

$$d \to 2 \text{이면} \qquad \Delta d \to 0$$

표 1.1은 또한 우리가 이미 알고 있는 내용을 되풀이합니다. 제논이 영원히 계속 걷는다면, 측정할 수 있는 그 무엇보다도 2m 지점에 더 가까워질 것입니다. 미적분에서는 이를 "무한히 2에 가까워진다"라고 말합니다. 그리고 이 개념을 표현하기 위해 다음과 같이 적습니다.

$$\lim_{\Delta d \to 0} d = 2 \qquad \text{1.2}$$

이 표현은 "$\Delta d \to 0$일 때(하지만 0은 아님), d의 극한(리미트)은 2이다."라고 읽습니다.

식 **1.2**가 바로 우리가 찾고 있던 수식입니다. 이 수식이 바로 2m 지점이 제논이 걷는 거리의 극한값이라는 직관적인 아이디어를 표현합니다. (식 **1.2**에서 알 수 있듯이 극한은 'lim'라고 표기합니다.) 따라서 식 **1.2**는 제논의 걷기를 동적으로 나타낸 문장이며, 각 단계의 모습을 정적으로 나타낸 식 **1.1**과 대조됩니다. 더욱이, 식 **1.2**는 d가 항상 2에 가까워지지만 2에 도달하지는 않는다는 것을 상기시킵니다. Δd에도 똑같은 아이디어가 적용됩니다. Δd 역시 항상 0에 가까워지지만 0에 도달하지는 않습니다. 좀 더 간결하게 말하면 다음과 같습니다.

극한은 무한히 가까워진다 (그래서 결코 도달하지는 않는다)

2장에서 극한에 대해 더 많은 내용을 다룰 것입니다(식 **1.2**가 실제로는 '우극한'이라는 것을 포함하여). 하지만 여기서 다룬 제논 예제는 미적분에서 극한의 개념은 무엇이며 어떻게 발생하는지에 대해 알아보기 좋은 문제입니다. 또한 이를 통해 이번 섹션의 제목이 의미하는 바도 이해할 수 있습니다. 즉, 극한이라는 개념이 미적분이라는 구조를 구축하는 기반이라는 뜻입니다.

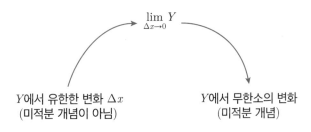

그림 1.3 미적분 워크플로

그림 1.3은 이 책 전체에서 계속해서 사용할 새로운 미적분 개념을 구축하는 과정을 보여줍니다.

x에 의존하는 양 Y에서 유한한 변화량 Δx로 시작한 다음,

Δx를 0으로 축소하되 0으로 설정하지는 않는다(즉, $\Delta x \rightarrow 0$일 때의 극한을 취함).

그러면 미적분이라는 결과를 얻는다.

이러한 과정(방금 제논 예제에서 했던 것과 이제 **그림 1.1**을 다시 보면 알 수 있듯이)을 거치는 것이 미적분을 수행하는 것의 일부입니다. 이것이 바로 앞에서 미적분이란 무한소의 변화를 다루는 수학이라고 말한 의미입니다. 내용적으로 미적분은 **그림 1.3**의 워크플로를 실제 세계와 수학적 관심사에 존재하는 다양한 Y에 적용할 때 나오는 결과의 모음입니다.

역사적으로는 순간 속도와 접선의 기울기, 곡선 아래의 영역이라는 세 가지 양이 미적분의 발전을 주도했습니다. 다음 섹션에서는 **그림 1.3**의 미적분 워크플로가 이러한 모든 문제를 어떻게 해결했는지 미리 살펴보겠습니다. (자세한 내용은 3~5장에서 다룹니다.)

1.3 미적분의 발명으로 이어진 세 가지 어려운 문제

미적분은 다음과 같은 세 가지 어려운 문제를 해결하기 위해 개발되었습니다(**그림 1.4** 참고).[1]

---

1 이 문제들이 중요해 보이지 않을 수 있다. 하지만 이 문제를 해결하는 방법이 과학에 혁명을 일으켜 중력이나 전염병의 확산, 세계 경제의 역학 관계와 같은 다양한 현상을 이해할 수 있게 되었다.

1. **순간 속도 문제**: 물체가 낙하하는 동안 특정 순간에 떨어지는 물체의 속도를 계산하라. (**그림 1.4 ⓐ** 참고)
2. **접선 문제**: 곡선과 그 위의 점 P가 주어질 때, 점 P에서 곡선에 접하는 직선의 기울기를 계산하라. (**그림 1.4 ⓑ** 참고)
3. **곡선 아래의 영역 문제**: 두 개의 x값 사이에서 함수의 그래프 아래의 면적을 계산하라. (**그림 1.4 ⓒ** 참고)

그림 1.4를 보면 어째서 이러한 문제를 해결하기 어려운지 알 수 있습니다. 즉, 문제 자체가 품고 있는 기본적인 접근 방식은 작동하지 않습니다. 예를 들어, 선의 기울기를 계산하려면 두 점이 필요하다고 알고 있을 겁니다. 하지만 접선 문제는 단 하나의 점(**그림 1.4 ⓑ**의 점 P)을 사용하여 선의 기울기를 계산해야 합니다. 마찬가지로 속도는 '거리의 변화를 시간의 변화로 나눈 것'인데, 여기서는 시간에 변화가 없는 순간 속도를 어떻게 계산할 수 있겠습니까? 이러한 예들이 바로 이들 세 가지 문제를 해결하는 데 방해가 되는 장애물입니다.

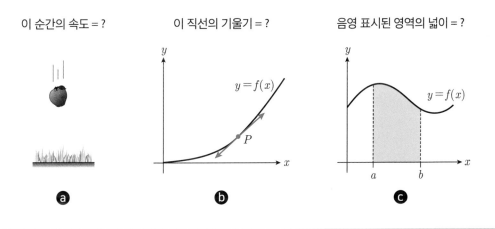

그림 1.4 미적분의 발전을 이끈 세 가지 문제

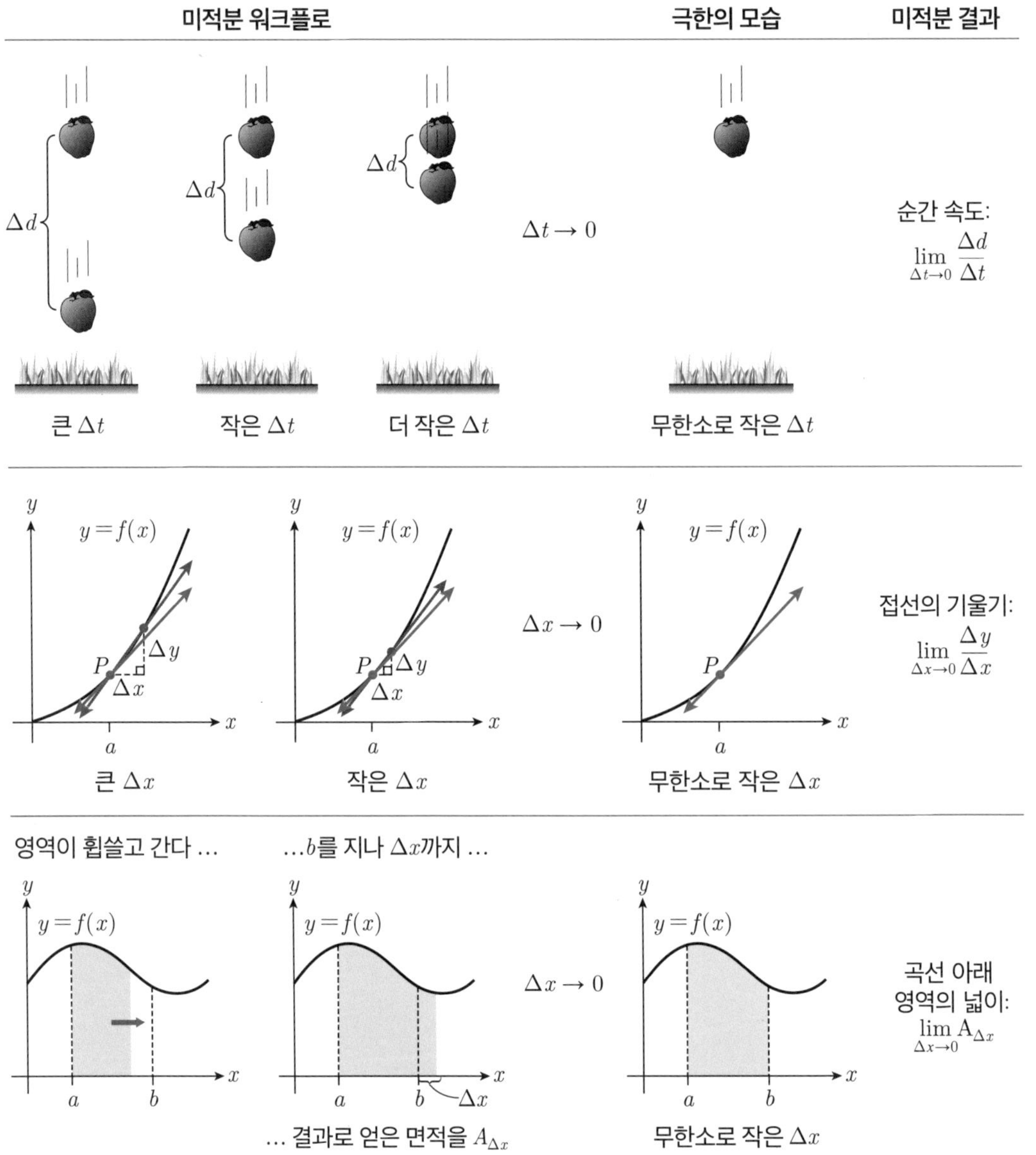

미적분 워크플로	극한의 모습	미적분 결과

순간 속도:
$$\lim_{\Delta t \to 0} \frac{\Delta d}{\Delta t}$$

$\Delta t \to 0$

큰 Δt 작은 Δt 더 작은 Δt 무한소로 작은 Δt

접선의 기울기:
$$\lim_{\Delta x \to 0} \frac{\Delta y}{\Delta x}$$

$y = f(x)$

$\Delta x \to 0$

큰 Δx 작은 Δx 무한소로 작은 Δx

영역이 휩쓸고 간다 …   …b를 지나 Δx까지 …

$y = f(x)$

곡선 아래
영역의 넓이:
$$\lim_{\Delta x \to 0} A_{\Delta x}$$

$\Delta x \to 0$

… 결과로 얻은 면적을 $A_{\Delta x}$ 무한소로 작은 Δx

그림 1.5 세 가지 어려운 문제에 적용한 미적분 워크플로

여기서 미적분의 첫 번째 특징을 떠올려 봅시다. 미적분은 동적 사고 방식입니다. **그림 1.4**에서는 어떤 것도 '동적'이라고 드러나지 않습니다. 모든 이미지는 무언가(예: 넓이)의 정적인 스냅샷입니다. 그럼 이제 이 그림을 미적분해 봅시다. (맞습니다, 미적분을 동사로 취급하는 것이 좋습니다.)

그림 1.5는 미적분 워크플로(**그림 1.3**)를 각 문제에 적용한 것을 나타냅니다. 각각은 동적 사고 방식을 사용하여 문제를 재구성합니다. 즉, 유한한 변화를 포함하는 유사한 양(예: 기울기)의 극한으로 바꿉니다. 구체적으로는 다음과 같습니다.

- **첫 번째**: 떨어지는 사과의 순간 속도는 **평균 속도** $\dfrac{\Delta d}{\Delta t}$(시간 변화에 대한 거리 변화의 비율)에서 $\Delta t \to 0$으로 갈 때 극한으로 구현한다.
- **두 번째**: 접선의 기울기는 **할선** $\dfrac{\Delta y}{\Delta x}$ (그림의 회색선)의 기울기에서 $\Delta x \to 0$으로 갈 때 극한으로 구현한다.
- **세 번째**: 곡선 아래 넓이는 $x = a$에서 b를 지나 Δx까지 휩쓸고 간 영역에서 $\Delta x \to 0$으로 갈 때 극한으로 구현한다.

그림의 두 번째에서 얻은 극한은 점 P의 x값인 $x = a$에서 $f(x)$의 미분계수(또는 도함수, derivative)라고 합니다. 그림의 세 번째에서 얻은 극한은 $x = a$와 $x = b$ 사이에서 $f(x)$의 정적분(definite integral)이라고 합니다. 미분과 적분은 미적분에서 가장 중요한 세 가지 개념을 완성합니다(극한은 세 번째). 3장과 4장에서는 미분, 5장에서는 적분에 대해 논의하면서, **그림 1.5**의 세 가지 극한과 관련된 수학적 세부 사항도 알아볼 것입니다.

이것으로 미적분에 대한 큰 그림을 그려보며 개요를 살펴보았습니다. 이제 다시 **그림 1.1**과 **1.2**, **1.5**를 살펴보면 미적분 사고 방식과 미적분 워크플로의 힘을 느낄 수 있을 것입니다. 이 두 가지는 앞으로 이 책에서 계속해서 사용하게 됩니다. 또한 극한이라는 개념이 미적분 워크플로의 핵심이기 때문에, 다음 장에서는 극한에 대해 다루면서 정확한 정의와 다양한 형태, 그리고 극한을 계산하는 무수한 기법을 살펴보겠습니다.

극한:
한없이 다가가는 방법
(하지만 결코 도달하지 않는)

Limits

이번 장 미리보기:	극한은 미적분의 기초입니다. 앞서 미적분 워크플로에서 강조했듯이, 극한은 유한한 변화와 무한소의 변화 사이의 중개자이며, 무한소의 변화가 바로 미적분이 다루는 변화의 유형입니다. 하지만 극한에는 한쪽 극한, 양쪽 극한, 등 많은 유형이 있습니다. 이번 장에서는 이러한 핵심 미적분 개념의 모든 것을 설명하기 위해 극한 여행으로 여러분을 초대합니다. 여기서는 극한을 시각화하고 근사화하고 계산하는 방법을 배웁니다. 또한 실제 세계에서 극한의 응용을 살펴보며 극한을 마스터할 수 있는 팁과 기법을 알아보겠습니다. 먼저 어느 정도 대수, 기하와 이 책의 부록 B에 있는 내용은 알고 있다고 가정하고 시작하겠습니다. 만약 모르는 내용이 있다면 먼저 부록을 살펴보길 권합니다. 준비가 되셨나요? 이제 탐험을 시작하겠습니다.

2.1 한쪽 극한: 그래프로 살펴보기

1장의 제논 예제에서 극한을 계산한 직후에 이건 '우극한'의 예라고 말했습니다. **그림 2.1**을 살펴보면 어떤 의미인지 알 수 있습니다.

그림에서 가장 오른쪽 그래프는 제논이 이동한 거리 d와 이동 거리의 변화량 Δd의 관계를 나타낸 것입니다(식 **1.1** $d = 2 - \Delta d$를 떠올려 봅시다). 이 그래프에는 점 (0, 2)가 빠져서 뚫려있는데, 이는 $\Delta d \neq 0$이기 때문입니다. 제논은 결코 2m 지점에 도달할 수 없기 때문이죠. 하지만 이는 제논의 걷기를 정적인 관점에서 바라본 것입니다. 그림에서 나머지 세 그래프가 동적인 사고 방식으로 전환한 것입니다. 앞서 언급했듯이 Δd가 0으로 다가갈수록(Δd축의 화살표) d가 어떻게 2에 가까워지는지(d축의 화살표) 살펴봅시다.

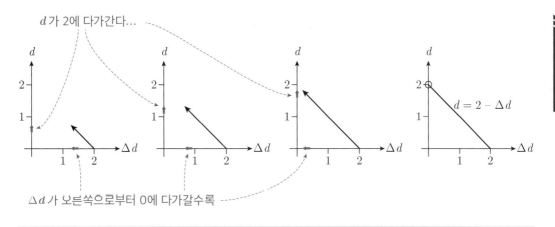

그림 2.1 우극한 $\lim\limits_{\Delta d \to 0^+} d = 2$

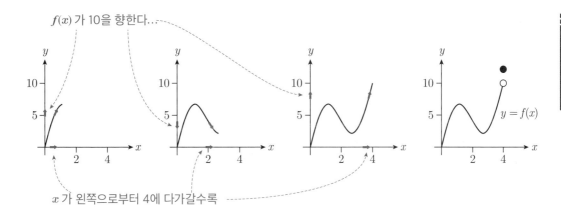

그림 2.2 좌극한 $\lim\limits_{x \to 4^-} f(x) = 10$

Δd는 수직선에서 0의 오른편에 있는 숫자로부터 0으로 다가가기 때문에, 이러한 형태의 극한은 다음과 같이 표기합니다.

$$\lim_{\Delta d \to 0^+} d = 2$$

이러한 극한을 **우극한**(right-hand limit)이라고 부릅니다. 짐작했겠지만 **좌극한**(left-hand limit)도 있으며 표기는 다음과 같습니다.

$$\lim_{x \to c^-} f(x) = 10$$

이 식을 계산하려면 x축에서 x가 c의 왼편 숫자로부터 c로 다가갈 때, $f(x)$가 향하는 y값을 살펴야 합니다. **그림 2.2**는 $\lim_{x \to 4^-} f(x) = 10$인 예를 나타낸 것입니다. 이 그림과 좌극한에 대해 알아두어야 할 중요한 사항은 다음과 같습니다.

- **그림 2.2**에서 극한값은 $x = 4$일 때의 y값(그림에서 검은 점)이 아닌 10이다. 극한은 한없이 다가갈 뿐, 결코 도달하지는 않는다는 것을 기억하라.

- '다가간다(approach)'라는 관점에서, 여기서는 **그림 2.2**에서 $f(x)$가 10으로 다가간다고 하지 않고 $f(x)$가 10을 '향한다(tend to)'고 했다. 왜냐하면 때로는 y값이 10으로부터 멀어질 때도 있기 때문이다(두 번째 그래프를 보면 알 수 있듯이). 하지만 극한은 한없이 다가가기 때문에 이것이 문제가 되지는 않는다. 진짜 중요한 것은 x값이 4에 매우 가까울 때 y값이 어디를 향하고 있느냐다. 그렇지만 이 책에서는 때때로 y값이 극한에 다다를 때까지 진동할 수 있다는 것을 상기시키고자 할 때는 '향한다'라는 용어를 사용한다.

- 마지막으로 4^-와 -4를 혼동하지 말자. 4^-란 표기는 접근하는 방향을 가리킨다(즉, x축에서 4의 왼쪽에 있는 숫자로부터). 반면에 -4는 음수인 -4를 나타낸다.

어떤 그래프를 볼 때마다 **그림 2.1**과 **2.2**에 내재한 동적 사고 방식을 활용하길 바랍니다(특히 극한을 계산할 때는 더욱 그렇습니다).

표 2.1 가상 함수 f의 몇 가지 값

x	$f(x)$
1.9	3.61
1.99	3.9601
1.999	3.99601
...	...
3.001	6.004001
3.01	6.0401
3.1	6.41

예제 2.1 **표 2.1**의 패턴이 지속된다고 가정할 때, $\lim_{x \to 2^-} f(x)$와 $\lim_{x \to 3^+} f(x)$는 얼마인가?

해답 $\lim_{x \to 2^-} f(x) = 4$, $\lim_{x \to 3^+} f(x) = 6$

예제 2.2 그림 2.3 **ⓐ**을 사용하여 다음 극한을 구하시오.

$$\lim_{x \to -1^-} f(x), \quad \lim_{x \to -1^+} f(x), \quad \lim_{x \to 0^-} f(x), \quad \lim_{x \to 1^+} f(x)$$

해답 $\lim_{x \to -1^-} f(x) = 1$, $\quad \lim_{x \to -1^+} f(x) = 0.5$, $\quad \lim_{x \to 0^-} f(x) = 1.5$, $\quad \lim_{x \to 1^+} f(x) = 0.5$

응용 예제 2.3 앨리시아는 오늘 아침, 식사와 함께 매일 먹는 비타민 B를 복용했다. 이제 앞으로 24시간 동안 그녀의 몸은 비타민 B를 소모하게 된다. 그녀가 정확히 24시간 후에 다음 번 비타민 B를 복용한다면, 그녀의 몸에 비타민 B가 다시 보충될 것이다. **그림 2.3 ⓑ**는 이러한 과정을 나타낸다. V는 오늘 아침 앨리시아가 비타민을 섭취한 이후 흐른 시간에 따라 앨리시아의 몸에 남아 있는 비타민 B의 총량을 나타낸다. 아침에 섭취하는 비타민이 비타민 B의 유일한 공급원이라고 가정할 때, 그림을 사용하여 다음 극한을 계산하고 첫 번째 극한의 의미를 설명하시오.

$$\lim_{t \to 24^-} V(t), \qquad \lim_{t \to 24^+} V(t)$$

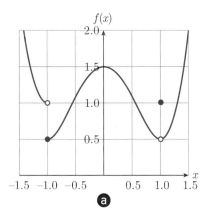

ⓐ

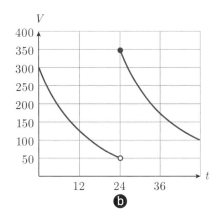

ⓑ

그림 2.3

해답 극한은 각각 50과 350이다. 첫 번째 극한은 앨리시아가 비타민을 복용한지 24시간 지났으므로, 24시간 지점으로 다가갈 때 그녀의 몸에 남은 비타민 B가 50에 다가간다는 의미다.

연관 문제	1, 2(a)(i)-(ii), (iv)-(v)

| **팁과 아이디어, 핵심** |

그림 2.4는 이번 섹션에서 배운 내용의 핵심을 요약한 것입니다. x가 숫자 c에 다가갈 때 함수의 좌극한이나 우극한은 다음 그래프 중 하나의 형태가 됩니다.

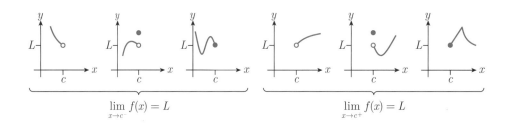

그림 2.4 $\lim_{x \to c^-} f(x) = L$과 $\lim_{x \to c^+} f(x) = L$을 그래프로 나타낸 예

이때도 역시 $x = c$에서의 y값은 극한값에 영향을 미치지 않습니다.

2.2 한쪽 극한의 존재

극한을 계산할 때 우리는 x가 왼쪽 또는 오른쪽으로부터 숫자 c로 다가갈 때 $f(x)$의 함숫값이 향하는 y값을 찾습니다. (다음 섹션에서는 '양쪽' 극한을 살펴봅니다.) 하지만 때로는 그러한 y값이 존재하지 않을 수 있습니다. 이러한 경우에 여기서는 'Does Not Exist'의 약자인

'DNE'라고 적겠습니다.

극한이 존재하지 않는 두 가지 일반적인 경우는 다음과 같습니다.

(1) x가 c에 다가갈수록 그래프가 무한대로 발산한다. 무한대는 숫자가 아니므로 극한 은 존재할 수 없다.

(2) x가 c에 다가갈수록 그래프가 격렬하게 진동한다. 따라서 극한값으로 식별할 수 있는 y값이 없다.

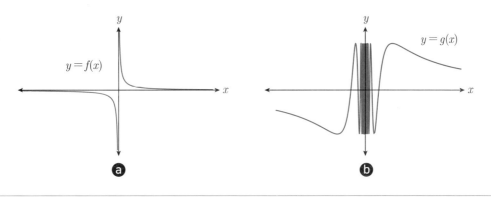

그림 2.5 그래프의 일부. ⓐ $f(x) = \dfrac{1}{x}$, ⓑ $g(x) = \sin(\dfrac{1}{x})$

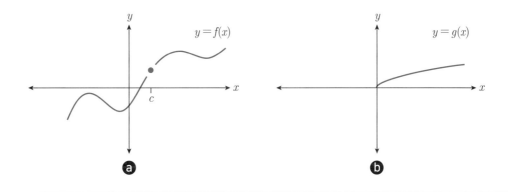

그림 2.6

그림 2.5 ⓐ 는 (1)번 사례를 나타냅니다. 이때 다음과 같이 말합니다.

$$\lim_{x \to 0^-} f(x) \quad \text{DNE}(-\infty), \quad \lim_{x \to 0^+} f(x) \quad \text{DNE}(+\infty)$$

이때 그래프가 발산하는 무한대의 유형(양 또는 음)을 추적하는 점에 주목하세요. 교과서에서는 때로는 이를 '$= \infty$'나 '$= -\infty$'로 표현하기도 합니다. 하지만 이러한 표현은 헷갈릴 수 있어서 여기서는 앞선 표기를 사용하겠습니다. **그림 2.5 ⓑ** 는 (2)번 사례를 나타냅니다. 이때는 다음과 같이 말합니다.

$$\lim_{x \to 0^-} g(x) \quad \text{DNE}, \quad \lim_{x \to 0^+} g(x) \quad \text{DNE}$$

지금까지는 극한을 논할 때, 함수의 그래프에서 $x = c$라는 숫자에 다가갈 수 있다고 간주했습니다. 하지만 다음 두 가지 경우에는 이러한 추정이 불가능합니다.

(3) $x = c$에서 함수는 정의되어 있지만, 근처에 있는 다른 곳에서는 정의되지 않는다. (따라서 그래프에서 $x = c$에 다가갈 수 없다.)

(4) $x < c$에서 함수가 정의되지 않거나(좌극한을 계산할 때), $x > c$에서 함수가 정의되지 않는다(우극한을 계산할 때).

그림 2.6 ⓐ 는 (3)번 사례를 나타냅니다. 이때는 x가 c로 다가갈 때 $f(x)$의 y값이 어디로 향하는지 말할 수 없습니다. 왜냐하면 $x = c$ 바로 왼쪽(그리고 오른쪽)에서 무슨 일이 일어나는지 정보가 없기 때문입니다. **그림 2.6 ⓑ** 는 (4)번 사례를 나타냅니다. 여기서는 $x < 0$에 대한 그래프 일부가 없습니다. 따라서 $x \to 0^-$일 때 $g(x)$의 극한을 구할 수 없습니다.

대부분의 미적분 교과서에서 **그림 2.6**과 같은 상황의 극한은 존재하지 않는다고 말합니다. 하지만 사실 이들 극한은 '계산조차 시작할 수 없다'라고 표현하는 게 맞습니다. 그렇더라도 여기서는 관례에 따라 **그림 2.6**과 같은 극한은 존재하지 않는다고 다음과 같이 표기하겠습니다.

$$\lim_{x \to c^-} f(x) \quad \text{DNE}, \quad \lim_{x \to c^+} f(x) \quad \text{DNE}, \quad \lim_{x \to 0^-} g(x) \quad \text{DNE}$$

<table>
<tr><td>예 제
2.4</td><td></td></tr>
</table>

그림 2.7의 $y = f(x)$ 함수의 그래프를 이용하여 다음 극한(가능한 경우)을 구하시오.

$$\lim_{x \to -2^-} f(x), \quad \lim_{x \to -1^+} f(x), \quad \lim_{x \to 2^-} f(x), \quad \lim_{x \to 3^+} f(x), \quad \lim_{x \to 4^+} f(x)$$

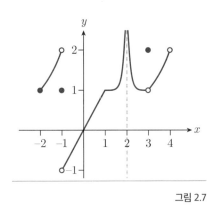

그림 2.7

해답 첫 번째와 마지막 극한은 존재하지 않는다($x = -2$의 왼쪽과 $x = 4$의 오른쪽에서는 그래프가 존재하지 않아서 계산할 수 없다). 나머지 극한은 다음과 같다.

$$\lim_{x \to -1^+} f(x) = -1, \quad \lim_{x \to 2^-} f(x) \quad \text{DNE}(+\infty),$$

$$\lim_{x \to 3^+} f(x) = 1$$

연관 문제	3(a)

│ 팁과 아이디어, 핵심 │

- $x \to c^-$(또는 $x \to c^+$)일 때 함수 $f(x)$의 극한은 그 바로 왼쪽(또는 오른쪽)에서 함수 f의 그래프 일부가 존재하지 않는다면 구할 수 없다(**그림 2.6** 참고).

- $x \to c^-$(또는 $x \to c^+$)일 때 그 바로 왼쪽(또는 오른쪽)에서 함수 f의 그래프가 존재하더라도, $f(x)$의 함숫값이 y값 L로 향하는 경우에만 극한이 존재한다(무한대로 발산하거나 진동하지 않고).

- 마지막으로, 방향이 중요하다. 왼쪽 극한과 오른쪽 극한이 꼭 같아야 하는 것은 아니다.

여기서 마지막 항목은 다음 섹션, 즉 '양쪽 극한'에서 자세히 다룹니다.

양쪽 극한(two-sided limit)은 극한을 구할 때 $x \to c^-$와 $x \to c^+$ 양쪽 방향을 모두 고려하는 것입니다. 이들 좌극한과 우극한이 모두 존재하고 그 값이 같으면, 양쪽 극한이 존재하며 그 값은 공통인 값입니다. 예를 들어 **그림 2.7**을 다시 살펴봅시다. 여기서 $x = 3$에서 극한을 구해보면 다음과 같습니다.

$$\lim_{x \to 3^-} f(x) = \lim_{x \to 3^+} f(x) = 1 \quad \text{이므로} \quad \lim_{x \to 3} f(x) = 1$$

앞선 수식에서 마지막 극한이 양쪽 극한입니다. 따라서 $x \to 3$에 있는 숫자 3에 첨자 표기가 없습니다. 왼쪽과 오른쪽 모두에서 x가 3으로 다가갈 때 $f(x) \to 1$이므로 더 이상 첨자 표기는 필요 없습니다.

양쪽 극한은 좌극한과 우극한 모두가 존재해야 하기 때문에, 둘 중 하나라도 존재하지 않는다면 양쪽 극한은 존재하지 않습니다. 또한 좌극한과 우극한이 모두 존재하더라도 그 값이 서로 같지 않으면 양쪽 극한은 역시 존재하지 않습니다(이러한 경우 $f(x)$가 향하는 y값은 c에 다가가는 방향에 따라 달라집니다). 이를 수학적으로 표현하면 다음과 같습니다.

 박스 2.1 **양쪽 극한의 존재 조건**

$\lim\limits_{x \to c} f(x)$의 극한은 좌극한과 우극한이 존재하고 그 값이 같을 때에만 존재한다.

$\lim\limits_{x \to c^-} f(x) = \lim\limits_{x \to c^+} f(x) = L$, 이때 L은 숫자

앞선 식을 만족할 때 $\lim\limits_{x \to c} f(x) = L$이 성립한다.

지금까지 배운 내용을 이해했다면 이제 다음과 같은 정의를 살펴봅시다.

정의 2.1   **극한의 직관적 정의**

숫자 c가 있고 함수 f가 c를 포함하는 구간에서 정의된다고 하자(여기서 c는 구간에서 제외될 수도 있다). 이때 x가 c로 한없이 다가갈수록(하지만 결코 도달하지는 않음), $f(x)$ 값이 숫자 L을 향한다고 하자. 그러면 'x가 c로 다가갈 때 $f(x)$의 극한은 L'이라고 말하고 다음과 같이 표기한다.

$$\lim_{x \to c} f(x) = L$$

만약 이를 만족하는 숫자 L이 없다면 극한은 존재하지 않는다(DNE).

이러한 정의에는 지금까지 이번 장에서 논의한 다음과 같은 모든 내용이 담겨 있습니다.

- 'c를 포함하는 구간에서 정의된다'라는 표현은 앞선 섹션의 (3)번과 (4)번 사례와 같은 문제를 방지한다.
- 'c는 구간에서 제외될 수도 있다'와 '하지만 결코 도달하지는 않음'이라는 표현은 극한이 한없이 다가가는 것임(그래서 결코 도달하지 않음)을 일깨워준다.
- 마지막으로 '$f(x)$ 값이 숫자 L을 향한다'는 표현은 $f(x)$가 L로 향하는 도중에 진동할 수도 있다는 것을 일깨워준다.

극한에 대해서는 '한없이 다가간다(하지만 결코 도달하지는 않음)'라는 아이디어를 더욱 정확하게 표현하는 더욱 공식적인 정의가 있습니다. 이번 장의 온라인 부록에 있는 A2.1 섹션에서 관련 논의를 살펴볼 수 있습니다(각 장에 딸린 온라인 부록은 프리렉 홈페이지(https://freelec.co.kr) 자료실에서 내려받을 수 있습니다). 이제 예제를 풀어봅시다.

그림 **2.7**의 $y = f(x)$ 함수의 그래프를 이용하여 다음 극한(가능한 경우)을 구하시오.

$$\lim_{x \to -1} f(x), \quad \lim_{x \to 1} f(x), \quad \lim_{x \to 3} f(x)$$

해답 $\lim_{x \to -1} f(x)$ DNE, $\quad \lim_{x \to 1} f(x) = 1, \quad \lim_{x \to 3} f(x) = 1$

첫 번째 극한이 존재하지 않는 이유는 $x \to -1^-$일 때 $f(x) \to 2$인데 $x \to -1^+$일 때 $f(x) \to -1$이기 때문이다.

그림 **2.7**에서 $\lim_{x \to c} f(x)$가 존재하지 않는 x값을 구하고, 이유를 설명하시오.

해답 양쪽 극한이 존재하지 않는 x값은 $x = -2, -1, 2, 4$이다. $x = -2$에서는 좌극한은 $x \to -2^-$일 때 $x < -2$에서 그래프가 없으므로 존재하지 않는다. 마찬가지로 $x = 4$에서 우극한은 $x \to -4^+$일 때 $x > 4$에서 그래프가 없으므로 존재하지 않는다. $x = -1$일 때는 앞선 예제에서 살펴보았다. 마지막으로 $x = 2$에서는 그래프가 무한대로 발산하기 때문에 극한은 존재하지 않는다.

연관 문제	2(a)(iii)과 (vi), 3(a)(vii)-(ix)

2.4 한 점에서 연속성

앞선 **그림 2.4**에서는 같은 극한값 L을 지닌 좌극한과 우극한 그래프를 살펴보았습니다. 하지만 그중에 각 한쪽 극한의 마지막 그래프는 특별합니다. 각 마지막 그래프에서는 $x = c$에서 극한값 L이 함수의 y값과 같습니다. 즉 $L = f(c)$입니다.

함수 f의 $x = c$에서의 연속은 다음과 같다.

$\lim\limits_{x \to c^-} f(x) = f(c)$ 이라면 $x = c$에서 왼쪽으로부터 연속

$\lim\limits_{x \to c^+} f(x) = f(c)$ 이라면 $x = c$에서 오른쪽으로부터 연속

$\lim\limits_{x \to c} f(x) = f(c)$ 일 때 $x = c$에서 연속

이들 세 식이 모두 성립하지 않으면 f는 $x = c$에서 불연속이라고 한다.

연속이라는 관점에서 보면 **그림 2.4**의 세 번째 그래프는 $x = c$에서 왼쪽으로부터 연속이고, 여섯 번째 그래프는 $x = c$에서 오른쪽으로부터 연속입니다. $x = c$에서의 연속성은 극한에서 $L = f(c)$인 특수한 경우와 같으므로, 극한의 존재에 대한 앞선 기준(40쪽)으로부터 연속성의 기준도 도출할 수 있습니다.

박스 2.2 **함수가 한 점에서 연속일 조건**

함수를 f라 하고 c를 정의역에 속한 숫자라고 하자. 그러면 $x = c$에서 함수 f가 연속일 조건은 다음과 같다.

$\quad$ (1) $f(c)$가 존재 $\quad$ (2) $\lim\limits_{x \to c} f(x)$가 존재 $\quad$ (3) $\lim\limits_{x \to c} f(x) = f(c)$

여기서 만약 c가 정의역의 오른쪽 끝점이라면 앞선 기준 (2)와 (3)의 극한을 $\lim\limits_{x \to c^-}$으로 대체하면 된다. 역시 c가 정의역의 왼쪽 끝점이라면 앞선 기준 (2)와 (3)의 극한을 $\lim\limits_{x \to c^+}$으로 대체하면 된다.

예제 2.7   **그림 2.3 ⓐ**의 함수는 $x = -1$에서 연속인가? 또한 $x = 0$, $x = 1$일 때는 어떠한가?

- $x = -1$에서는 불연속. 좌극한과 우극한이 존재하지만 그 값이 서로 달라서 박스 2.2의 (2)번 조건에 어긋난다.

- $x = 0$에서는 연속. 좌극한과 우극한이 모두 존재하고 값도 1.5로 같으며, 함숫값도 $f(0) = 1.5$로 같다.

- $x = 1$에서는 불연속. 좌극한과 우극한이 모두 존재하고 값도 0.5로 같지만, 함숫값 $f(0) = 1$로써 같지 않아서 박스 2.2의 (3)번 조건에 어긋난다.

예제 2.8 그림 2.7에 있는 함수가 불연속이 되는 x값은 얼마이며, 이유는 무엇인가?

해답 $x = -1, 2, 3, 4$에서 불연속. $x = -1$에서는 다음과 같이 좌극한과 우극한 값이 서로 다르다. 따라서 양쪽 극한은 존재하지 않는다(박스 2.2의 조건 (2)에 어긋남).

$$\lim_{x \to -1^-} f(x) = 2, \quad \lim_{x \to -1^+} f(x) = -1$$

$x = 2$에서는 $f(2)$가 존재하지 않는다(조건 (1)에 어긋남). $x = 3$에서는 다음과 같이 좌극한과 우극한 값은 같지만, $f(3) = 2$이므로 조건 (3)에 어긋난다.

$$\lim_{x \to 3^-} f(x) = \lim_{x \to 3^+} f(x) = 1$$

마지막으로 $x = 4$에서는 $f(4)$가 존재하지 않으므로 조건 (1)에 어긋난다.

연관 문제 2(b), 3(b), 35(a)-(c)

팁과 아이디어, 핵심

함수가 $x = c$에서 연속이라는 말은 다음을 뜻합니다.

- $x = c$에서 함수에 구멍(hole)이 없다. (조건 (1)에 어긋남)

- 함수에서 $x = c$를 가로지를 때 도약(jump)하지 않는다. **그림 2.3 ⓑ**의 그래프에서

$t = 24$와 같은 경우가 도약하는 경우다. (조건 (2)에 어긋남)

- 함수에서 $x = c$를 가로지를 때 위나 아래로 터진 틈(gap)이 없다. **그림 2.3 ⓐ**의 그래프에서 $x = 1$과 같은 경우가 틈이 있는 경우다. (조건 (3)에 어긋남)

요약하자면 $x = c$에서 함수의 그래프를 우리가 펜을 떼지 않고 한 획으로 그릴 수 있어야 합니다. (여기에도 역시 동적 사고 방식이 있습니다.) 이것이 구간에서의 연속성 개념으로 이어집니다. 다음 세션에서 이를 살펴봅시다.

2.5 구간에서 연속성

연속성은 점 관점의 속성입니다. 따라서 $x = c$와 같은 특정 점과 연관됩니다. 하지만 수많은 함수가 점들로 이루어진 구간에서 연속입니다. 이러한 경우에는 다음과 같이 표현합니다.

정의 2.3

함수 f가 구간 I에 있는 모든 x에 대해 연속이라면, f는 구간 I에서 연속이라고 한다. 만약 f가 $(-\infty, \infty)$에서 연속이면 f는 어디에서나 연속, 또는 간단히 연속이라고 한다.

예를 들어 **그림 2.7**에 있는 함수는 $[-2, -1) \cup (-1, 2) \cup (2, 3) \cup (3, 4)$에서 연속입니다.[1]

지금까지는 그래프를 가지고 설명했습니다. 하지만 만약 $f(x) = x^3 + 3x$와 같은 특정 함수를 제시하고 연속인 구간을 묻는다면 어떨까요? 이때 모든 실수 x에 대해 박스 2.2의 연속일 조건을 확인하기란 매우 힘든 작업입니다. 다행히 우리는 다음과 같은 결과를 활용할 수 있습

---

1 기호 $\cup$의 의미는 합집합을 의미한다. 따라서 $[1, 2] \cup [3, 4]$는 1과2 사이, 그리고 3과 4 사이의 실수 집합을 나타낸다.

니다.[2]

정리 2.1 ❓ !

다음 함수들의 집합은 정의역에 속한 모든 점에서 연속이다.

다항식,   멱함수(거듭제곱 함수),   유리 함수

따라서 함수 $f(x) = x^3 + 3x$는 어디에서나 연속입니다. 왜냐하면 f는 다항식이며 다항식의 정의역은 모든 실수이기 때문입니다. 이처럼 정리 2.1을 사용하려면 먼저 함수를 분류하고(예: 다항식) 정의역을 알 수 있어야 합니다. 이러한 기법은 부록 A를 참고하세요.

함수 $f(x) = x^3 + 3x$는 더 간단한 함수(x^3과 $3x$)의 합으로 볼 수도 있습니다. 다음 정리는 함수를 어떻게 조합할 때 연속이 유지되는지를 나타냅니다.

정리 2.2 ❓ !

함수 f와 g가 c에서 연속이고, a는 실수라고 하자. 그러면 다음 함수들은 c에서 연속이다.

$$f + g, \quad f - g, \quad af, \quad fg, \quad \frac{f}{g} \, (g(c) \neq 0)$$

정리 2.2의 결론은 말로 하면 더 기억하기 쉽습니다. 예를 들어 첫 번째 결론은 '연속인 함수들의 합은 연속이다'로 기억하면 됩니다.

정리 2.2에서는 함수의 조합 중 한 가지를 논의하지 않았습니다. 바로 합성 함수의 연속에 대한 내용으로, 이는 다음 정리에서 확인할 수 있습니다. (이 정리는 극한에서 변수의 치환과 관련된 훨씬 기술적인 정리들로부터 따온 것입니다. 관심이 있다면 이번 장의 온라인 부록 섹션 A2.2를 참고하세요.)

---

2 이들 정리는 '극한의 법칙'이라 불리는 일련의 규칙을 통해 증명된다. '극한의 법칙'은 다음 섹션에서 다룬다.

함수 g가 c에서 연속이고 함수 f가 $g(c)$에서 연속이라고 가정하자.

그러면 합성 함수 $f \circ g$는 c에서 연속이다.

이 정리가 말하는 바는 연속 함수와 연속 함수의 합성 함수는 역시 연속이라는 겁니다. 여기서 하나 덧붙이자면, 정리 2.2와 2.3에서 '연속'이란 말 대신 '오른쪽으로부터 연속' 또는 '왼쪽으로부터 연속'이라는 말로 바꿔도 역시 성립합니다.

예제 2.9 $f(x) = \sqrt{x} + 1$이 연속이 되는 구간은 무엇인가?

해답 멱함수 $\sqrt{x}$의 정의역은 $[0, \infty)$이고 상수 함수 1의 정의역은 $(-\infty, \infty)$이다. 따라서 $f(x) = \sqrt{x} + 1$의 정의역은 $[0, \infty)$이므로 정리 2.1에 따라 함수 f가 연속인 구간은 $[0, \infty)$이다.

예제 2.10 $g(x) = \dfrac{x}{x^2 + 5x + 6}$가 연속이 되는 구간은 무엇인가?

해답 유리 함수 $g(x)$의 정의역은 분모가 0이 되는 수를 제외한 실수 전체이다.
$$x^2 + 5x + 6 = 0 \quad \Leftrightarrow \quad (x + 2)(x + 3) = 0 \quad \Leftrightarrow \quad x = -2, -3$$
따라서 정리 2.1에 따라 함수 g는 구간 $(-\infty, -3) \cup (-3, -2) \cup (-2, \infty)$에서 연속이다.

연관 문제	4, 18-20, 37-38

예제 2.11 정리 2.3을 이용하여 $\lim\limits_{x \to 1} \sqrt{x^2 + 1}$을 계산하라.

해답 $\sqrt{x^2 + 1} = f(g(x))$라고 하면, $f(x) = \sqrt{x}$이고 $g(x) = x^2 + 1$이다. 함수 g는

다항식이므로 어디서나 연속이고 $g(1)=2$이다. 더불어 함수 f는 $x=2$에서 연속이므로, 정리 2.3을 적용하면 다음과 같다.

$$\lim_{x \to 1} \sqrt{x^2 + 1} = \sqrt{1^2 + 1} = \sqrt{2}$$

> **아인슈타인의 상대성 원리**
> 부록 B에 있는 응용 예제 B.1에서는 한쪽 극한을 사용하여 물체의 속도가 빛의 속도에 다가갈 때 물체의 길이는 0으로 줄어든다는 것을 보인다.

연관 문제   14-17, 33-34, 35(d)

지금까지 대수 함수에서 극한과 연속성에 대해 알아보았습니다. 이제부터는 이를 지수 함수와 로그 함수, 삼각 함수(이들 함수에 대해서는 부록 A에 설명해두었슴)에까지 확장해봅시다.

초월 함수 이야기

먼저 지수 함수와 로그 함수를 살펴봅시다. 연속성을 '펜을 떼지 않고 한 획으로 그릴 수 있어야 한다'라는 관점에서 보면 다음과 같은 정리를 얻을 수 있습니다.

정리 2.4

모든 지수 함수는 연속이다. 모든 로그 함수는 구간 $(0, \infty)$에서 연속이다.

이번 장의 온라인 부록 섹션 A2.3에서 이 정리가 참인 이유를 살펴볼 수 있습니다. 수학적으로 이러한 결과는 다음과 같이 나타낼 수 있습니다.

$$\lim_{x \to c} b^x = b^c, \quad \lim_{x \to c} \log_b x = \log_b c$$

여기서 b^x는 지수 함수이므로 $b>0$이고 $b \neq 1$이며, $\log_b x$는 로그 함수이므로 역시 b에 대한 제한은 같습니다. 정리 2.4를 이번 섹션의 다른 정리와 조합하면 이들 함수의 극한을 계산할 수 있습니다.

예제 2.12 $\lim\limits_{x \to 0} e^{-x^2}$ 을 구하라.

해답 e^{-x^2} 은 연속 함수의 조합이다. $e^{-x^2} = f(g(x))$ 라 하면 $f(x) = e^x$ 이고 $g(x) = -x^2$ 이기 때문이다. 따라서 $f(g(x)) = e^{-x^2}$ 또한 연속이므로 다음과 같이 극한을 구할 수 있다.

$$\lim_{x \to 0} e^{-x^2} = e^{-0^2} = e^0 = 1$$

예제 2.13 $\lim\limits_{t \to 2} \dfrac{\log t^2}{t}$ 을 구하라.

해답 이번 예제는 $t = 2$에서 연속인 함수들의 나눗셈이다. 그리고 $t = 2$에서 분모가 0이 아니므로, 이번 섹션의 다양한 정리를 응용하면 다음과 같이 구할 수 있다.

$$\lim_{t \to 2} \frac{\log t^2}{t} = \frac{\log 2^2}{2} = \frac{2\log 2}{2} = \log 2$$

예제 2.14 $\lim\limits_{z \to 3} \ln \sqrt{z^2 - 1}$ 을 구하라.

해답 $\sqrt{z^2 - 1} = f(g(z))$ 이라 하면 $f(x) = \ln x$ 이고 $g(z) = z^2 - 1$ 이다. 함수 g는 어디에서나 연속이고 $g(3) = 8$이다. 함수 f는 $x = 8$에서 연속이므로 다음과 같이 극한을 구할 수 있다.

$$\lim_{z \to 3} \ln \sqrt{z^2 - 1} = \ln \sqrt{8} = \ln 2^{3/2} = \frac{3}{2} \ln 2$$

추가로 언급하자면, 예제 2.13과 2.14의 함수는 극한을 계산하기 전에 다음과 같은 함수로 간단하게 정리할 수 있습니다.

$$\frac{\log t^2}{t} = \frac{2\log t}{t}, \qquad \ln\sqrt{z^2-1} = \frac{1}{2}\ln(z^2-1) = \frac{1}{2}\Big[\ln(z-1) + \ln(z+1)\Big]$$

이런 형태에서 극한을 구해도 같은 답이 나오는지는 여러분이 확인해보기 바랍니다.

이제 삼각 함수의 연속성에 대해 알아보겠습니다. $\sin x$와 $\cos x$의 그래프를 보면(부록 A 의 **그림 A.18** ⓐ – ⓑ 참고), 이들이 연속 함수라는 것을 알 수 있습니다. 따라서 모든 실수 c에 대해 다음 식이 성립합니다.

$$\lim_{x \to c} \sin x = \sin c, \quad \lim_{x \to c} \cos x = \cos c \qquad \textbf{2.1}$$

또한 정리 2.2에 따라 $\tan x = \dfrac{\sin x}{\cos x}$ 는 $\cos x = 0$이 되는 지점(즉, $x = \pm\pi/2$, $\pm 3\pi/2$, 등)을 제외한 모든 곳에서 연속입니다. $\tan x$의 그래프는 부록 A의 **그림 A.18** ⓒ 를 참고하세요.

정리 2.5

함수 $\sin x$와 $\cos x$는 연속이다. 함수 $\tan x$는 $x = k\pi/2$(k는 홀수)인 지점에서 불연속이다.

이러한 결과를 활용하면 삼각 함수와 관련된 간단한 극한은 쉽게 구할 수 있습니다.

예제 2.15 $\displaystyle\lim_{x \to \pi} \frac{1}{3x + 2\sin x}$ 을 구하라.

해답 여기서는 연속 함수의 분수식을 다룬다. 분모의 극한값이 0이 아니므로, 이번 섹션의 정리를 이용하면 다음과 같이 구할 수 있다.

$$\lim_{x \to \pi} \frac{1}{3x + 2\sin x} = \frac{1}{3\pi + 2(0)} = \frac{1}{3\pi}$$

예제 2.16 $\displaystyle\lim_{t \to \pi} \frac{\tan^2 t}{\sqrt{1 + t^2}}$ 를 구하라.

해답 역시 연속 함수의 분수식이고 분모의 극한값이 0이 아니므로, 다음과 같이 극한을 구할 수 있다.

$$\lim_{t \to \pi} \frac{\tan^2 t}{\sqrt{1+t^2}} = \frac{\tan^2 0}{\sqrt{1+\pi^2}} = 0$$

팁과 아이디어, 핵심

- 연속성은 극한 계산을 간단하게 만든다. $f(x)$가 $x = c$에서 연속이라는 것을 알면, $\lim_{x \to c} f(x)$의 값은 단지 $f(c)$이다.

- 연속 함수의 그래프는 아름답고... 끊김이 없다. 정의역 $[a, b]$에서 연속인 함수의 그래프는 각 x값과 연관된 모든 y값을 통과한다. (이를 중간값 정리라고 부른다. 더 자세한 내용은 이번 장의 온라인 부록에 있는 섹션 A2.4를 살펴보자.) 이를 다른 말로 하면 연속 함수의 그래프는 펜을 떼지 않고 한 획으로 그릴 수 있다는 뜻이고, 그 역도 또한 성립한다(즉, 그래프를 펜을 떼지 않고 한 획으로 그릴 수 있다면 이는 연속 함수의 그래프다). **그림 2.8**은 이를 시각적으로 표현한 것이다.

구간 $[a,b]$에서 연속 구간 $[a,b]$에서 불연속

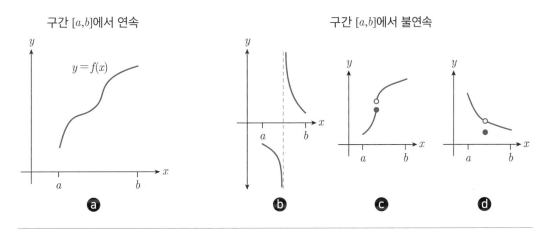

그림 2.8

끝으로 하나 덧붙이자면, 지금까지 살펴본 내용에는 다음과 같은 통찰이 숨어 있습니다.

$f(x)$라는 식이 주어지고 극한을 계산해야 할 때, 처음으로 시도할 수 있는 방법은
바로 $x = c$를 대입해 보는 것이다. 이때 결과가 실수라면 그게 바로 정답이다.

하지만 때로는 이와 같은 방식을 사용할 수 없는 경우도 있습니다. 다음 섹션에서는 극한을 계산하는 좀 더 일반적인 기법을 도출하는 데 사용할 몇 가지 규칙을 살펴보겠습니다.

2.6 극한의 법칙

보통 극한을 구하고자 하는 대부분의 함수는 좀 더 단순한 함수를 산술적으로 조합한 것입니다. (예를 들어 $f(x) = x + x^2$은 더 간단한 함수인 $g(x) = x$와 $h(x) = x^2$의 합입니다.) 많은 경우에 이들 함수의 극한을 구하는 것은 각 '성분 함수'의 극한을 구하는 것과 같습니다(여기서 성분 함수란 앞선 예의 g와 h를 말합니다). 다음과 같은 극한의 법칙을 활용하면 이러한 계산을 간단히 수행할 수 있습니다.

정리 2.6 극한의 법칙

lim이 $\lim_{x \to c}$나 $\lim_{x \to c^-}$, $\lim_{x \to c^+}$를 나타낸다고 하자. 그리고 f와 g가 함수이고 $\lim f(x)$와 $\lim g(x)$가 모두 존재한다고 가정한다. 그러면 다음 식이 성립한다.

1. $\lim [f(x) \pm g(x)] = \lim f(x) \pm \lim g(x)$

2. $\lim [kf(x)] = k[\lim f(x)]$, 이때 k는 실수

3. $\lim [f(x)g(x)] = [\lim f(x)][\lim g(x)]$

4. $\lim \dfrac{f(x)}{g(x)} = \dfrac{\lim f(x)}{\lim g(x)}$, 이때 $[\lim g(x)] \neq 0$

5. 양의 정수 n에 대해 $\lim \sqrt[n]{f(x)} = \sqrt[n]{\lim f(x)}$, 이때 n이 짝수일 때는 $[\lim f(x)] \geq 0$

6. 양의 정수 n에 대해, $\lim [f(x)]^n = [\lim f(x)]^n$

7. f가 $\lim g(x)$에서 연속일 때, $\lim f(g(x)) = f(\lim g(x))$

이들 극한의 법칙은 말로도 표현할 수 있습니다. 예를 들어, 첫 번째 법칙은 '함수의 합(또는 차)의 극한은 각 함수 극한의 합(또는 차)이다.'와 같이 말할 수 있습니다(물론 이때 각 함수의 극한이 존재해야 합니다).

예제 2.17 $\lim\limits_{x \to 1}(2x^2 + x - 1)$을 구하라.

> **해답** $\lim\limits_{x \to 1}(2x^2 + x - 1) = \lim\limits_{x \to 1}(2x^2) + \lim\limits_{x \to 1}x + \lim\limits_{x \to 1}(-1)$ 극한 법칙 1
>
> $\qquad\qquad\qquad\qquad = 2\left(\lim\limits_{x \to 1}x\right)^2 + \lim\limits_{x \to 1}x + \lim\limits_{x \to 1}(-1)$ 극한 법칙 2와 6
>
> $\qquad\qquad\qquad\qquad = 2(1)^2 + 1 + (-1) = 2$

예제 2.18 $\lim\limits_{x \to 0^+} \sqrt{x + 1}$을 구하라.

> **해답** $\lim\limits_{x \to 0^+} \sqrt{x + 1} = \sqrt{\lim\limits_{x \to 0^+}(x + 1)} = \sqrt{\lim\limits_{x \to 0^+}x + \lim\limits_{x \to 0^+}1}$ 극한 법칙 5, 극한 법칙 1
>
> $\qquad\qquad\qquad = \sqrt{0 + 1} = 1$

예제 2.19 $\lim\limits_{x \to 3} \dfrac{x^2 - 9}{x - 2}$ 를 구하라.

해답 $\lim\limits_{x \to 3} \dfrac{x^2 - 9}{x - 2} = \dfrac{\lim\limits_{x \to 3}(x^2 - 9)}{\lim\limits_{x \to 3}(x - 2)} = \dfrac{\left(\lim\limits_{x \to 3} x\right)^2 - \lim\limits_{x \to 3} 9}{\lim\limits_{x \to 3} x - \lim\limits_{x \to 3} 2}$ 　극한 법칙 4, 극한 법칙 1과 6

$$= \dfrac{9 - 9}{3 - 2} = 0$$

연관 문제 　4

초월 함수 이야기

이제 극한의 법칙을 지수, 로그, 삼각 함수와 연관지어 적용해 봅시다.

예제 2.20 $\lim\limits_{h \to 0} \dfrac{e^h - 1}{h - 1}$ 을 구하라.

해답 $\lim\limits_{h \to 0} \dfrac{e^h - 1}{h - 1} = \dfrac{\lim\limits_{h \to 0}(e^h - 1)}{\lim\limits_{h \to 0}(h - 1)} = \dfrac{\lim\limits_{h \to 0} e^h - \lim\limits_{h \to 0} 1}{\lim\limits_{h \to 0} h - \lim\limits_{h \to 0} 1}$ 　극한 법칙 4, 극한 법칙 1

$$= \dfrac{1 - 1}{0 - 1} = 0$$ 　e^h의 연속성 사용

예제 2.21 $\lim\limits_{x \to 2^+} x e^x$ 를 구하라.

해답 $\lim\limits_{x \to 2^+} x e^x = \left[\lim\limits_{x \to 2^+} x\right] \cdot \left[\lim\limits_{x \to 2^+} e^x\right]$ 　극한 법칙 3

$$= 2e^2$$ 　e^x의 연속성 사용

예제 2.22 $\lim\limits_{x \to 1} \dfrac{\ln x}{e^{-x}}$ 를 구하라.

해답 $\lim\limits_{x \to 1} \dfrac{\ln x}{e^{-x}} = \dfrac{\lim\limits_{x \to 1} \ln x}{\lim\limits_{x \to 1} e^{-x}}$ 　극한 법칙 4

$$= \frac{\ln 1}{e^{-1}} = 0 \qquad \ln x \text{와 } e^{-x} \text{의 연속성 사용}$$

예제 2.23 $\lim\limits_{x \to 1} \ln[x(x+1)]$을 구하라.

해답

$$\lim_{x \to 1} \ln[x(x+1)] = \lim_{x \to 1} \left[\ln x + \ln(x+1)\right] \qquad \text{로그의 법칙(정리 A.1)}$$

$$= \lim_{x \to 1} \ln x + \lim_{x \to 1} \ln(x+1) \qquad \text{극한 법칙 3}$$

$$= 0 + \ln 2 = \ln 2$$

예제 2.24 $\lim\limits_{x \to \pi} \dfrac{\sin x}{\sin x + \cos x}$를 구하라.

해답

$$\lim_{x \to \pi} \frac{\sin x}{\sin x + \cos x} = \frac{\lim\limits_{x \to \pi} \sin x}{\lim\limits_{x \to \pi} \sin x + \lim\limits_{x \to \pi} \cos x} \qquad \text{극한 법칙 4와 1}$$

$$= \frac{0}{0 + (-1)} = 0 \qquad \sin x \text{와 } \cos x \text{의 연속성 사용}$$

예제 2.25 $\lim\limits_{x \to 0} \tan x$를 구하라.

해답

$$\lim_{x \to 0} \tan x = \lim_{x \to 0} \frac{\sin x}{\cos x} = \frac{\lim\limits_{x \to 0} \sin x}{\lim\limits_{x \to 0} \cos x} \qquad \tan x = \frac{\sin x}{\cos x} \text{ 사용, 극한 법칙 4}$$

$$= \frac{0}{1} = 0 \qquad \sin x \text{와 } \cos x \text{의 연속성 사용}$$

예제 2.26 $\lim\limits_{x \to \frac{\pi}{4}} (x^2 \sin^2 x)$를 구하라.

해답

$$\lim_{x \to \frac{\pi}{4}} (x^2 \sin^2 x) = \left(\lim_{x \to \frac{\pi}{4}} x\right)^2 \cdot \left(\lim_{x \to \frac{\pi}{4}} \sin x\right)^2 \qquad \text{극한 법칙 3과 6}$$

$$= \left(\frac{\pi}{4}\right)^2 \cdot \left(\frac{\sqrt{2}}{2}\right)^2 = \frac{\pi^2}{32} \qquad x \text{와 } \cos x \text{의 연속성 사용}$$

이번 섹션의 주요 목표는 극한의 법칙을 설명하는 것이었습니다. 그래서 앞서 풀었던 모든 예제를 살펴보면 c값을 대입하는 접근 방식을 사용한 것을 확인할 수 있습니다. (실제로 앞선 예제의 모든 함수는 $x = c$에서 연속이었습니다.) 다음 섹션에서는 좀 더 복잡한 상황을 추가하여 극한의 법칙을 사용해서 어떻게 $x = c$에서 불연속인 함수의 극한을 구할 수 있는지 살펴보겠습니다.

2.7 극한의 계산 – 대수적 기법

다음과 같은 까다로운 극한을 살펴봅시다.

$$\lim_{x \to 0} \frac{x}{x} \quad \boxed{2.2}$$

먼저 시도해볼 수 있는 것은 'c값 대입 기법'으로, 결과는 0/0이 됩니다. 하지만 0으로 나눌 수는 없기에 여기서는 이러한 방법이 통하지 않습니다. 그렇지만 여러분도 알다시피 x/x를 약분하면 1입니다. 따라서 다음과 같은 식에 따라 정답은 1이며 **그림 2.9**로도 확인할 수 있습니다.

$$\lim_{x \to 0} 1 = 1$$

이러한 간단한 예제로부터 알 수 있는 것들이 많지만 이는 이어지는 '팁과 아이디어, 핵심'에서 다시 살펴보겠습니다. 여기서 말하고자 하는 핵심은 다음과 같습니다.

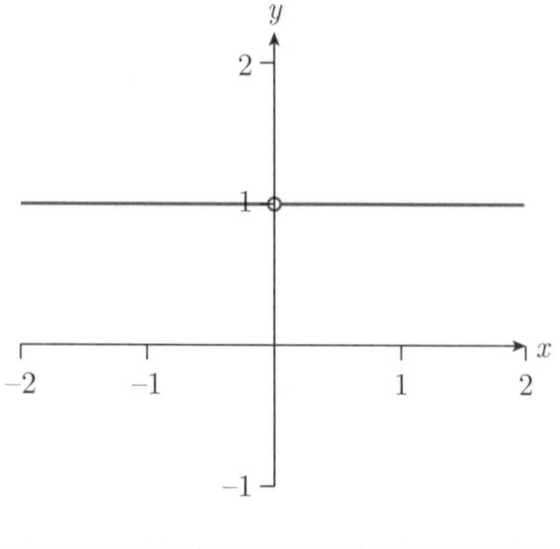

대수적 기법은 극한을 구하는 데 도움이 된다.

그림 2.9 $f(x) = \dfrac{x}{x}$의 그래프

다른 예를 좀 더 살펴보겠습니다.

- $$\lim_{x \to 1} \frac{x^2 - x}{x - 1}$$

앞선 극한을 구할 때 $x = 1$을 대입하는 것은 0/0 형태가 되므로 소용 없습니다. 하지만 분자 안에 분모가 포함되어 있기 때문에, 인수분해와 약분을 통해 다음과 같이 구할 수 있습니다.

$$\lim_{x \to 1} \frac{x^2 - x}{x - 1} = \lim_{x \to 1} \frac{x(x-1)}{x-1} = \lim_{x \to 1} x = 1$$

- $$\lim_{x \to 1} \frac{1 - \sqrt{x}}{1 - x}$$

앞선 극한 역시 $x = 1$을 대입하면 0/0 형태가 됩니다. 물론 이때도 분모를 인수분해할 수 있지만 여기서는 '유리화'라는 다른 방법을 소개하겠습니다. '유리화'란 분자에 루트(제곱근)가 포함된 분수에 결과적으로 1이 되는 수를 곱해서 분자에 있는 루트를 제거하는 방식입니다. 이때 분자의 루트를 제거하고자 곱하는 양은 켤레 수를 사용합니다. 예를 들어 다음과 같습니다.

$$\frac{1 - \sqrt{x}}{1 - x} = \frac{1 - \sqrt{x}}{1 - x} \cdot \frac{1 + \sqrt{x}}{1 + \sqrt{x}} = \frac{1 - x}{(1 - x)(1 + \sqrt{x})} = \frac{1}{1 + \sqrt{x}}$$

여기서 $1 - \sqrt{x}$ 의 켤레 수는 $1 + \sqrt{x}$ 로서 루트의 부호를 반대로 취하면 됩니다. 이러한 결과를 이용하면 다음과 같이 극한을 구할 수 있습니다.

$$\lim_{x \to 1} \frac{1 - \sqrt{x}}{1 - x} = \lim_{x \to 1} \frac{1}{1 + \sqrt{x}} = \frac{1}{1 + \sqrt{1}} = \frac{1}{2}$$

예제 2.27 $\lim\limits_{x \to 3} \dfrac{x^2 - 9}{x - 3}$ 를 구하라.

해답 이 문제도 $x = 3$을 대입하면 0/0 형태가 된다. 하지만 분자를 인수분해하여 약분할 수 있으므로 다음과 같이 극한을 구할 수 있다.

$$\lim_{x \to 3} \frac{x^2 - 9}{x - 3} = \lim_{x \to 3} \frac{(x+3)(x-3)}{x-3} = \lim_{x \to 3}(x+3) = 6$$

예제 2.28 $\lim\limits_{x \to 0^+} \dfrac{x}{\sqrt{x}(x+1)}$ 를 구하라.

해답 분모에 있는 $\sqrt{x}$ 는 $x \to 0^+$일 때 0에 다가가므로 역시 0으로 나눌 수 없다는 문제가 발생한다. 다행히 여기서는 $1/\sqrt{x}$ 을 $\sqrt{x}/x$ 형태로 하여 간단히 계산할 수 있다.

$$\frac{x}{\sqrt{x}(x+1)} = \frac{\sqrt{x}}{x+1} \text{ 이므로, } \lim_{x \to 0^+} \frac{x}{\sqrt{x}(x+1)} = \lim_{x \to 0^+} \frac{\sqrt{x}}{x+1} = \lim_{x \to 0^+} \frac{\sqrt{0}}{0+1} = 0$$

예제 2.29 $\lim\limits_{x \to 0^+} \dfrac{\sqrt{x+1}-1}{x}$ 을 구하라.

해답 $x = 0$을 대입하면 0/0 형태다. 그리고 분자에 루트가 있으므로 유리화를 시도해본다.

$$\frac{\sqrt{x+1}-1}{x} = \frac{\sqrt{x+1}-1}{x} \cdot \frac{\sqrt{x+1}+1}{\sqrt{x+1}+1}$$

$$= \frac{(x+1)-1}{x(\sqrt{x+1}+1)} = \frac{x}{x(\sqrt{x+1}+1)} = \frac{1}{\sqrt{x+1}+1}$$

그러면 다음과 같이 극한을 구할 수 있다.

$$\lim_{x \to 0^+} \frac{\sqrt{x+1}-1}{x} = \lim_{x \to 0^+} \frac{1}{\sqrt{x+1}+1} = \frac{1}{\sqrt{1}+1} = \frac{1}{2}$$

연관 문제   8-12

삼각 함수의 극한을 계산하기는 까다롭습니다. 이는 삼각 함수들 사이에 여러 관계가 있기 때문이기도 하고(예: $\sin^2 x + \cos^2 x = 1$), 때로는 몇몇 특별한 기법이 필요하기 때문이기도 합니다. 종종 삼각 함수와 관련된 극한을 구할 때는 두 가지 특별한 극한을 이용하곤 합니다. 그중 첫 번째는 다음과 같습니다.

$$\lim_{x \to 0} \frac{\sin x}{x} = 1 \qquad \textbf{2.3}$$

이 극한은 $\sin x / x$의 그래프로부터 유추할 수 있습니다(좀 더 직관적인 논의는 이번 장 온라인 부록의 섹션 A2.5를 살펴보세요). 두 번째 특별한 극한은 다음 예제 2.30에서 유도해보겠습니다.

예제 2.30

다음이 성립함을 보여라.

$$\lim_{x \to 0} \frac{\cos x - 1}{x} = 0 \qquad \textbf{2.4}$$

해답 역시 $x = 0$을 대입하면 0/0 형태다. 따라서 조금 다른 방법을 써보자. $\cos x$를 루트(제곱근)라고 생각하고 유리화 기법을 사용한다.

$$\frac{\cos x - 1}{x} = \frac{\cos x - 1}{x} \cdot \frac{\cos x + 1}{\cos x + 1} = \frac{\cos^2 x - 1}{x(\cos x + 1)} = \frac{-\sin^2 x}{x(\cos x + 1)} \qquad \textbf{2.5}$$

여기서 $\cos^2 x - 1 = \sin^2 x$를 사용했는데 이는 $\sin^2 x + \cos^2 x = 1$이라는 항등식을 변형한 것이다(이 항등식은 부록 A의 식 **A.22**에서 유도 과정을 확인할 수 있다). 그러면 구하고자 하는 극한은 다음과 같다.

$$\lim_{x \to 0} \frac{\cos x - 1}{x} = \lim_{x \to 0} \frac{-\sin^2 x}{x(\cos x + 1)} = -\lim_{x \to 0} \left(\frac{\sin x}{x} \cdot \frac{\sin x}{\cos x + 1} \right)$$

이제 정리 2.6에 있는 극한 법칙 4와 앞선 식 **2.3**을 적용하면 다음과 같다.

$$\lim_{x \to 0} \frac{\cos x - 1}{x} = -\left[\lim_{x \to 0} \frac{\sin x}{x}\right] \cdot \left[\lim_{x \to 0} \frac{\sin x}{\cos x + 1}\right]$$

$$= -\left(1 \cdot \frac{\sin 0}{\cos 0 + 1}\right) = -(1 \cdot 0) = 0$$

예제 2.31 $\lim\limits_{x \to 0} \dfrac{\tan x}{x}$ 를 구하라.

해답 역시 $x = 0$을 대입하면 0/0 형태다. 하지만 $\dfrac{\tan x}{x} = \dfrac{\sin x}{x \cos x} = \dfrac{\sin x}{x} \cdot \dfrac{1}{\cos x}$ 이기 때문에 다음과 같이 계산할 수 있다.

$$\lim_{x \to 0} \frac{\tan x}{x} = \lim_{x \to 0} \left(\frac{\sin x}{x} \cdot \frac{1}{\cos x}\right)$$

$$= \left[\lim_{x \to 0} \frac{\sin x}{x}\right] \cdot \left[\lim_{x \to 0} \frac{1}{\cos x}\right] \qquad \text{극한 법칙 3}$$

$$= 1 \cdot 1 = 1 \qquad\qquad\qquad \text{식 **2.3**과 } \cos x \text{의 연속성 사용}$$

예제 2.32 $\lim\limits_{x \to 0} \dfrac{\sin(2x)}{x}$ 를 구하라.

해답 역시 $x = 0$을 대입하면 0/0 형태다. 따라서 먼저 다음과 같이 함수를 단순한 형태로 변형해보자.

$$\frac{\sin(2x)}{x} = 2\frac{\sin(2x)}{2x}$$

이때 $u = 2x$라고 하면, $x \to 0$일 때 또한 $u \to 0$이므로 다음 식이 성립한다.

$$\lim_{x \to 0} \frac{\sin(2x)}{2x} = \lim_{u \to 0} \frac{\sin u}{u} = 1$$

이제 식 **2.3**을 통해 다음과 같이 원하는 극한을 구할 수 있다.

$$\lim_{x \to 0} \frac{\sin(2x)}{x} = 2(1) = 2$$

이렇게 극한을 구할 때 $x \to 0$에서 $u \to 0$으로 변수를 치환하는 방법은 다른 극한을 계산할 때도 사용할 수 있다. 이번 장의 온라인 부록 섹션 A2.2에서 일반적인 결과를 확인할 수 있다.

연관 문제   52-56

| 팁과 아이디어, 핵심 |

1. **한 가지 극한 계산 기법으로 답을 얻지 못한다면 다른 방법을 시도하라.** 여러분이 선택한 기법이 통하지 않는다고 해서 극한이 존재하지 않는 것은 아니다. 단지 처음에 시도한 기법이 적합하지 않아서 그럴 수 있다. 예를 들어 식 **2.2**를 계산할 때 $x = 0$을 대입하는 방법은 통하지 않는다. 왜냐하면 $f(x) = \dfrac{x}{x}$는 $x = 0$에서 연속이 아니기 때문이다.

2. **가능하다면, 극한을 구할 때 여러 가지 방식을 사용하라.** 그래프와 표, 대수식을 사용하여 극한을 구해본다면, 정답을 확실히 구하고 확인할 수 있다.

3. **0/0 형태의 결과는 극한에 대한 답이 아니다.** 극한 계산에서 0/0 형태가 나오면 다른 방법을 시도해야 한다는 뜻이다.

4. **대수적 기법으로 대부분 해결할 수 있지만, 항상 그런 것은 아니다.** 삼각 함수를 다룰 때 살펴봤듯이 때로는 변수의 치환이나 대수식, 극한 법칙 등을 조합해야 한다.

마지막으로 다시 식 **2.2**를 살펴봅시다. 여기서 $\dfrac{x}{x} \neq 1$이라는 점이 중요합니다. 여러분이 "뭐라고요?"라고 할지도 모르겠습니다. 사실 이렇습니다. 식에서 왼쪽의 함수 $\dfrac{x}{x}$는 $x = 0$에서 정의되지 않습니다. 오른쪽의 함수 1은 $x = 0$에서 1입니다. 따라서 $\dfrac{x}{x}$는 1과 같을 수가 없습니다. 그러므로 $\dfrac{x}{x}$를 간단히 정리하는 올바른 방법은 다음과 같습니다.

$$\frac{x}{x} = 1, \quad x \neq 0$$

이 말은 "$\frac{x}{x}$는 0이 아닌 모든 x에 대해 1과 같다."이며, 이것이 실제로 참인 문장입니다. 이로써 **그림 2.9**를 설명할 수 있고 다음 극한 계산을 설명할 수 있습니다.

$$\lim_{x \to 0} \frac{x}{x} = 1$$

다시 한 번 강조하지만, 극한은 한없이 다가가는 것이며 결코 도달하지는 않습니다. 따라서 $x = 0$에서 $\frac{x}{x}$가 어떤 값인지는 문제가 되지 않습니다. 중요한 것은 단지 $x = 0$에 무한하게 가까워질 때 어떤 값이 되는지입니다(이 값은 앞서 올바른 방식으로 간단히 정리한 바에 따라 1입니다). 극한을 구할 때는 이렇게 미묘한 포인트를 염두에 둬야 합니다.

지금까지 극한을 구하는 다양한 방법을 살펴보았습니다. 이어지는 이번 장 마지막 두 개의 섹션에서는 무한대와 관련된 극한에 대해 같은 방법으로 접근해 보겠습니다.

2.8 무한대에 다가갈 때의 극한

무한대에 다다갈 때의 극한은 $x \to \infty$ 또는 $x \to -\infty$일 때의 극한입니다. 이러한 경우에 우리는 x가 양이나 음으로 매우 커질 때 $f(x)$값에 어떤 일이 생기는지 살펴보게 됩니다. 이때 만약 $f(x) \to L$이라면 다음과 같이 적을 수 있습니다.

$$\lim_{x \to \infty} f(x) = L, \quad \lim_{x \to -\infty} f(x) = L$$

그림 2.10은 그중 첫 번째 극한의 예입니다.

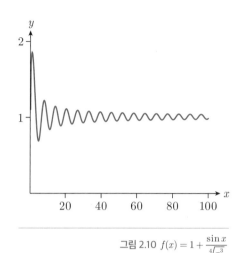

이 그래프에서 $x \to \infty$일 때 $f(x) \to 1$인 함수임을 알 수 있습니다. 이미 알고 있을 수 있지만 이 그래프에서 $y = 1$은 '수평 점근선'이라고 부릅니다. 실제로 수평 점근선은 극한의 관점에서 정의할 수 있습니다.

그림 2.10 $f(x) = 1 + \dfrac{\sin x}{\sqrt[4]{x^3}}$

정의 2.4 **수평 점근선**

$\lim$이 $\lim\limits_{x \to \infty}$나 $\lim\limits_{x \to -\infty}$를 나타낸다고 하고 f를 함수라고 하자. 이때 다음 식이 성립한다면,

$$\lim f(x) = L$$

직선 $y = L$을 곡선 $y = f(x)$의 **수평 점근선**이라고 부른다.

핵심은 극한을 이용하여 함수의 수평 점근선을 구할 수 있다는 점입니다.

또한 이번 장(온라인 부록 포함)에서 지금까지 다뤘던 모든 정리는 무한대에 다가갈 때의 극한에도 적용할 수 있습니다. 즉, 이전에 다뤘던 정리에서 $\lim$을 $\lim\limits_{x \to \infty}$나 $\lim\limits_{x \to -\infty}$로 바꿔도 여전히 유효하다는 뜻입니다. 게다가 이전 섹션에서와는 달리 이번 섹션에서 극한을 구할 때는 '∞를 대입'하는 방법은 쓸 수 없기 때문에 특히 유용합니다(이후에 몇 가지 팁과 요령을 소개하겠습니다).

예제 2.33 다음 극한을 구하라.

(a) $\lim\limits_{x \to \infty} \dfrac{1}{x}$

(b) $\lim\limits_{x \to \infty} \dfrac{1}{x^2}$

(a) x가 양의 방향으로 점점 더 커진다면(예를 들어 10^{100}), 역수인 $1/x$는 매우 작은 양수가 된다(10^{-100}). 따라서 다음과 같이 추측할 수 있다.

$$\lim_{x \to \infty} \frac{1}{x} = 0$$

이를 통해 이 함수의 수평 점근선은 $y=0$임을 알 수 있다. **그림 2.11 ⓐ**의 파란 화살표로 확인할 수 있다.

(b) 앞서와 비슷한 방법을 쓰면, x가 커질수록 x^2은 훨씬 더 커지므로 $\frac{1}{x^2}$은 매우 작은 양수가 된다. 따라서 다음과 같이 추측할 수 있다.

$$\lim_{x \to \infty} \frac{1}{x^2} = 0$$

역시 이 함수의 수평 점근선도 $y=0$임을 알 수 있다. **그림 2.11 ⓑ**의 파란 화살표로 확인할 수 있다.

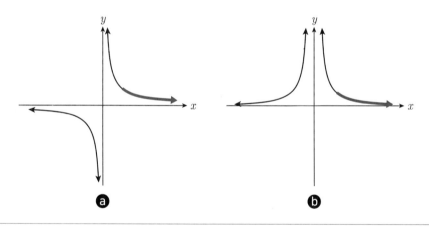

그림 2.11 ⓐ $f(x) = \frac{1}{x}$과 ⓑ $f(x) = \frac{1}{x^2}$의 그래프 일부, 화살표는 $x \to \infty$일 때 $f(x) \to 0$임을 나타낸다.

연습문제 30번은 다음을 보여 이번 예제의 결과를 일반화합니다.

$$\lim_{x \to \infty} \frac{1}{x^r} = 0,\ r \text{은 0보다 큰 유리수} \qquad \boxed{2.6}$$

다음으로는 이러한 결과를 이용하여 $x \to \infty$일 때 좀 더 복잡한 형태의 유리 함수의 극한을 구해봅시다. 유리 함수에서 무한대에 다다를 때의 극한을 다룰 때 유용한 기법을 소개하자면 다음과 같습니다. '**분자와 분모를 분모에 있는 x의 최고차항으로 나눈다.**'

예제 2.34 $\displaystyle\lim_{x \to \infty} \frac{x}{x-1}$를 구하라.

해답 이전 예제에서 사용한 방식은 여기서는 소용 없다. x가 커질수록 $x-1$도 커지기 때문이다. 이때 도움되는 기법이 하나 있다. 바로 분자와 분모를 분모에 있는 x의 최고차항으로 나누는 것이다. 여기서 $x \ne 0$이어야 하는데, $x \to \infty$이므로 상관없다. 이번 예제에서는 x가 최고차항이므로 계산하면 다음과 같다.

$$\frac{x}{x-1} = \frac{\frac{x}{x}}{\frac{x-1}{x}} = \frac{1}{1 - \frac{1}{x}}, \quad x \ne 0$$

따라서 여기에 극한 법칙 1과 4(정리 2.6 참고)를 이용하고 식 **2.6**에 $r = 1$인 경우로 생각하면 다음과 같다.

$$\lim_{x \to \infty} \frac{x}{x-1} = \lim_{x \to \infty} \frac{1}{1 - \frac{1}{x}} = \frac{\displaystyle\lim_{x \to \infty} 1}{\displaystyle\lim_{x \to \infty} 1 - \lim_{x \to \infty} \frac{1}{x}} = \frac{1}{1 - 0} = 1$$

이를 통해 이 함수의 수평 점근선은 $y = 1$임을 알 수 있다.

연관 문제 23-27, 28-29(수평 점근선에 해당하는 문제만)

초월 함수 이야기

여기서 먼저 알아야 할 것은 자연 지수 함수 e^x의 밑인 오일러의 수, e입니다. e는 자체로 무한대에 다가갈 때의 극한 관점에서 정의됩니다(관련 이야기가 궁금한 분은 이번 장의 온라인 부록 섹션 A2.6을 살펴보세요).

$$e = \lim_{x \to \infty} \left(1 + \frac{1}{x}\right)^x$$

연습문제 45번은 이러한 e의 정의에서 변수를 치환함으로써 이번 장 온라인 부록 섹션 A2.3의 정의 A2.2에 주어진 e의 정의와 연관 짓습니다. 이제 초월 함수에서 무한대로 다가갈 때의 극한에 대해 살펴봅시다.

| 예 제 2.35 | $\lim\limits_{x\to\infty} \ln\left(1+\dfrac{1}{x}\right)$ 을 구하라.

해답 극한 법칙 7과 1(정리 2.6 참고)을 사용한다.

$$\lim_{x\to\infty} \ln\left(1+\frac{1}{x}\right) = \ln\left[\lim_{x\to\infty}\left(1+\frac{1}{x}\right)\right] = \ln\left[1+0\right] = \ln 1 = 0$$

이를 통해 이 함수의 수평 점근선은 $y=0$임을 알 수 있다.

| 예 제 2.36 | $\lim\limits_{x\to\infty} e^{-x}$ 을 구하라.

해답 $e^{-x} = \dfrac{1}{e^x}$ 이고 극한 법칙 4(정리 2.6 참고)를 적용하면 다음과 같다.

$$\lim_{x\to\infty} e^{-x} = \frac{\lim\limits_{x\to\infty} 1}{\lim\limits_{x\to\infty} e^x} = 0$$

여기서 $x\to\infty$일 때 $e^x\to\infty$이다($e>1$이므로 e^x는 지수적으로 증가하는 함수이다). 이를 통해 이 함수의 수평 점근선은 $y=0$임을 알 수 있다.

연관 문제 | 45, 48, 50

| 팁과 아이디어, 핵심 |

- 극한을 구할 때 x에 ∞(또는 $-\infty$)를 대입할 수는 없지만, 여기 몇 가지 유용한 법칙이 있다.

$$\text{``}\frac{1}{\infty} = 0\text{''} \qquad \text{``}\frac{1}{-\infty} = 0\text{''}$$

이를 따옴표로 감싼 것은 실제 식이 아니라 극한에 대한 결과로서 이해하길 바래서이다. 이를 해석하면 1을 더욱 크고 큰 숫자로 나눌수록 결과는 0에 더욱 가깝고 가깝게 된다는 것이다.

- $x \to \pm\infty$일 때 극한은 다음과 같이 무한대와 상관없는 한쪽 극한으로 변환할 수 있다.

$$\lim_{x \to \infty} f(x) = \lim_{t \to 0^+} f\left(\frac{1}{t}\right) \quad \textbf{2.7}$$

$$\lim_{x \to -\infty} f(x) = \lim_{t \to 0^-} f\left(\frac{1}{t}\right) \quad \textbf{2.8}$$

단, 이때 모든 극한은 존재해야 한다. 연습문제 31번은 이를 증명하는 과정이다. 이들 결과는 특히 지수 함수나 삼각 함수에서 무한대에 다가갈 때의 극한에 유용하다(연습문제 59번과 60번을 살펴보자).

2.9 무한대가 나오는 극한

이번 섹션에서 다룰 내용은 앞서 **그림 2.5 ⓐ**에서 살펴본 적 있습니다. 이를 **그림 2.12**에 다시 나타냈습니다. 유리 함수 $f(x) = \dfrac{1}{x}$의 그래프에서 $x \to 0^+$일 때 $f(x)$는 한없이 점점 커집니다(파란색 부분). 섹션 2.2에서는 이를 다음과 같이 말했습니다.

$$\lim_{x \to 0^+} \frac{1}{x} \quad \text{DNE } (+\infty)$$

앞선 섹션에서 살펴보았듯이, 여기서 **그림 2.12**의 수직선 $x = 0$은 수직 점근선이라고 부릅니다. 그

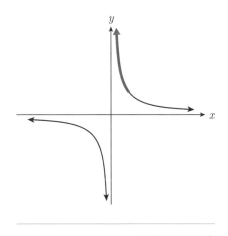

그림 2.12 $f(x) = \frac{1}{x}$

렇습니다, 이때도 극한을 이용해서 수직 점근선을 정의할 수 있습니다.

정의 2.5　　**수직 점근선**

$\lim$이 $\lim\limits_{x \to c^-}$나 $\lim\limits_{x \to c^+}$를 나타낸다고 하고 f를 함수라고 하자. 이때 다음 식이 성립한다면,

$$\lim f(x) \quad \text{DNE } (+\infty) \qquad \text{또는} \qquad \lim f(x) \quad \text{DNE } (-\infty)$$

직선 $x = c$를 f의 **수직 점근선**이라고 부른다.

한 가지 주의할 점은 함수의 그래프가 수평 점근선은 가로지를 수 있지만(**그림 2.10** 참고) 수직 점근선은 가로지를 수 없다는 점입니다(왜냐하면 x가 점근선에 접근할수록 그래프가 무한대로 발산하기 때문입니다).

예제 2.37　다음 극한을 구하라.

$$\text{(a) } \lim_{x \to 0} \frac{1}{x^2} \qquad \text{(b) } \lim_{x \to 1} \frac{x}{x-1} \qquad \text{(c) } \lim_{x \to 2^+} \frac{x^2 + 2x}{x^2 - 4}$$

해답

(a) $x \to 0$일 때 $f(x) = 1/x^2$은 양의 방향으로 무한히 커진다(**그림 2.13 ⓐ** 참고).

$$\lim_{x \to 0} \frac{1}{x^2} \quad \text{DNE } (+\infty)$$

(b) $x \to 1^-$일 때 $f(x) = x/(x-1)$은 1을 매우 작은 음수로 나눈 값, 즉 매우 큰 음수가 된다. $x \to 1^+$일 때 $f(x) = x/(x-1)$은 1을 매우 작은 양수로 나눈 값, 즉 매우 큰 양수가 된다(**그림 2.13 ⓑ** 참고).

$$\lim_{x \to 1^-} \frac{x}{x-1} \quad \text{DNE } (-\infty), \ \lim_{x \to 1^+} \frac{x}{x-1} \quad \text{DNE } (+\infty)$$

$$\text{따라서 } \lim_{x \to 1} \frac{x}{x-1} \quad \text{DNE}$$

(c) $x \to 2^+$일 때 분자는 $2^2 + 2(2) = 8$에 다가가지만 분모는 매우 작은 양수에 다가간

다. 따라서 이들을 나눈 값은 매우 큰 양수가 된다(**그림 2.13 ⓒ** 참고).

$$\lim_{x\to 2^+}\frac{x^2+2x}{x^2-4} \quad \text{DNE}\ (+\infty)$$

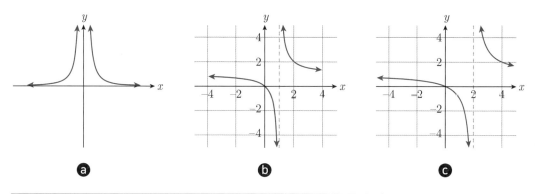

그림 2.13 그래프의 일부 ⓐ $f(x)=\dfrac{1}{x^2}$ ⓑ $f(x)=\dfrac{x}{x-1}$ ⓒ $f(x)=\dfrac{x^2+2x}{x^2-4}$

예제 2.37 (b)의 해답에는 'DNE' 뒤에 괄호로 감싼 정보가 없다는 점에 주의하자. 이는 양쪽 극한이 1로부터 접근하는 방향에 따라 각각 다른 부호의 무한대로 발산하기 때문이다.

연관 문제   21-22, 28-29(수직 점근선에 해당하는 문제만)

아인슈타인의 상대성 이론
부록 B에 있는 응용 예제 B.2에서는 물체가 점점 더 빛의 속도에 가깝게 움직일수록 점점 더 무거워지는 현상을 살펴본다.

| 초월 함수 이야기 |

예제 2.38 다음 극한을 구하라.

(a) $\displaystyle\lim_{x\to 0^+}\ln x$　　　　　　　(b) $\displaystyle\lim_{x\to 0^+}e^{-1/x}$

(a) $f(x)=\ln x$의 그래프는 부록 A의 **그림 A.12**의 그래프와 유사하다. 따라서 다음과 같다.

$$\lim_{x \to 0^+} \ln x \quad \text{DNE } (-\infty)$$

그러므로 $\ln x$의 수직 점근선은 $x=0$이다.

(b) 우선 다음 식이 성립한다.

$$e^{-1/x} = \frac{1}{e^{1/x}} \qquad \textbf{2.9}$$

이제 **그림 2.12**에서 $x \to 0^+$일 때 $\dfrac{1}{x} \to \infty$였던 것을 떠올려 보면, $x \to 0^+$일 때 $e^{1/x} \to \infty$임을 알 수 있다. 따라서 식 **2.9**에서 매우 큰 수로 나누고 있으므로 결과는 0에 매우 가까운 수가 된다.

$$\lim_{x \to 0^+} e^{-1/x} = 0$$

그러므로 $e^{-1/x}$의 수평 점근선은 $y=0$이다.

연관 문제   42, 44

미적분 이전에 배운 삼각 함수 몇몇에서도 수직 점근선을 찾아볼 수 있습니다. 다음 예제를 통해 살펴봅시다.

예제
2.39   다음 극한을 구하라.

$$\text{(a) } \lim_{x \to \frac{\pi}{2}^-} \tan x \qquad \text{(b) } \lim_{x \to \frac{\pi}{2}^+} \tan x \qquad \text{(c) } \lim_{x \to 0^+} \frac{1}{\sin x}$$

(a) $\tan x = \dfrac{\sin x}{\cos x}$임을 떠올려보자. 여기서 $x \to \dfrac{\pi}{2}^-$일 때 $\cos x \to 0^+$이다(부록 A의 **그림 A.18 ❺**의 $y = \cos x$ 그래프 참고). 반면에 $x \to \dfrac{\pi}{2}^-$일 때 $\sin x \to 1$이다(**그림 A.18 ❶**의 $y = \sin x$ 그래프 참고). 따라서 이들의 비율, 즉 $\tan x$는 1을 매우 작

은 양수로 나눈 값에 다가가므로 다음과 같다.

$$\lim_{x \to \frac{\pi}{2}^-} \tan x \quad \text{DNE } (+\infty)$$

그리고 $x = \dfrac{\pi}{2}$ 가 $\tan x$의 수직 점근선이다(**그림 A.18 ⓒ**의 $y = \tan x$ 그래프 참고).

(b) 이 문제도 $x \to \frac{\pi}{2}^+$ 일 때 $\cos x \to 0^-$ 라는 점만 제외하면 비슷하다. 따라서 $\tan x$는 1을 매우 작은 음수로 나눈 값에 다가가므로 다음과 같다.

$$\lim_{x \to \frac{\pi}{2}^+} \tan x \quad \text{DNE } (-\infty)$$

역시 $x = \dfrac{\pi}{2}$ 가 $\tan x$의 수직 점근선이다(**그림 A.18 ⓒ**의 $y = \tan x$ 그래프 참고).

(c) $x \to 0^+$ 일 때 $\sin x \to 0^+$ 이므로 다음과 같다.

$$\lim_{x \to 0^+} \frac{1}{\sin x} \quad \text{DNE } (+\infty)$$

따라서 $x = 0$이 $1/\sin x$ 그래프의 수직 점근선이다.

앞선 문제에서 (c)에 있는 역수로 된 함수는 세 가지 삼각 함수의 다음과 같은 역수 함수 중 하나입니다.

$$\sec x = \frac{1}{\cos x}, \quad \csc x = \frac{1}{\sin x}, \quad \cot x = \frac{1}{\tan x}$$

앞선 문제 (c)를 살펴보면 이들 역수 함수에는 수많은 수직 점근선이 있음을 알 수 있습니다.

│ 팁과 아이디어, 핵심 │

- 이제 극한을 이용하여 수직 점근선을 확실하게 식별할 수 있다. 일부 학생들은 수직 점근 선을 찾을 때 분모가 0이 되는 x값을 구하기도 한다. 하지만 이 방법이 항상 통하는 것은 아니다. 예를 들어 $f(x) = \dfrac{x}{x}$ 같은 함수에는 이런 방법을 사용할 수 없다. **그림 2.9**에서 살펴보았듯이 이 함수는 $x = 0$이 수직 점근선이 아니다. 이는 수직 점근선

을 극한으로 확인해보면 알 수 있다($x \to 0$일 때 $f(x) \to 1$이므로 무한대가 아님).

- **1을 매우 작은 수로 나누면 커다란 수가 된다.** 이전 섹션에서 그랬듯이, 다음과 같이 따옴표로 감싼 두 가지 "식"이 이번 섹션의 유용한 법칙을 요약한 것이다.

$$\text{"} \frac{1}{0^+} = +\infty \text{"} \qquad \text{"} \frac{1}{0^-} = -\infty \text{"}$$

2.10 끝으로

지금까지 극한에 대해 많은 내용을 배웠습니다. 1장에서는 '무한소의 변화'라는 관념을 표현하는 데 도움되는 개념을 소개했습니다. 이제 우리는 극한이 무엇인지, 어떻게 구하는지, 실생활과 관련한 맥락에서는 어떻게 나타나는지 좀 더 자세히 이해하게 되었습니다.

1장에서는 또 극한이 어떻게 세 가지 어려운 문제를 해결하는 토대가 되는지 간단히 소개했습니다. 이제 다음 장에서는 극한을 사용하여 그들 중 두 가지(순간 속도와 접선의 기울기)를 해결해 보겠습니다.

연습문제

2장

→ 정답 320쪽

1. $\lim\limits_{x \to c^-} f(x)$와 $\lim\limits_{x \to c^+} f(x)$가 어떤 숫자로 똑같다고 한다. 이때 $y = f(x)$의 그래프를 묘사하시오. 그리고 만약 좌우 두 극한이 서로 다른 숫자라면 무엇이 달라지는가?

2. 다음은 $y = f(x)$의 그래프다.

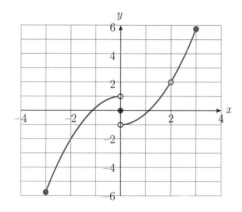

(a) 다음 극한을 구하시오. 또는 극한이 없다면 이유를 설명하시오.

(i) $\lim\limits_{x \to 0^-} f(x)$ (ii) $\lim\limits_{x \to 0^+} f(x)$ (iii) $\lim\limits_{x \to 0} f(x)$

(iv) $\lim\limits_{x \to 2^-} f(x)$ (v) $\lim\limits_{x \to 2^+} f(x)$ (vi) $\lim\limits_{x \to 2} f(x)$

(b) '이 함수는 $x = 2$에서 연속이다.'라는 문장은 참인가? 거짓인가?

(c) 구간 $(-1, 3)$에 속한 x값 중에서 이 함수가 연속인 구간은?

3. 다음은 $y = f(x)$의 그래프다.

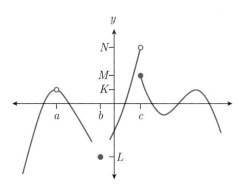

(a) 다음 극한을 구하시오. 또는 극한이 없다면 이유를 설명하시오.

(i) $\lim\limits_{x \to a^-} f(x)$ (ii) $\lim\limits_{x \to a^+} f(x)$ (iii) $\lim\limits_{x \to b^-} f(x)$

(iv) $\lim\limits_{x \to b^+} f(x)$ (v) $\lim\limits_{x \to c^-} f(x)$ (vi) $\lim\limits_{x \to c^+} f(x)$

(vii) $\lim\limits_{x \to a} f(x)$ (viii) $\lim\limits_{x \to b} f(x)$ (ix) $\lim\limits_{x \to c} f(x)$

(b) '이 함수는 $x = c$에서 연속이다.'라는 문장은 참인가? 거짓인가?

4. $\lim\limits_{x \to c} f(x) = 1$ 이고 $\lim\limits_{x \to c} g(x) = 2$ 라고 하자. 다음 극한을 구하시오.

(a) $\lim\limits_{x \to c} \big[f(x) + g(x) \big]$ (b) $\lim\limits_{x \to c} \big[2f(x) \big]$ (c) $\lim\limits_{x \to c} \big[f(x)g(x) \big]$

(d) $\lim\limits_{x \to c} \dfrac{f(x)}{g(x)}$ (e) $\lim\limits_{x \to c} \sqrt{f(x)}$ (f) $\lim\limits_{x \to c} \big[(x - c)f(x) - g(x) \big]$

5-10: 대수적 기법을 이용하여 다음 극한을 구하시오(단, 극한이 존재한다면).

---

5. $\lim\limits_{x \to 0}(x^2 - 2x + 1)$ **6.** $\lim\limits_{x \to 9}(\sqrt{x} - 3)$ **7.** $\lim\limits_{x \to 1^-} \sqrt{x^2 + 1}$

8. $\lim\limits_{x \to 0} \dfrac{x^3 - x}{x}$ **9.** $\lim\limits_{x \to 1^+} \dfrac{1}{x - 1}$ **10.** $\lim\limits_{x \to 4} \dfrac{\sqrt{x} - 2}{x^2 - 4}$

11. $\displaystyle\lim_{h \to 0} \frac{\sqrt{2h+1}-1}{h}$

12. $\displaystyle\lim_{x \to 0} \left(\frac{1}{x} - \frac{1}{x^2+x} \right)$

13. 다음 함수에서 $\displaystyle\lim_{x \to 1} f(x) = 1$이 성립하는 a값은 얼마인가?

$$f(x) = \begin{cases} ax+2, & x \le 1 \\ x^2, & x > 1 \end{cases}$$

14-17: (a) 다음 함수의 정의역을 찾고, (b) 정리 2.1 − 2.3을 이용하여 다음 함수가 연속인 구간을 구하시오.

---

14. $f(x) = \dfrac{x}{x^2 + 2x + 1}$

15. $g(x) = \sqrt{x}(1 - \sqrt[3]{x})$

16. $h(x) = x^2 + \sqrt{x}$

17. $h(t) = (\sqrt{t} + \sqrt{1-t})^3$

18-20: 다음의 구간별로 정의된 함수가 연속이 되는 구간을 구하시오(그래프를 그려보면 도움된다).

---

18. $f(x) = \begin{cases} x, & x \le 0 \\ x^2, & x > 0 \end{cases}$

19. $g(x) = \begin{cases} x^3, & x \le 1 \\ \sqrt{x+1}, & x > 1 \end{cases}$

20. $h(x) = \begin{cases} \dfrac{1}{x}, & x \le 1 \\ x+1, & x > 1 \end{cases}$

21. $\lim\limits_{x \to 3^-} \dfrac{x+7}{x-3}$

22. $\lim\limits_{x \to 2} \dfrac{1-x}{(x-2)^2}$

23. $\lim\limits_{x \to \infty} \dfrac{2}{3x+2}$

24. $\lim\limits_{x \to -\infty} \dfrac{-3x^2+4x}{x^2+1}$

25. $\lim\limits_{x \to \infty} \dfrac{x+1}{\sqrt{3x^2+7}}$

26. $\lim\limits_{x \to -\infty} \dfrac{\sqrt[3]{x}}{x+1}$

27. $\lim\limits_{x \to \infty}(\sqrt{x+1}-\sqrt{x})$를 구하시오.

힌트

함수에 $\dfrac{\sqrt{x+1}+\sqrt{x}}{\sqrt{x+1}+\sqrt{x}}$ 를 곱해본다.

28-29: 다음 함수의 수직 점근선과 수평 점근선을 구하시오.

28. $f(x) = \dfrac{3x+4}{x-3}$

29. $f(x) = \dfrac{x^2+1}{2x^2-2}$

30. 예제 2.33 (a)의 결과와 정리 2.6을 이용하여 다음을 보이시오. 단, 이때 r은 0보다 큰 유리수.

$$\lim_{x \to \infty} \frac{1}{x^r} = 0$$

31. 이번 문제에서는 정리 A2.1(이번 장 온라인 부록에 있는)을 이용해서 식 **2.7**을 유도한다. f는 함수이고 $g(x) = \dfrac{1}{x}$ 이라고 정의한다. 앞서 $x \to 0^+$일 때 $g(x) \to \infty$임을 보였다. 이제 정리 A2.1의 남은 두 가지 가정을 확인하고 식 **2.7**을 유도해보자.

(a) 0을 포함한 구간에서 $x \neq 0$인 모든 x에 대해 어째서 $g(x) \neq 0$이 되는지 설명하시오.

(b) $\lim\limits_{t \to \infty} f(t)$가 존재한다고 가정할 때, 정리 A2.1($g(x) = \dfrac{1}{x}$인)의 결과로 식 **2.7**(변수 x와 t를 바꿔야 함)이 나옴을 보이시오.

32. 상대성 이론: 1905년 알베르트 아인슈타인은 시간과 길이와 같은 물리적인 양의 측정은 사용하는 관성 기준틀(frame of reference)에 의존한다는 것을 발견했다. 예를 들어 여러분이 속도 v로 움직이는 열차에 타고 있다고 하자. 아인슈타인의 특수 상대성 이론에 따르면 여러분에게 t초의 시간 흐름은 정거장에 있는 관찰자에게는 다음과 같은 T초의 시간 흐름과 같다고 한다.

$$T(v) = \frac{t}{\sqrt{1 - v^2 / c^2}}$$

이때 c는 광속(빛의 속도)이며, 이러한 현상을 '시간 지연(time dilation)'이라 부른다.

(a) $T(0)$과 $T(0.5c)$를 구하고 해석하시오.

(b) $v \rightarrow c^-$일 때 $T(v) \rightarrow \infty$임을 보이고, 이러한 결과를 해석하시오.

(c) 좌극한이 필요했던 이유를 설명하시오.

33. 일상의 연속성: 다음 중 연속인 함수는 무엇인가?

(a) 한 사람의 나이에 따른 키의 함수

(b) 한 학생의 시간에 따른 고등학교 성적(단, 성적은 일정하지 않다고 가정)

(c) 시간에 따른 여러분 신용카드 하나의 잔액

34. 택시 요금: 뉴욕의 택시가 여러분을 처음 태울 때 $2.50의 기본 요금을 받고, 1km마다 $2.50의 추가 요금을 받는다고 하자.

(a) 택시를 타고 $x$km를 이동할 때 총 요금을 C라고 하자. 구간 $0 \leq x \leq 4.5$에서 $C(x)$의 그래프를 그리시오.

(b) $C(x)$는 연속 함수인가? 간단하게 설명하시오.

(c) $C(x)$가 불연속이라면, 틈(gap)이 있는 불연속인가? 아니면 도약(jump)이 있는 불연속

인가? 간단히 설명하시오.

35. 뉴턴의 중력 법칙: 지구 중심으로부터 거리 $r \geq 0$만큼 떨어져 있고 질량 m인 물체가 지구로부터 받는 중력을 F라고 하자. 지구가 질량 M, 반지름 R인 완벽한 구라고 가정하면 뉴턴의 만유인력 법칙은 다음과 같다.

$$F(r) = \begin{cases} \dfrac{GMmr}{R^3}, & r \leq R \\[2ex] \dfrac{GMm}{r^2}, & r \geq R \end{cases}$$

이때 $G > 0$은 중력상수다.

(a) r이 변함에 따라 질량 m이 받는 중력은 어떻게 변하는지 간단히 설명하시오.

(b) $\lim\limits_{r \to R^-} F(r)$과 $\lim\limits_{r \to R^+} F(r)$을 구하시오.

(c) $F(r)$은 $r = R$에서 연속인가? 간단히 설명하시오.

(d) F가 연속인 구간은 어디인가?

36. 극한 법칙을 이용하여 $f(x)$가 다항식이라면 $\lim\limits_{x \to c} f(x) = f(c)$가 성립함을 증명하시오.

37. 다음 함수가 연속이 되는 a값을 구하시오.

$$f(x) = \begin{cases} x + 1, & x \leq 1 \\ ax^2, & x > 1 \end{cases}$$

38. 다음 함수가 연속이 되는 a값을 구하시오.

$$g(x) = \begin{cases} x^2 + 3, & x \leq a \\ 4x, & x > a \end{cases}$$

39-44: 다음 극한이 존재한다면 그 값을 구하시오.

39. $\lim\limits_{x \to 0} e^{-x}$

40. $\lim\limits_{h \to 0} \dfrac{\sqrt{1 + 3^h} - 1}{3^h}$

41. $\lim\limits_{t \to 2} t^2 2^t$

42. $\lim\limits_{z \to 1^+} e^{-(z-1)^{-1}}$

43. $\lim\limits_{x \to 1} e^x \ln x$

44. $\lim\limits_{x \to 1^-} \left[x^2 c^{-x} + \ln(1 - x) \right]$

45. 이번 문제는 이번 장 온라인 부록 섹션 A2.6에 주어진 e의 원래 정의로부터 섹션 A2.3의 정의 A2.2에 주어진 e의 정의를 유도합니다.

    (a) 먼저 $x = 1/n$으로 치환하면 $\left(1 + \dfrac{1}{n}\right)^n$ 이 $(1 + x)^{1/x}$ 으로 변환됨을 보인다.

    (b) 다음으로 $x = 1/n$으로 치환하면 $n \to \infty$일 때의 극한이 $x \to 0^+$일 때의 극한으로 변환됨을 보인다.

    (c) $f(x) = (1 + x)^{1/x}$의 그래프를 그려서 $x \to 0^-$일 때와 $x \to 0^+$일 때 $f(x)$가 같은 y값에 다가감을 확인한다. 이제 정의 A2.2에 주어진 e의 식을 얻게 된다.

46. 예금의 복리 계산: 이번 문제에서는 온라인 부록의 식 **A2.8**과 연속 복리와 관련한 공식을 유도한다. 먼저 $M(t)$는 예금이 t년 지났을 때의 잔액이라 하고, 이때 최초 예금을 M_0이라 하자 (이후 추가 예금은 없다고 가정). r을 연이율(소수로 표시)이라 하고, 예금의 복리는 매년 n번 지급된다고 하자.

    (a) 첫 복리 이자 지급 후의 예금 잔액이 다음과 같음을 보이시오.

$$M_0 \left(1 + \frac{r}{n}\right)$$

(b) 첫 해가 지난 후의 예금 잔액이 다음과 같음을 보이시오.

$$M_0\left(1 + \frac{r}{n}\right)^n$$

(c) 앞선 (b)의 결과를 일반화하여 $M(t)$에 대한 공식을 유도하시오.

(d) $x = r/n$이라 하면 다음 식이 성립함을 보이시오.

$$M(t) = M_0\left[(1 + x)^{1/x}\right]^{rt}$$

(e) 다음 식이 성립함을 보이고, 실질적인 관점에서 이 결과를 설명하시오.

$$\lim_{x \to 0^+} M(t) = M_0 e^{rt}$$

47. **두 배가 되는 시간, 70의 법칙:** 이전 예제로 돌아가서, 예금 이자가 매년 복리, 즉 다음과 같다고 하자.

$$M(t) = M_0(1 + r)^t$$

(a) 예금 잔액이 초기 예금의 두 배가 되는 데 걸리는 시간을 T라고 하자(즉, $M(T) = 2M_0$). 이때 T를 배가 시간(doubling time)이라고 한다. 다음 식이 성립함을 보이시오.

$$T = \frac{\ln 2}{\ln(1 + r)}$$

(b) 구간 $-0.5 \le r \le 0.5$에서 $f(r) = \ln(1 + r) - r$의 그래프를 그리고, 이로부터 다음 식이 성립함을 추론하시오.

$$\lim_{r \to 0} f(r) = 0$$

(c) 실제 현실에서 예금 이자율은 보통 구간 $0 \le r \le 0.1$ 안에 있다. 따라서 앞선 (b)의 결과는 r이 0에 가깝다면 $\ln(1 + r) \approx r$이라는 뜻이다. 이제 다시 (a)의 결과를 활용해서 다음 식이 성립함을 보이시오.

$$T \approx \frac{0.7}{r}, \quad \text{이때 } r\text{은 0에 가까움}$$

(d) $R = 100r$이라고 하자(그러면 R은 % 기호를 없앤 이자율로 0에서 100 사이가 된다). 앞선 (c)의 결과를 이용하여 다음 식이 성립함을 보이시오.

$$T \approx \frac{70}{R}$$

이 식은 **70의 법칙**으로 알려져 있다.

__48.__ 빗방울의 종단 속도: 하늘에서 떨어지는 빗방울의 속도는 다음과 같다(부록 A에 있는 연습문제 43번 참고).

$$v(t) = 13.92(1 - e^{-2.3t})$$

$\lim\limits_{t \to \infty} v(t)$를 계산하여 빗방울의 종단 속도를 구하시오.

__49.__ 정리 2.4를 증명하시오.

> **힌트**
> 임의의 지수 함수 ab^x를 $ae^{rx} = a(e^x)^r$ 형태로 변환하고 이번 장에서 다룬 몇 가지 정리를 사용한다.

__50.__ 지수 함수 $f(x) = ab^x$를 가정하자. 앞서 살펴봤듯이 이는 $f(x) = ae^{rx}$로 다시 쓸 수 있다. 여기서 a나 r의 부호에 상관없이 $\lim\limits_{x \to \infty} f(x)$나 $\lim\limits_{x \to -\infty} f(x)$ 중 하나는 0임을 보이시오.

삼각 함수 관련 연습문제

51-56: 다음 극한을 구하시오.

__51.__ $\lim\limits_{x \to 0} \sqrt{1 + \sin x}$

__52.__ $\lim\limits_{x \to \frac{\pi}{4}} \dfrac{\sin^2 x - \cos^2 x}{\sin x - \cos x}$

__53.__ $\lim\limits_{x \to 0} \dfrac{\sin(3x)}{x}$

__54.__ $\lim\limits_{x \to 0} \dfrac{\cos x - 1}{\sin x}$

__55.__ $\lim\limits_{h \to 0} \dfrac{\sin(2h)}{\sin(6h)}$

__56.__ $\lim\limits_{t \to 0} \dfrac{\sin t}{t + \tan t}$

57. $f(x) = \sin\left(\dfrac{1}{x}\right)$이라 하자. 이때 $-1 \le f(x) \le 1$이 되는 이유를 설명하시오. 그리고 이를 이용해서 어떻게 모든 $d > 0$에 대해 $|x| \le d$이면 $|xf(x)| \le d$가 됨을 추론할 수 있는지 설명하시오.

58. 다음 함수가 연속이 되는 a값을 구하시오.

$$f(x) = \begin{cases} \dfrac{\sin(2x)}{x}, & x \ne 0 \\ a^2, & x = 0 \end{cases}$$

59. $-0.1 \le x \le 0.1$ 구간에서 함수 $f(x) = x\sin\left(\dfrac{1}{x}\right)$를 생각해보자(그래프는 온라인 부록 **그림 A2.1** 참고). $t = 1/x$로 치환하는 방법과 식 **2.3**을 이용해서 다음을 보이시오.

$$\lim_{x \to \infty} f(x) = 1$$

60. 부록 A의 60번 연습문제에서는 반지름 r인 원의 면적을 내접하는 삼각형들을 이용해서 근삿값을 구하는 방법을 다룬다. 앞선 연습문제의 결과를 적절히 변형하여 다음 식이 성립함을 보이시오(먼저 부록 A의 연습문제 60을 살펴본다).

$$\lim_{n \to \infty} A(n) = \pi r^2$$

61. 위도에 따른 중력 가속도 함수: 보통 g로 표기하는 중력 가속도는 9.8m/s^2을 근삿값으로 사용한다. 좀 더 정확한 g는 1967년의 측지 기준 공식으로 구할 수 있다.

$$g(x) = a(1 + b\sin^2 x - c\sin^4 x)\ \text{m/s}^2$$

여기서 x는 적도의 북쪽 또는 남쪽 방향 위도(각도)이며, 각 상수는 다음과 같다.

$$a = 9.7803185$$

$$b = 0.005278895$$

$$c = 0.000023462$$

(a) 구간 $-\dfrac{\pi}{2} \le x \le \dfrac{\pi}{2}$에서 $g(x)$의 그래프를 그리시오. g가 최대가 되는 위도는 얼마인가? 최소일 때는 얼마인가?

(b) $\displaystyle\lim_{x \to 0} g(x)$를 구하고 결과를 해석하시오.

미분:
변화와 정량화

이번 장
미리보기:

1665년 8월 케임브리지 대학교는 영국 전역에 걸친 전염병의 창궐로 학교를 닫아야 했습니다. 이 때문에 케임브리지 학생이었던 아이작 뉴턴은 시골에 있는 고향 집, 울스소프 매너(그림 3.1)로 돌아옵니다. 나중에 그의 친구에게 말했듯이, 어느날 뉴턴은 근처에 있는 나무에서 사과가 떨어지는 것을 목격하면서 다음과 같은 질문을 떠올렸습니다. "사과를 땅으로 끌어당기는 힘(중력)이 마찬가지로 달과 같은 다른 물체에도 작용하지 않을까?" 이러한 의문이 후에 뉴턴이 만유인력의 법칙을 발견하는 계기가 되었습니다. 하지만 곧 뉴턴은 '순간 속도'라는 개념적 장벽을 맞닥뜨립니다. 알다시피 중력은 계속해서 물체(예를 들어 사과)를 가속하므로 속도가 매 순간 변화합니다. 따라서 중력을 이해하려면 순간 속도에 대한 수학 이론이 필요한데 당시엔 이런 것이 없었습니다. 그래서 뉴턴이 발명했습니다. 이번 장에서는 순간 속도 문제를 풀기 위해 뉴턴의 자취를 따라가 봅니다. 그리고 이어서 뉴턴이 그랬듯이 그 결과를 일반화할 수 있음을 확인해 봅니다. 게다가 일거양득으로 그 결과(미분)가 또한 1장에서 언급했던 두 번째 어려운 문제, 즉 접선 문제도 해결함을 알아봅니다.

그림 3.1 울스소프 매너(뒷배경)와 유명한 사과 나무(앞쪽)

3.1 순간 속도 문제 해결하기

뉴턴의 사과 나무에서 사과가 떨어지는 순간 모습을 담은 1장에 있는 **그림 1.4 ⓐ**로 돌아

가 봅시다. 이제 사과가 떨어진지 1초가 지난 순간($t = 1$로 표기)의 모습을 가정해 봅시다. 이 나무의 높이는 30피트라고 합시다. **질문**: 이 순간의 사과의 속도를 계산할 수 있을까요?

논리적인 시작점은 속도가 거리를 시간으로 나눈 값이라는 점입니다. 좀 더 정확한 표현은 다음과 같습니다.

$$\text{평균 속도} = \text{거리의 변화량/시간의 변화량} = \frac{\Delta d}{\Delta t} \quad \textbf{3.1}$$

여기서 Δd는 거리의 변화량이고 Δt는 시간의 변화량입니다. 하지만 **그림 1.4 ⓐ**에서 순간을 포착했을 때는 시간의 경과가 없습니다. 따라서 $\Delta t = 0$입니다. 하지만 식 **3.1**에서는 Δt가 분모이므로 문제가 됩니다. 바로 0으로는 나눌 수 없기 때문입니다. 난관에 봉착했습니다.

여기서 앞서 언급했던 미적분의 첫 번째 특징, 즉 미적분은 동적 사고 방식이라는 점을 떠올려 봅시다. **그림 1.4 ⓐ**에서는 '동적'이라는 점이 드러나지 않습니다. 이것이 바로 앞서 **그림 1.5**의 첫 번째 행에서 이런 상황을 좀 더 동적인 모습으로 표현했던 이유입니다. 이제 사과가 떨어지는 순간의 모습을 정량화하고 $\Delta t \to 0$일 때의 극한이 어떻게 순간 속도 문제를 해결하는지 살펴봅시다.

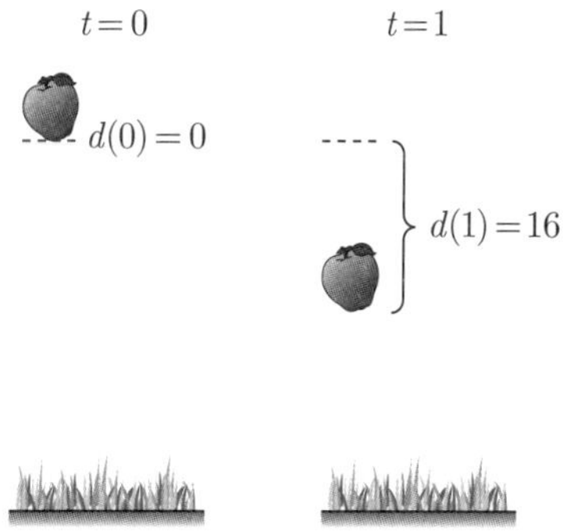

뉴턴이 중력에 대해 생각하기에 앞서 수십 년 전, 갈릴레오 갈릴레이(1564 – 1642)와 그의 동료들은 충분히 무거운 물체(예를 들어 사과)가 정지 상태에서 떨어질 때 움직인 거리를 수학적으로 묘사하는 방법을 다음과 같이 알아냈습니다.

그림 3.2 사과가 떨어지는 모습의 두 가지 순간

$$d(t) = 16t^2 \quad \textbf{3.2}$$

여기서 d는 피트[1] 단위로 측정한 거리이고, t는 물체가 떨어지기 시작한 후에 경과한 시간이며, 공기 저항은 무시합니다(**그림 3.2** 참고). 갈릴레오는 경사면에서의 실험을 통해 식 **3.2**를 유도했습니다. 이제 다음과 같은 사실을 알 수 있습니다.

- 사과가 떨어지기 시작해서 1초 후 움직인 거리는 $d(1)$이다.
- 사과가 떨어지기 시작해서 $1 + \Delta t$ 초 후 움직인 거리는 $d(1 + \Delta t)$이다.

따라서 사과의 이동 거리 변화량 $\Delta d = d(1 + \Delta t) - d(1)$입니다. 이를 식 **3.1**에 대입하면 다음과 같습니다.

$$\text{사과의 평균 속도} = \frac{d(1 + \Delta t) - d(1)}{\Delta t} \qquad \text{3.3}$$

이제 식 **3.2**를 사용하여 분자를 계산하면 다음과 같습니다.

$$= \frac{16[1 + \Delta t]^2 - 16(1)^2}{\Delta t} \qquad d(1 + \Delta t) = 16[1 + \Delta t]^2 \text{ 사용}$$

$$= \frac{16[1 + 2\Delta t + (\Delta t)^2] - 16}{\Delta t}$$

$$= \frac{32(\Delta t) + 16(\Delta t)^2}{\Delta t} \qquad 16\text{을 분배하고 정리}$$

$$= 32 + 16(\Delta t), \quad \Delta t \neq 0 \qquad \Delta t \text{를 약분}$$

이를 통해 사과의 평균 속도는 $\Delta t \to 0$일 때 극한값 32에 다가감을 알 수 있습니다.

$$\lim_{\Delta t \to 0} \frac{\Delta d}{\Delta t} = 32$$

---

1 우리나라에서는 일반적으로 미터법을 사용하지만 미국은 그렇지 않다. 이 책에서는 미국식 단위도 사용하며 이를 따로 미터법으로 변환하지는 않았다. 여기서 1ft ≈ 0.3048m이다.

이것이 바로 "$t=1$에서 사과의 순간 속도는 얼마인가?"에 대한 합리적인 해답입니다. 시간 Δt의 유한한 변화로는 이 문제에 답할 수 없습니다. 그럴 때는 그냥 평균 속도를 구할 수 있습니다. 하지만 시간의 무한소 변화를 살펴보면, $t=1$에서 사과의 진정한 순간 속도를 밝힐 수 있습니다.

방금 한 작업은 손쉽게 일반화할 수 있습니다. 다음과 같은 표현에서 시작해 봅시다.

$$\text{사가이 순간 속두} = \lim_{\Delta t \to 0} \text{(사과의 평균 속도)} \qquad \textbf{3.4}$$

식 **3.3**을 식 **3.4**에 대입하면 다음 식을 얻습니다.

$$\text{사과의 순간 속도} = \lim_{\Delta t \to 0} \frac{d(1 + \Delta t) - d(1)}{\Delta t}$$

사과가 떨어지기 시작한 1초 후의 순간 속도를 $\mathscr{s}(1)$로 나타내면, 앞선 식은 다음과 같습니다.

$$\mathscr{s}(1) = \lim_{\Delta t \to 0} \frac{d(1 + \Delta t) - d(1)}{\Delta t} \qquad \textbf{3.5}$$

이 식이 바로 $t=1$에서 사과의 순간 속도를 나타냅니다.[2]

지금까지 분석 과정에서 $t=1$을 사용했지만, 특별한 목적은 없습니다. 따라서 예를 들어 $t=0.5$에서 사과의 순간 속도도 쉽게 계산할 수 있습니다. 결국 앞선 1을 사과가 움직일 때의 어떤 다른 t값으로 바꿔도 식 **3.5**는 성립합니다. 이를 통해 다음 정의를 얻을 수 있습니다.

정의 3.1

물체의 이동 거리 함수를 $d(t)$라 하고, $t=a$에서 물체의 순간 속도를 $\mathscr{s}(a)$라 하면 다음 식이 성립한다.

$$\mathscr{s}(a) = \lim_{\Delta t \to 0} \frac{d(a + \Delta t) - d(a)}{\Delta t} \qquad \textbf{3.6}$$

---

2 여기서는 순간 속도의 표기에 필기체 $\mathscr{s}$를 사용했습니다. 일반적으로 s는 물체의 위치를 나타내는 함수 $s(t)$로 표기하기 때문입니다. $s(t)$와 그 순간 변화량(즉, 속도)은 5장에서 다룹니다.

물체의 이동 거리 함수가 $d(t) = 3t + 5$일 때, $ɗ(1)$(단위 무시)을 구하라.

해답

$$ɗ(1) = \lim_{\Delta t \to 0} \frac{d(1 + \Delta t) - d(1)}{\Delta t}$$ 　　식 **3.6**에 $a = 1$ 대입

$$= \lim_{\Delta t \to 0} \frac{3(1 + \Delta t) + 5 - (3(1) + 5)}{\Delta t}$$ 　　$d(1 + \Delta t) = 3(1 + \Delta t) + 5$ 사용

$$= \lim_{\Delta t \to 0} \frac{3\Delta t}{\Delta t}$$ 　　분배하고 정리

$$= \lim_{\Delta t \to 0} 3 = 3$$ 　　Δt를 약분하고 극한 계산

예제 3.2

물체의 이동 거리 함수가 $d(t) = t^2$일 때, $ɗ(2)$(단위 무시)를 구하라.

해답

$$ɗ(2) = \lim_{\Delta t \to 0} \frac{d(2 + \Delta t) - d(2)}{\Delta t}$$ 　　식 **3.6**에 $a = 2$ 대입

$$= \lim_{\Delta t \to 0} \frac{(2 + \Delta t)^2 - (2)^2}{\Delta t}$$ 　　$d(2 + \Delta t) = (2 + \Delta t)^2$ 사용

$$= \lim_{\Delta t \to 0} \frac{4(\Delta t) + (\Delta t)^2}{\Delta t}$$ 　　제곱식을 전개하고 정리

$$= \lim_{\Delta t \to 0} 4 + \Delta t = 4$$ 　　Δt를 약분하고 극한 계산

결국, 지금까지 배운 것을 적용하면 뉴턴의 사과에 대한 순간 속도 문제를 완벽히 해결할 수 있습니다.

응용 예제 3.3

떨어지는 사과의 이동 거리 함수가 $d(t) = 16t^2$일 때, $ɗ(a)$(단위 무시)를 구하라.

해답

$$ɗ(a) = \lim_{\Delta t \to 0} \frac{d(a + \Delta t) - d(a)}{\Delta t}$$ 　　식 **3.6**

$$= \lim_{\Delta t \to 0} \frac{16(a + \Delta t)^2 - 16a^2}{\Delta t}$$ $d(a + \Delta t) = 16(a + \Delta t)^2$ 사용

$$= \lim_{\Delta t \to 0} \frac{[16a^2 + 32a(\Delta t) + 16(\Delta t)^2] - 16a^2}{\Delta t}$$ 제곱식 전개

$$= \lim_{\Delta t \to 0} [32a + 16(\Delta t)] = 32a$$ 정리하고 Δt를 약분, 극한 계산

연관 문제   10-11

여기서 a값은 임의의 값이므로 어떠한 시간 t에 대해서도 순간 속도를 구할 수 있습니다. 이러한 예제를 통해 미적분의 구체적인 힘을 느낄 수 있습니다. 오랫동안 과학자들을 괴롭혔던 순간 속도 문제를 여기서 우리가 단 몇 줄로 해결했습니다. 게다가 결과 또한 간단합니다. 사과가 떨어지기 시작하여 a초가 지난 후 순간 속도는 $32a$(ft/s)입니다.

3.2 접선 문제 해결하기: 한 점에서의 미분계수

접선 문제란 함수 $y = f(x)$ 그래프의 한 점 P에서 접선의 기울기를 구하는 문제란 것을 떠올려 봅시다(**그림 1.4 ⓑ** 참고). '접선'이란 직선이 점 P를 곡선과 공유하고 또한 점 P에서 곡선의 '경사도' 역시 공유한다는 것을 의미합니다. (**그림 1.4 ⓑ**에서 손가락으로 곡선을 따라가보면 점 P에서 손가락은 접선 방향으로 움직이게 됩니다.) 접선 문제를 어렵게 만드는 요인은 다음과 같습니다. 바로 직선의 기울기를 계산하려면 두 개의 점이 필요한데, 여기서는 점이 단지 하나(점 P)뿐이라는 점입니다. 다시 난관에 봉착했습니다. 하지만 여기서도 문제는 **그림 1.4 ⓑ**에 내재한 정적 사고 방식입니다. 따라서 이 그림을 미적분해 봅시다(맞습니다, 1장에서 언급했듯이 미적분은 또한 동사이기도 합니다).

그림 3.3이 바로 동적 사고 방식을 적용한 것입니다. 회색 선은 점 P와 점 Q를 통과하는 할

선입니다. 여기서 '할(割)'은 '베다, 자르다'라는 뜻입니다. 각 할선의 기울기는 다음과 같습니다.

$$\text{할선}\ \overleftrightarrow{PQ}\ \text{의 기울기} = \frac{\Delta y}{\Delta x} \qquad \textbf{3.7}$$

이때 점 P의 x좌표를 a라고 하면, P와 Q 사이의 y값의 변화량(Δy)은 다음과 같습니다.

$$\Delta y = Q\text{에서의}\ y\text{값} - P\text{에서의}\ y\text{값} = f(a + \Delta x) - f(a)$$

이를 식 **3.7**에 대입하면 다음과 같습니다.

$$\text{할선}\ \overleftrightarrow{PQ}\ \text{의 기울기} = \frac{f(a + \Delta x) - f(a)}{\Delta x} \qquad \textbf{3.8}$$

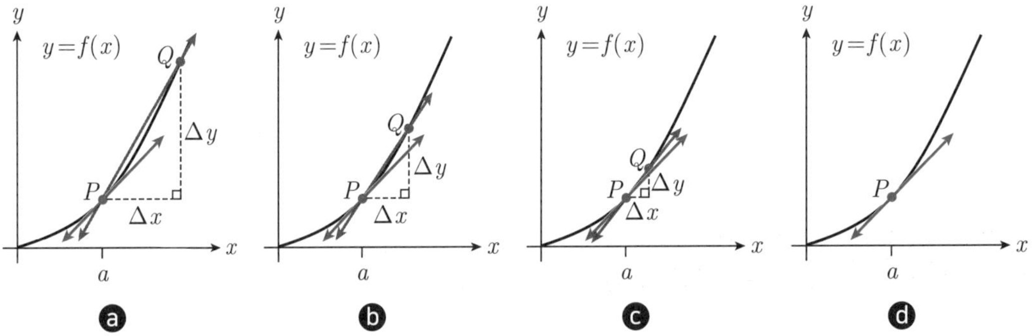

그림 3.3 $\Delta x \to 0$일 때 회색 할선의 기울기가 점점 파란색 접선의 기울기에 다가간다.

이제 **그림 3.3**에서도 알 수 있듯이, 접선의 기울기는 $\Delta x \to 0$일 때 할선 기울기의 극한값이 됩니다.

$$P\text{에서 접선의 기울기} = \lim_{\Delta x \to 0} \frac{f(a + \Delta x) - f(a)}{\Delta x} \qquad \textbf{3.9}$$

오늘날 우리는 'P에서 접선의 기울기'를 줄여서 'a에서의 **미분계수**'라고 부르고 $f'(a)$('f 프라임 a'라고 읽음)라 적습니다. 따라서 식 **3.9**는 다음과 같이 바꿀 수 있습니다.

$$f'(a) = \lim_{\Delta x \to 0} \frac{f(a + \Delta x) - f(a)}{\Delta x} \quad \text{3.10}$$

자, 이제 접선 문제가 해결되었습니다. 그리고 다음과 같은 중요한 사항을 알 수 있습니다.

$x = a$에서 함수 f의 미분계수는 단지 f의 그래프 위의 $x = a$에서 접선의 기울기이다.

미분계수는 중요한 개념입니다. 따라서 다음과 같은 공식적인 정의를 살펴보고 예제를 풀면서 몇 가지 사항을 이야기해 보겠습니다.

정의 3.2 **한 점에서의 미분계수**

f를 함수라 하자. 그러면 $x = a$에서 f의 미분계수를 $f'(a)$라 표기하고 다음과 같이 정의한다(이 때 극한은 존재한다고 가정한다).

$$f'(a) = \lim_{\Delta x \to 0} \frac{f(a + \Delta x) - f(a)}{\Delta x} \quad \text{3.11}$$

예제 3.4 $f(x) = x^2$일 때 $f'(1)$을 구하라.

해답

$$
\begin{aligned}
f'(1) &= \lim_{\Delta x \to 0} \frac{f(1 + \Delta x) - f(1)}{\Delta x} & \text{식 3.11} \\
&= \lim_{\Delta x \to 0} \frac{(1 + \Delta x)^2 - 1^2}{\Delta x} & f(1 + \Delta x) = (1 + \Delta x)^2 \text{ 사용} \\
&= \lim_{\Delta x \to 0} \frac{2(\Delta x) + (\Delta x)^2}{\Delta x} & \text{제곱식을 전개하고 정리} \\
&= \lim_{\Delta x \to 0} [2 + (\Delta x)] = 2 & \text{정리하고 } \Delta x \text{를 약분, 극한 계산}
\end{aligned}
$$

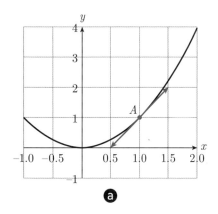
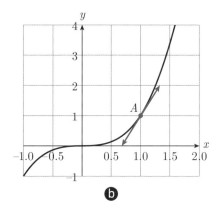

그림 3.4 ⓐ $f(x)=x^2$, ⓑ $f(x)=x^3$의 그래프 일부와 점 $(1, 1)$에서의 접선

예제 3.5

$f(x)=x^2$의 그래프 위의 점 $(1, 1)$에서 접선의 방정식을 구하라.

해답 앞선 예제에서 접선의 기울기 $f'(1)=2$를 구했다. 한 점과 기울기가 주어진 직선의 방정식(부록 A의 A.5 섹션 참고)으로부터 접선의 방정식은 다음과 같이 구할 수 있다.

$$y-1=2(x-1)$$

정리하면 $y=2x-1$이 된다. **그림 3.4** ⓐ에 $f(x)$와 접선의 그래프를 나타냈다.

예제 3.6

$f(x)=x^3$일 때 $f'(1)$을 구하라.

해답

$$f'(1) = \lim_{\Delta x \to 0} \frac{f(1+\Delta x) - f(1)}{\Delta x} \qquad \text{식 } \textbf{3.11}$$

$$= \lim_{\Delta x \to 0} \frac{(1+\Delta x)^3 - 1^3}{\Delta x} \qquad f(1+\Delta x) = (1+\Delta x)^3 \text{ 사용}$$

$$= \lim_{\Delta x \to 0} \frac{1 + 3(\Delta x) + 3(\Delta x)^2 + (\Delta x)^3 - 1}{\Delta x} \qquad \text{세제곱식 전개}$$

$$= \lim_{\Delta x \to 0} [3 + 3(\Delta x) + (\Delta x)^2] = 3 \qquad \text{정리하고 } \Delta x \text{를 약분, 극한 계산}$$

<table>
<tr><td>예제
3.7</td><td>$f(x) = x^3$의 그래프 위의 점 $(1, 1)$에서 접선의 방정식을 구하라.</td></tr>
</table>

해답 앞선 예제에서 접선의 기울기 $f'(1) = 3$을 구했다. 한 점과 기울기가 주어진 직선의 방정식으로부터 접선의 방정식은 다음과 같이 구할 수 있다.

$$y - 1 = 3(x - 1)$$

정리하면 $y = 3x - 2$가 된다. **그림 3.4 ⓑ**에 $f(x)$와 접선의 그래프를 나타냈다.

연관 문제 | 1-9

| **팁과 아이디어, 핵심** |

$f'(a)$의 정의(정의 3.2 참고)는 마치 $\mathit{v}(a)$의 정의(정의 3.1 참고)와 비슷해 보이지만, 표기법과 용어가 다릅니다. 실제로 다음 섹션에서는 이들의 유사성을 활용하여 $f'(a)$를 새롭고 유용하게 해석해 보겠습니다.

3.3 순간 변화율: 미분계수의 해석

섹션 3.2에서의 작업 흐름은 섹션 3.1과 매우 비슷합니다. **그림 3.5**는 이들을 시각적으로 비교한 것입니다.

양쪽 모두에서 우리는 먼저 특정 구간 Δx(또는 Δt)에서 관심 있는 함수(섹션 3.1에서는 거리, 섹션 3.2에서는 일반적인 함수 f)의 **평균 변화율**을 구합니다. 그러고 나서 $\Delta x \to 0$일 때 평균 변화율의 극한을 구해 순간 변화율을 얻습니다.

	속도	변화율
평균	$\dfrac{\Delta d}{\Delta t}$	$\dfrac{\Delta y}{\Delta x}$
순간	$\jmath(a) = \lim\limits_{\Delta t \to 0} \dfrac{\Delta d}{\Delta t}$	$f'(a) = \lim\limits_{\Delta x \to 0} \dfrac{\Delta y}{\Delta x}$

그림 3.5 미분계수의 정의는 순간 속도의 정의를 일반화한 것이다.

순간 속도 $\jmath(a)$와 $f'(a)$ 사이의 이러한 상호작용을 통해 다음과 같은 통찰을 얻을 수 있습니다.

1. $x = a$에서 미분계수 $f'(a)$는 $x = a$에서 순간 변화율을 측정한다.
2. $t = a$에서 물체의 순간 속도 $\jmath(a)$는 $t = a$에서 물체의 거리 함수 d의 미분계수다. 즉, $\jmath(a) = d'(a)$
3. $x = a$에서 미분계수 $f'(a)$의 단위는 x 단위에 대한 $f(x)$ 단위의 비율이다.

3번의 통찰은 식 **3.8**의 우변이 x의 변화량에 대한 $f(x)$의 변화량의 비율임을 보면 알 수 있습니다. 여기서는 1번의 통찰을 '**미분계수의 변화율 해석**'이라 부르고, '접선의 기울기'는 '**미분계수의 기하학적 해석**'이라고 부르겠습니다.

예제 3.8 예제 3.4와 3.6의 결과를 이용하여 다음 질문에 답하라: 함수 $f(x) = x^2$과 $f(x) = x^3$ 중에서 점 $(1, 1)$에서 y값이 더 빠르게 증가하는 함수는 무엇인가?

해답 정답은 $f(x) = x^3$. 예제 3.6에서 구한 $f'(1) = 3$이고, 예제 3.4에서 구한 $f(x) = x^2$의 $f'(1) = 2$이다.

<table>
<tr><td>예제
3.9</td><td>그림 3.4 ⓐ의 그래프에서 함수의 순간 변화율이 0이 되는 x값은 얼마인가?</td></tr>
</table>

해답 $x = 0$뿐이다. $f'(0) = 0$(즉 접선이 수평선이어서 기울기가 0이고, 다른 모든 a 값에 대해서는 $f'(a) \neq 0$이기 때문이다.)

이러한 예제들을 통해 $f'(a)$의 서로 다른 해석 사이의 전환 방법을 알 수 있습니다. 3장의 연습문제에서 이러한 기법을 좀 더 연습할 수 있습니다.

연관 문제   12, 44

지금까지 정의 3.1과 3.2를 비교하면서 많은 것을 얻었습니다. 하지만 둘 사이에는 중요한 차이점이 있습니다. 바로 정의 3.2에 있는 '이때 극한은 존재한다고 가정한다'라는 제한입니다. 이 말은 $f'(a)$가 항상 존재하지는 않는다는 뜻입니다. 다음 섹션에서 $f'(a)$의 이러한 문제를 탐구해 보겠습니다.

3.4 미분 가능성: 미분계수가 존재할 때와 그렇지 않을 때

$f'(a)$의 기하학적 해석은 f 그래프 위의 $x = a$에서 접선의 기울기입니다. 이때 그러한 접선이 존재한다고 가정해야 하지만, 항상 접선이 존재하는 것은 아닙니다. **그림 3.6**의 세 가지 그래프는 접선이 존재하지 않는 경우를 나타냅니다. **그림 3.6 ⓐ**의 그래프는 점 A에서 각이 진 모서리가 있습니다. 접선은 접점에서 그래프와 '경사도'를 공유해야 하는데, **그림 3.6 ⓐ**의 그래프에서 점 A 직전의 경사도(파란 점선)와 점 A 직후의 경사도(파란 실선)는 서로 다릅니다. 따라서 점 A에서 접선이 존재하지 않으므로 접선의 기울기인 $f'(a)$ 역시 존재하지 않습니다.

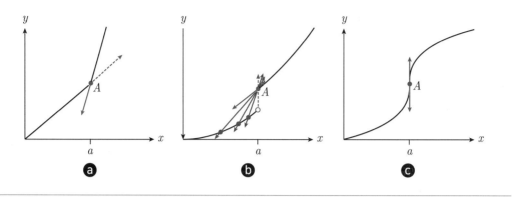

그림 3.6

그림 3.6 **ⓑ**의 그래프는 또다른 문제가 발생하는 상황입니다. 그래프에서 점 A와 그 왼쪽 부분의 또 다른 한 점을 통과하는 할선을 그려 봅시다. $x \to a^-$일 때 이 할선은 점점 수직에 가까워지고(그림에서 회색 선), 왼쪽으로부터 점 A로 다가갈 때 그래프의 '경사도'인 파란 점선에 가까워집니다. 하지만 이러한 경사도는 점 A 오른쪽 부분의 그래프에서 얻은 파란 실선으로 나타낸 경사도와 서로 다릅니다. 따라서 따라서 점 A에서 접선이 존재하지 않으므로 접선의 기울기인 $f'(a)$ 역시 존재하지 않습니다.

그림 3.6 **ⓒ**의 그래프는 또 다른 가능한 상황입니다. 이 그래프는 점 A에서 접선이 존재하지만, 수직선이므로 기울기가 무한대입니다. 따라서 무한대는 숫자가 아니므로 $f'(a)$는 존재하지 않는다고 결론을 내릴 수 있습니다. 다음 정의에서 $f'(a)$가 존재할 때와 그렇지 않을 때의 용어를 소개합니다.

정의 3.3

a를 포함한 열린 구간 I에서 정의된 함수를 f라고 하자. $f'(a)$가 존재한다면 f를 **$x = a$에서 미분 가능**하다고 한다. 또한 구간 I의 모든 x에 대해서 미분 가능하다면, f를 **구간 I에서 미분 가능**하다고 한다. f가 구간 $(-\infty, \infty)$에서 미분 가능하다면, f를 **어디서나 미분 가능** 또는 간단히 **미분 가능**이라고 한다.

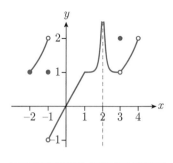

그림 3.7

예제 3.10

그림 3.7의 그래프와 같은 함수를 가정하자.

(a) f는 구간 $(-2, 4)$의 어느 점에서 미분 불가능인가?

(b) f는 구간 $(-2, 4)$의 어느 점에서 불연속인가?

해답

(a) $x = -1$(그림 3.6 **ⓑ**와 같은 상황), $x = 1$(그림 3.6 **ⓐ**와 같은 상황), $x = 2$(함수가 정의되지 않음), $x = 3$(그림 3.6 **ⓑ**와 같은 상황)

(b) $x = -1$, $x = 2$, $x = 3$에서 불연속(예제 2.8 참고)

연관 문제 14-15

| **팁과 아이디어, 핵심** |

미분 가능성을 간단하게 요약하면 다음과 같습니다. $f'(a)$는 $x = a$에서 f의 접선이 존재하고 유한한 기울기를 가질 때만 존재합니다. 앞서 살펴봤듯이 이 말은 특히 그래프에 꺾임이 없고(즉, 부드럽고) 틈이 없어야 한다는 뜻입니다. 이 말을 듣고 연속성을 떠올렸다면, 맞습니다. 이 둘은 서로 관련이 있습니다.

함수 f가 a에서 미분 가능하면, f는 a에서 연속이다.

- 이 정리의 대우, 즉 'f가 a에서 불연속이면 f는 a에서 미분 불가능이다.'는 참이다. **그림 3.6 ⓑ**를 보면 알 수 있다. 그래프는 $x = a$에서 도약하여 불연속이고 $f'(a)$는 존재하지 않는다.

- 이 정리의 역, 즉 'f가 a에서 연속이면 f는 a에서 미분 가능하다.'는 참이 아니다. **그림 3.6 ⓐ**를 보면 알 수 있다. 그래프는 $x = a$에서 연속이지만 $f'(a)$는 존재하지 않는다.

핵심: 연속성은 미분 가능성의 필요 조건이지만 충분 조건은 아닙니다. 이러한 결과를 활용하면 미

분 불가능한 함수를 빠르게 확인할 수 있습니다. 즉, $x = a$에서 불연속인 함수는 $x = a$에서 미분 불가능입니다.

3.5 미분계수: 그래프 접근법

이제 우리는 $f'(a)$가 무엇을 측정하는지, 언제 존재하고 언제 존재하지 않는지, 그리고 어떻게 시각화하는지(**그림 3.4**에서와 같이 그래프에 겹친 접선으로) 명확히 이해할 수 있습니다. 하지만 우리가 다양한 a값에 대해 $f'(a)$를 시각화하려 하면, 이전과 같은 시각화 기법은 복잡해집니다. **그림 3.8**의 위쪽 그래프가 바로 $f(x) = x^2$에 대해 이렇게 시각화한 모습입니다. 그림에서 뒤섞인 접선들은 본래 제공하는 정보를 흐리게 만듭니다. 문제는 같은 그래프에 모든 것을 표시하려 한 점입니다. 이를 바로잡아 봅시다.

앞선 예제 3.4에서 $f(x) = x^2$에 대해 $f'(1) = 2$를 구했습니다. 이제 이를 새로운 그래프에 점 $(1, 2)$로 나타내 봅시다. **그림 3.8**의 아래쪽 그래프에 이러한 점들을 그렸습니다. 여기에는 $(1, 2)$처럼 각 점의 x값 a에 대한 y값인 $f'(a)$를 쌍으로 하는 몇몇 점들을 추가했습니다. 여기에 더 많은 점들을 추가한다면,

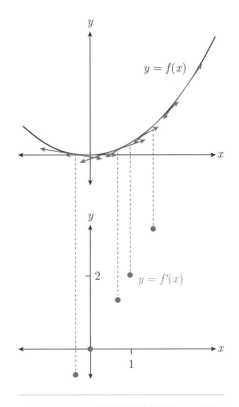

그림 3.8 $f(x)$의 접선의 기울기를 점 $(x, f'(x))$로 나타낸 그래프

어떤 형태의 함수가 될지 여러분도 예측할 수 있을 겁니다. 바로 선형 함수(1차 함수)입니다(이는 다음 섹션에서 확인해보겠습니다). 이제 우리는 미분계수를 시각화하는 다음과 같은 새로운

방법을 발견했습니다.

함수 f의 정의역에 있는 각 x값에 대해 접선의 기울기를 y값으로 하는 함수 $y = f'(x)$

예 제
3.11 $f(x) = x^3 - 3x$의 미분계수를 스케치하라.

해답 그림 3.9에 단계별로 스케치하는 과정을 나타냈다. 각 x값인 a에 대해 f의 그래프에 접선을 그리고(위쪽 그래프), 기울기 $f'(a)$를 계산한다. 그러고 나서 새로운 그래프(아래쪽 그래프)에 점 $(a, f'(a))$를 그린다. 이런 작업을 왼쪽부터 오른쪽까지(**그림 3.9 ⓐ**에서 **ⓓ**까지) 진행하게 되면 $y = f'(x)$의 그래프가 나타난다.

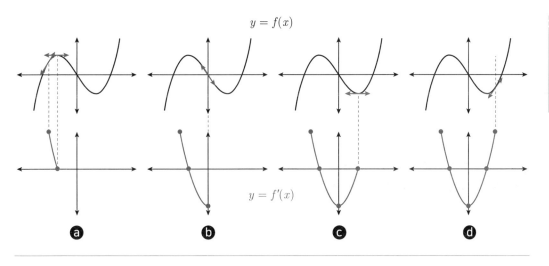

그림 3.9 $f(x)$의 그래프 위에서 '파도 타기'하듯이 $f'(x)$의 그래프 그리기

| **팁과 아이디어, 핵심** |

f가 주어지고 f'을 스케치할 때 몇 가지 요령에 앞서 유념해야 할 점이 있습니다. $f'(a)$는 극한으로 정의되고 극한은 고유한 값이기 때문에(극한이 존재한다면 이는 극한 법칙으로 증명

할 수 있음), $y = f'(x)$는 사실은 함수입니다(함수의 정의는 부록의 정의 A.1 참고). 이를 유념하며 f'을 스케치하는 요령을 살펴봅시다.

- f의 그래프에서 수평이 되는 접선을 찾아라. 이러한 점들은 f'의 그래프에서 x축 위의 점들로 표시된다.

- f의 접선의 기울기가 양수라면 f'의 그래프에서 y값이 양수여야 한다. **결론**: f의 그래프가 '위로 증가'한다면 f'의 그래프는 x축보다 위에 표시된다. 또한 f의 그래프가 '아래로 감소'한다면 f'의 그래프는 x축보다 아래에 표시된다.

그림 3.8에서 함수 f는 2차 다항식이고 f'은 1차 다항식(선형 함수)임을 눈치챘을 겁니다. 마찬가지로 **그림 3.9**에서 함수 f는 3차 다항식이고 f'은 2차 다항식이 됩니다. 이러한 징후를 일반화한 규칙은 섹션 3.8에서 살펴보겠습니다. 다음 섹션에서는 $f'(x)$를 계산하여 우리가 관찰한 결과를 확인해보겠습니다.

연관 문제 16-18

3.6 미분계수: 대수적 접근법

대수적으로 미분계수로 이뤄진 $f'(x)$(이를 '도함수'라 부름)는 식 **3.11**에서 a를 x로 대체한 것과 같습니다. 더불어 Δx를 h로 대체하면 우리가 보통 미적분 책에서 보게 되는 보다 일반적인 $f'(x)$의 공식을 얻을 수 있습니다.

정의 3.4 **도함수**

f를 함수라 하자. 그러면 f의 도함수 $f'(x)$는 다음과 같이 정의된다.

$$f'(x) = \lim_{h \to 0} \frac{f(x+h) - f(x)}{h} \qquad \text{3.12}$$

이때 이 식은 극한이 존재하는 모든 x값에 대해 성립한다.

예제 3.12 $f(x) = x^2$에 대해 $f'(x)$를 구하라.

해답

$$f'(x) = \lim_{h \to 0} \frac{f(x+h) - f(x)}{h} \qquad \text{식 3.12}$$

$$= \lim_{h \to 0} \frac{(x+h)^2 - x^2}{h} \qquad f(x+h) = (x+h)^2 \text{ 사용}$$

$$= \lim_{h \to 0} \frac{2xh + h^2}{h} \qquad \text{제곱식 전개하고 정리}$$

$$= \lim_{h \to 0} [2x + h] = 2x \qquad \text{정리하고 } h \text{를 약분, 극한 계산}$$

예제 3.13 $f(x) = x^3 - 3x$에 대해 $f'(x)$를 구하라.

해답

$$f'(x) = \lim_{h \to 0} \frac{f(x+h) - f(x)}{h} \qquad \text{식 3.12}$$

$$= \lim_{h \to 0} \frac{[(x+h)^3 - 3(x+h)] - [x^3 - 3x]}{h} \qquad f(x+h) = (x+h)^3 - 3(x+h) \text{ 사용}$$

$$= \lim_{h \to 0} \frac{3x^2 h + 3xh^2 + h^3 - 3h}{h} \qquad \text{세제곱식 전개}$$

$$= \lim_{h \to 0} [3x^2 - 3 + 3xh + h^2] = 3x^2 - 3 \qquad \text{정리하고 } h \text{를 약분, 극한 계산}$$

이러한 계산을 통해 앞서 관찰한 결과를 확인할 수 있습니다. **그림 3.8**에 있는 이차 함수 $f(x) = x^2$의 도함수는 선형 함수 $f'(x) = 2x$이고, **그림 3.9**에 있는 삼차 함수 $f(x) = x^3 - 3x$의 도함수는 이차 함수 $f'(x) = 3x^2 - 3$입니다. 여러분이 직접 간단히 계산해보면 다음과 같은 결과도 얻을 수 있습니다.

$$f(x) = x \quad \Rightarrow \quad f'(x) = 1, \qquad f(x) = b \quad \Rightarrow \quad f'(x) = 0 \qquad \textbf{3.13}$$

이때 b는 임의의 실수입니다.

연관 문제   19, 21, 25

 응용 예제 3.14 대략적으로 말해서 개인의 최고 심박수(MHR, maximum heart rate)는 오랜 시간 운동하는 동안 지속할 수 있는 최고의 심박수이다. MHR의 정확한 공식은 참고문헌 [2]에서 개발되었다.

$$M(t) = 192 - 0.007t^2$$

(a) $M'(t)$를 구하라.

(b) $M'(20)$을 구하고 미분계수가 변화율이라는 관점에서 이러한 결과를 해석하라.

해답

(a) 식 **3.12**를 활용한다.

$$
\begin{aligned}
M'(t) &= \lim_{h \to 0} \frac{M(t+h) - M(t)}{h} && \text{식 } \textbf{3.12} \\
&= \lim_{h \to 0} \frac{[192 - 0.007(t+h)^2] - [192 - 0.007t^2]}{h} && \begin{array}{l} M(t+h) = 192 - 0.007(t+h)^2 \\ \text{사용} \end{array} \\
&= \lim_{h \to 0} \frac{0.007t^2 - 0.007(t+h)^2}{h} \\
&= \lim_{h \to 0} \frac{0.007t^2 - 0.007t^2 - 0.014th - 0.007h^2}{h} && \text{제곱식 전개와 정리} \\
&= \lim_{h \to 0} [-0.014t - 0.007h] = -0.014t && \text{정리하고 } h \text{를 약분, 극한 계산}
\end{aligned}
$$

셋션 3.3에서 다룬 내용을 떠올려보면, 도함수의 단위는 출력의 단위(여기서는 bpm)를 입력의 단위(여기서는 나이)로 나눈 값이다.

(b) $M'(20) = -0.014(20) = -0.28$ bpm/year. 변화율로 해석하면 한 개인이 20세가 되는 순간 MHR은 1년에 0.28 bpm만큼 감소한다(변화율이 음수이므로 '감소').

연관 문제   13

| 조월 함수 이야기 |

식 **3.12**를 이용해 $f(x) = e^x$를 미분하는 방법을 살펴보면서 시작합시다.

$$f'(x) = \lim_{h \to 0} \frac{e^{x+h} - e^x}{h} = \lim_{h \to 0} \frac{e^x(e^h - 1)}{h} = (e^x)\left(\lim_{h \to 0} \frac{(e^h - 1)}{h}\right) \qquad \textbf{3.14}$$

표 3.1 h가 양쪽에서 0에 다가감에 따라 $\dfrac{(e^h - 1)}{h}$ 의 값이 1에 다가간다.

h	$\dfrac{(e^h - 1)}{h}$
−0.01	0.99502
−0.001	0.99950
−0.0001	0.99995
...	...
0.0001	1.00005
0.001	1.00050
0.01	1.00502

앞선 식에서 마지막 등식은 e^x은 $h \to 0$일 때 그대로 e^x이기 때문입니다(e^x은 h에 영향을 받지 않습니다). **표 3.1**은 식 **3.14**의 괄호 안의 극한값이 1임을 나타냅니다(이번 장 온라인 부록 섹션 A3.1에 다른 방식으로 이러한 결과를 유도하는 내용이 있으니 참고 바랍니다). 식 **3.14**에 이를 적용하면 다음과 같은 정리를 얻을 수 있습니다.

정리 3.2

$$(e^x)' = e^x$$

다른 말로 표현하면, e^x의 도함수는 자기 자신입니다. 이것이 바로 지수 함수에서 e라는 밑이 특별한 이유입니다. 다른 지수 함수나 로그 함수의 도함수는 다음 섹션에서 다루겠습니다. 이들 도함수는 다음 섹션에서 살펴볼 미분 공식을 사용하는 것이 좋기 때문입니다.

이제 삼각 함수를 살펴봅시다. 먼저 $\sin x$와 $\cos x$의 그래프로부터 시작합시다(**그림 A.20** 참고). 이들 그래프는 끊기지 않고 부드럽게 연결되므로 어디서나 미분 가능하다는 것을 알 수 있습니다. **그림 3.10**에서는 앞서 **그림 3.9**에서 했던 것처럼 $f(x) = \sin x$에 대한 $f'(x)$를 구하기 위해 그래프 접근법을 활용했습니다.

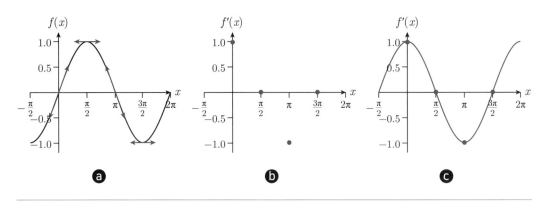

그림 3.10 **ⓐ** $f(x) = \sin x$와 네 개의 접선 **ⓑ**-**ⓒ** f의 모든 접선의 기울기 그래프

$f'(x)$의 그래프는 여러분이 알고 있는 다른 삼각 함수처럼 생겼습니다. 만약 $f(x) = \cos x$로 같은 작업을 한다면 또 다시 친숙한 삼각 함수의 그래프가 나타날 겁니다. 이제 이러한 직관을 확인하고 실제로 도함수를 구해봅시다.

예제 3.15 다음 식이 성립함을 보여라.

$$(\sin x)' = \cos x, \quad (\cos x)' = -\sin x \qquad \boxed{3.15}$$

해답

$$(\sin x)' = \lim_{h \to 0} \frac{\sin(x+h) - \sin(x)}{h} \qquad \text{식 } \boxed{3.12}\text{에 } f(x) = \sin x \text{ 대입}$$

$$= \lim_{h \to 0} \frac{\sin(x)\cos(h) + \sin(h)\cos(x) - \sin(x)}{h} \qquad \text{식 } \boxed{A.23} \text{ 사용}$$

$$= \lim_{h \to 0} \frac{\sin(x)(\cos(h) - 1)}{h} + \lim_{h \to 0} \frac{\sin(h)\cos(x)}{h} \qquad \text{정리하고 극한 법칙 1 사용}$$

$$= \sin(x)\left[\lim_{h \to 0} \frac{(\cos(h)-1)}{h}\right] + \cos(x)\left[\lim_{h \to 0} \frac{\sin(h)}{h}\right] \quad \text{sin } x\text{와 cos } x\text{는 } h\text{와 상관없음}$$

$$= \sin(x) \cdot 0 + \cos(x) \cdot 1 = \cos x \qquad \text{식 \textbf{2.3}과 식 \textbf{2.4} 사용}$$

$(\cos x)' = -\sin x$도 비슷한 방식으로 계산하며 이는 연습문제 75로 남겨두겠습니다.

$\tan x$의 도함수 계산은 다음 섹션에서 다루겠습니다. 역시 미분 공식을 통해 계산하는 것이 편리하기 때문입니다.

이제 도함수를 표기하는 다른 방법을 간단히 살펴보면서 도함수에 대한 탐험을 마치겠습니다. 바로 라이프니츠 표기법입니다. 고트프리트 라이프니츠(Gottfried Leibniz)는 미적분학을 공동으로 발명한 사람입니다.

라이프니츠 표기법

라이프니츠 표기법은 $f'(x)$를 다음과 같이 표기하는 데서 시작합니다.

$$f'(x) = \lim_{\Delta x \to 0} \frac{\Delta y}{\Delta x} \qquad \textbf{3.16}$$

여기서 $\Delta y = f(x+h) - f(x)$입니다. 1장에서 x의 무한소의 변화를 $\Delta x \to 0$으로 해석했던 걸 떠올려 봅시다. 라이프니츠는 이러한 표기를 나타내고자 dx라는 기호를 도입했습니다.[3] 따라서 결과로 나오는 y값 $f(x)$의 무한소의 변화는 dy로 표현합니다. 그리고 나서 라이프니츠는 식 **3.16**을 다음과 같이 적었습니다.

$$\frac{dy}{dx} = \lim_{\Delta x \to 0} \frac{\Delta y}{\Delta x}, \text{ 따라서 } f'(x) = \frac{dy}{dx} \qquad \textbf{3.17}$$

이렇게 새로운 dy/dx 표기는 여러분에게 미분(도함수)이 접선의 기울기에서 유래했다는 사실을 상기시켜 줍니다.

오늘날 우리는 라이프니츠 표기법에서 'd/dx' 부분을 사용합니다. 그리고 이러한 표기를

---

3 참고문헌 [13]의 134-144쪽을 살펴보라. dx에 대해 라이프니츠가 자신의 생각을 적은 글을 확인할 수 있다.

'x에 대한 ...의 미분'이라고 이해합니다. 이번 장에서 살펴본 미분을 예로 들면 다음과 같습니다.

$$\frac{d}{dx}(x^2) = 2x, \quad \frac{d}{dx}(e^x) = e^x, \quad \frac{d}{dx}(192 - 0.007t^2) = -0.014t$$

라이프니츠 표기법의 단점은 분수를 표시하는 선입니다. 라이프니츠는 실제로 도함수를 두 개의 무한히 작은 양의 비율(dy와 dx의 미분)로 생각했고, dy/dx에 그러한 생각이 확실히 내재해 있습니다. 하지만 익숙하지 않은 사람에게는 dy/dx가 말 그대로 'dy 나누기 dx'로 보입니다. 문제는 이러한 dx와 dy가 자체로는 숫자가 아니라는 점입니다. 이들은 '무한소로 작은' 양이라는 아이디어를 상징하므로 dx와 dy를 계산할 수 없습니다. 따라서 dy/dx라는 비율은 두 숫자의 나눗셈으로 여겨서는 안 됩니다.[4] **핵심**: dy/dx를 단지 미분이 접선의 기울기에서 유래했다는 점을 되새기는 용도로 바라보는 것이 좋습니다.

이제 다음 주제는 번거로운 극한 계산을 생략하고 $f'(x)$를 계산하는 빠른 방법(미분 공식)을 개발하는 것입니다. 지금부터 설명할 미분 공식은 모두 극한 법칙(정리 2.6)과 $f'(x)$를 정의하는 식 **3.12**로부터 유도할 수 있습니다. 먼저 미분의 기본 법칙부터 살펴봅시다.

3.7 미분 공식: 기본 법칙

정리 3.3 ?₊! **합, 차, 상수배의 법칙**

f와 g를 미분 가능한 함수, c를 실수라고 하자. 그러면 다음 식이 성립한다.

　　1. 합의 법칙: $(f + g)' = f' + g'$

　　2. 차의 법칙: $(f - g)' = f' - g'$

　　3. 상수배의 법칙: $(cf)' = cf'$

4　5장에서 이러한 표기법과 관련한 주제를 좀 더 다룬다.

처음 두 가지 법칙은 두 함수의 합(또는 차)의 미분은 각 함수 미분의 합(또는 차)과 같다는 것입니다. 세 번째 법칙은 함수에 상수를 곱한 것의 미분은 원래 함수의 미분에 상수를 곱한 것과 같다는 뜻입니다. 이제 정리 3.3을 이용해서 선형 함수와 같은 간단한 함수를 미분해 봅시다.

예제 3.16 $f(x) = 3x + 5$를 미분하라.

해답

$$f'(x) = \frac{d}{dx}(3x + 5)$$

$$= 3\frac{d}{dx}(x) + 5\frac{d}{dx}(1) \quad \text{합과 상수배의 법칙, 정리 3.3}$$

$$= 3(1) + 5(0) = 3 \quad \text{식 3.13 사용}$$

예제 3.17 $g(x) = mx + b$를 미분하라.

해답

$$g'(x) = \frac{d}{dx}(mx + b)$$

$$= m\frac{d}{dx}(x) + b\frac{d}{dx}(1) \quad \text{합과 상수배의 법칙, 정리 3.3}$$

$$= m(1) + b(0) = m \quad \text{식 3.13 사용}$$

이들 결과는 미분을 접선의 기울기로 해석한다는 맥락에서 완벽히 들어맞습니다. $g(x) = mx + b$의 그래프는 기울기 m인 직선이므로, 이 그래프의 모든 접선은 기울기가 m입니다. 따라서 $g'(x) = m$입니다.

 응용 예제 3.18 사람의 안정시대사율(RMR, Resting Metabolic Rate)은 사람이 깨어 있으면서 쉬고 있을 때 소비하는 칼로리양으로 정의된다. RMR은 보통 24시간 기준으로 계산하며 하루에 필요한 최소한의 에너지 추정치이다.[5] 수학적 모델에서는 RMR을 사람의 키와 몸무게, 나이를 이용해 추정한다. 현재 가장 정확한 RMR 공식으로 알려진 Mifflin‑St. Jeor 방정식(다른 RMR 방정식은 참고문헌 [9] 참조)에서 여성의 예는 다음과 같다.

$$\text{RMR}_{\text{women}} = 4.5x + 15.9h - 5t - 161 \qquad \boxed{3.18}$$

여기서 x는 파운드 단위의 몸무게, h는 인치 단위의 키, t는 연 단위의 나이다.[6]

(a) $h = 66$, $t = 20$이라고 하자. 결과로 얻는 x의 함수를 구하라.

(b) $x = 150$에서 앞서 구한 함수의 미분계수를 구하라(단위 포함).

(c) 미분계수를 변화율 관점에서 해석하여 앞선 결과를 해석하라.

해답

(a) 식 $\boxed{3.18}$에 값을 넣으면 $W(x) = 4.5x + 788.4$가 된다(RMR$_{\text{women}}$을 W로 대체).

(b) $W(x)$가 선형 함수이므로 $W'(x) = 4.5$이다. 따라서 $W'(150) = 4.5$ cal/lb이다 ($W(x)$의 단위는 칼로리(cal)이고 x의 단위는 파운드이므로).

(c) $W'(150) = 4.5$라는 사실은 66인치 키의 20세 여성이 150파운드의 몸무게라면, RMR이 4.5 cal/lb의 순간 변화율로 증가하고 있다는 뜻이다.

연관 문제	19, 35

부록 A에 있는 정의 A.4로부터 거듭제곱 함수는 ax^b의 형태라는 점을 떠올려 봅시다. 먼저 $a=1$, b는 양의 정수로 설정하고 거듭제곱 함수 x, x^2, x^3 등을 살펴봅시다. 이번 장 앞선 부분에서 이들 거듭제곱 함수의 미분(도함수)을 살펴보았습니다. 그러한 결과를 **표 3.2**에 나타냈습니다. 세 번째 열에는 이들 미분을 일반적인 패턴을 추측할 수 있는 형태로 다시 적어두었습니다. 패턴이 보이나요? 여러분이 x^4의 미분을 예측할 수 있기를 바랍니다.

표 3.2

$f(x)$	$f'(x)$	$f'(x)$
x^1	1	$1x^{1-1}$
x^2	$2x$	$2x^{2-1}$
x^3	$3x^2$	$3x^{3-1}$

표 3.2를 살펴보면 양의 정수 n에 대해 x^n의 미분을 예측할 수 있습니다. 법칙은 다음과 같습니다. '거듭제곱을 계수로 내리고 지수에서는 1을 뺀다.' 수학적으로 이는 $f(x)=x^n$이라면 $f'(x)=nx^{n-1}$이라는 추측으로 이어집니다. 그리고 이는 참으로 밝혀졌으며, 식 **3.12**를 사용하여 검증해볼 수 있습니다.

$$f(x) = x^{-2} \quad \Rightarrow \quad f'(x) = -2x^{-3}, \quad g(x) = x^{1/2} \quad \Rightarrow \quad g'(x) = \frac{1}{2}x^{-1/2}$$

앞선 식은 '거듭제곱을 계수로 내리고 지수에서는 1을 뺀다.'라는 법칙이 x의 지수가 분수이거나 음수일 때도 성립할 수 있다는 것을 의미합니다. 이 역시 참으로 밝혀졌습니다. 사실 x^n을 미분하는 이러한 법칙은 n이 어떤 실수이든 성립합니다. 이를 **거듭제곱의 법칙**이라고 부릅니다. (나중에 다른 미분 공식을 활용하여 이번 거듭제곱의 법칙을 증명해보겠습니다.)

정리 3.4 **거듭제곱의 법칙**

n을 실수라고 하면 다음 식이 성립한다.

$$\frac{d}{dx}(x^n) = nx^{n-1}$$

예제 3.19 $f(x) = x^3 - 3x$를 미분하라.

해답

$$f'(x) = \frac{d}{dx}(x^3 - 3x)$$

$$= \frac{d}{dx}(x^3) - 3\frac{d}{dx}(x) \qquad \text{차와 상수배의 법칙, 정리 3.3}$$

$$= 3x^2 - 3 \qquad \text{거듭제곱 법칙과 식 3.13 사용}$$

예제 3.20 $g(x) = 10x^9 - 3\sqrt{x}$ 를 미분하라.

해답

$$g'(x) = \frac{d}{dx}(10x^9 - 3x^{1/2}) \qquad \sqrt{x} = x^{1/2}\text{으로 } x \text{다시 씀}$$

$$= 10\frac{d}{dx}(x^9) - 3\frac{d}{dx}(x^{1/2}) \qquad \text{차와 상수배의 법칙, 정리 3.3}$$

$$= 10(9x^8) - 3\left(\frac{1}{2}x^{-1/2}\right) = 90x^8 - \frac{3}{2\sqrt{x}} \qquad \text{거듭제곱 법칙}$$

예제 3.21 $h(x) = \dfrac{2}{x^3} + 5x^{1.2}$ 을 미분하라.

해답

$$h'(x) = \frac{d}{dx}(2x^{-3} + 5x^{1.2}) \qquad 2/x^3 = 2x^{-3}\text{으로 다시 씀}$$

$$= 2\frac{d}{dx}(x^{-3}) + 5\frac{d}{dx}(x^{1.2}) \qquad \text{합과 상수배의 법칙, 정리 3.3}$$

$$= 2(-3x^{-4}) + 5(1.2x^{0.2}) = 6\left(x^{0.2} - \frac{1}{x^4}\right) \qquad \text{거듭제곱 법칙}$$

예제 3.22 응용 예제 3.14에 대해 $M'(t)$의 결과를 검증하라.

식 **3.13**과 차의 법칙, 상수배의 법칙, 거듭제곱의 법칙을 사용한다.

$$M'(t) = 192\frac{d}{dt}(1) - 0.007\frac{d}{dt}(t^2) = -0.007(2t) = -0.014t$$

기상청에서는 종종 기온과 함께 '체감온도'를 발표한다. 체감온도는 바람의 영향으로 사람이 더욱 춥게 느끼는 효과를 반영한 값이다. 기상청에서는 다음과 같은 모델(참고문헌 [10] 참조)에 따라 체감온도를 측정한다.

$$C = 13.12 + 0.6215\,T + (0.3965\,T - 11.37)v^{0.16}$$

여기서 C는 체감온도이고 T는 기온(모두 섭씨), v는 풍속(km/h)이다. 그리고 $T \leq 10℃$, $v \geq 4.8$km/h를 만족해야 한다.

(a) $T = -1℃$일 때 함수 $C(v)$를 구하라.

(b) (a)의 함수를 이용하여 $C(10)$을 구하고 결과를 해석하라.

(c) (a)의 함수를 이용하여 $C'(10)$을 구하고 결과를 해석하라.

(a) $C(v) = 12.4895 - 11.7665\,v^{0.16}$

(b) $C(10) \approx -4.52℃$, 체감온도 모델에 따르면 기온이 $-1℃$이고 풍속이 10km/h일 때 바람으로 인해 $-4.52℃$로 느끼게 된다.

(c) 차의 법칙과 상수배의 법칙, 거듭제곱의 법칙을 사용하면 다음과 같다.

$$C'(v) = -11.7665(0.16v^{-0.84}) = -1.88264v^{-0.84}$$

$$= C'(v) = -11.7665(0.16v^{-0.84}) = -1.88264v^{-0.84} = -\frac{1.88264}{v^{0.84}}\,\frac{℃}{\text{km/h}}$$

따라서 $C'(10) = -1.88264(10)^{-0.84} \approx -0.27℃$h/km이다. 미분계수를 변화율로 해석해보면, 기온이 $-1℃$인 날 풍속 10km/h인 바람이 부는 순간에는 체감온도가 km/h당 $-0.27℃$라는 비율로 감소하고 있다는 뜻이다.

연관 문제   19-24, 30, 34, 42

앞서 약속했듯이 정리 3.3과 거듭제곱 법칙을 사용하면 다항 함수를 쉽게 미분할 수 있습니다. 하지만 이러한 결과를 함수들의 곱이나 몫, 합성에 적용할 수는 없습니다. 이제부터 이러한 미분을 해결하는 공식을 알아봅시다.

3.9 미분 공식: 곱의 법칙

지금까지 배운 미적분 내용을 기반으로 기하학을 이용하여 두 함수의 곱을 미분하는 규칙을 유도해보겠습니다. 문제는 다음과 같습니다. **그림 3.11**에서 직사각형의 각 변 길이가 l과 w이고 시간에 따라 변할 때, 검은색 직사각형 면적의 순간 변화율은 얼마인가?

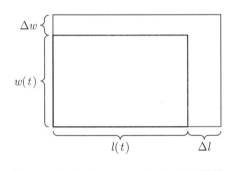

그림 3.11

먼저 검은색 직사각형의 면적이 $A(t) = l(t)w(t)$라는 사실부터 시작해보겠습니다. 여기서 $A'(t)$를 구해야 합니다. 다시 동적 사고 방식으로 전환해서 직사각형의 각 변이 아주 약간 증가해서 **그림 3.11**의 파란색 직사각형이 되는 경우를 떠올려 봅시다. 그러면 면적의 변화량 ΔA(두 직사각형 사이의 면적)는 다음과 같습니다.

$$\Delta A = [l(t) + \Delta l][w(t) + \Delta w] - l(t)w(t)$$
$$= l(t)\Delta w + w(t)\Delta l + \Delta l \Delta w$$

이제 식 **3.16**을 적용해 봅시다.

$$A'(t) = \lim_{\Delta t \to 0} \frac{\Delta A}{\Delta t} = \lim_{\Delta t \to 0} \left[\frac{l(t)\Delta w + w(t)\Delta l + \Delta l \Delta w}{\Delta t} \right]$$
$$= \lim_{\Delta t \to 0} \left[l(t)\frac{\Delta w}{\Delta t} + w(t)\frac{\Delta l}{\Delta t} + \Delta l \frac{\Delta w}{\Delta t} \right]$$
$$= l(t) \left[\lim_{\Delta t \to 0} \frac{\Delta w}{\Delta t} \right] + w(t) \left[\lim_{\Delta t \to 0} \frac{\Delta l}{\Delta t} \right] + \lim_{\Delta t \to 0} \left[\Delta l \frac{\Delta w}{\Delta t} \right]$$
$$= l(t)w'(t) + w(t)l'(t)$$

여기서 마지막 등식은 $\Delta t \to 0$일 때 $\Delta l \to 0$이기 때문입니다. 이로써 $A'(t) = l'(t)$ $w(t) + l(t)w'(t)$라는 결론을 얻었습니다. 이를 **곱의 법칙**이라 부릅니다.

정리 3.5   곱의 법칙

f와 g를 미분 가능한 함수라고 하자. 그러면 다음 식이 성립한다.

$$[f(x)g(x)]' = f'(x)g(x) + f(x)g'(x)$$

예 제 3.24 $h(x) = (2x - 3)(4x^3 - 1)$을 미분하라.

해답

$$h'(x) = (2x - 3)'(4x^3 - 1) + (2x - 3)(4x^3 - 1)' \qquad \text{곱의 법칙}$$

$$= (2)(4x^3 - 1) + (2x - 3)(12x^2) \qquad \text{차와 상수배, 거듭제곱의 법칙}$$

$$= 32x^3 - 36x^2 - 2 \qquad \text{정리}$$

예 제 3.25 $h(x) = (3x - 1)^2$을 미분하라.

해답 먼저 $h(x)$를 두 함수의 곱 $h(x) = (3x - 1)(3x - 1)$로 다시 쓴다.

$$h(x) = (3x - 1)'(3x - 1) + (3x - 1)(3x - 1)' \qquad \text{곱의 법칙}$$

$$= (3)(3x - 1) + (3x - 1)(3) \qquad \text{차와 상수배의 법칙, 식 3.13}$$

$$= 6(3x - 1) \qquad \text{정리}$$

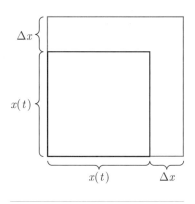

그림 3.12

앞선 섹션과 비슷한 방식으로, 두 함수의 합성을 미분하는 법칙을 기하학을 통해 살펴봅시다. 문제는 전과 비슷하지만, 이번에는 정사각형을 생각합니다. **그림 3.12**에서 한 변의 길이 x가 시간에 따라 변할 때, 검은색 정사각형 면적의 순간 변화율은 얼마일까요?

역시 검은색 정사각형의 면적이 $A(x) = x^2$이라는 사실부터 시작합시다. 하지만 x는 시간에 따라 변하고 A 역시 그렇기 때문에 이번에는 시간 t에 대해 $A(x(t)) = [x(t)]^2$을 미분해야 합니다. 다시 동적인 사고 방식으로 전환해서 정사각형의 한 변이 아주 약간 증가해서 **그림 3.12**의 파란색 정사각형이 되는 경우를 떠올려 봅시다. 그러면 면적의 변화량 ΔA(두 정사각형 사이의 면적)는 다음과 같습니다.

$$\Delta A = [x(t) + \Delta x]^2 - [x(t)]^2$$
$$= 2x(t)\Delta x + (\Delta x)^2$$

이제 식 **3.16**을 적용해 봅시다.

$$\frac{d}{dx}[A(x(t))] = \lim_{\Delta t \to 0} \frac{\Delta A}{\Delta t} = \lim_{\Delta t \to 0}\left[\frac{2x(t)\Delta x + (\Delta x)^2}{\Delta t}\right]$$
$$= \lim_{\Delta t \to 0}\left[2x(t)\frac{\Delta x}{\Delta t} + \Delta x \frac{\Delta x}{\Delta t}\right] = 2x(t)\left[\lim_{\Delta t \to 0}\frac{\Delta x}{\Delta t}\right] + \lim_{\Delta t \to 0}\left[\Delta x \frac{\Delta x}{\Delta t}\right]$$
$$= 2x(t)x'(t) \qquad \textbf{3.19}$$

여기서 마지막 등식은 $\Delta t \to 0$일 때 $\Delta x \to 0$이기 때문입니다. 이제 $A(x) = x^2$에 거듭제곱의 법칙을 적용하면 $A'(x) = 2x$가 되어 $A'(x(t)) = 2x(t)$가 성립합니다. 따라서 식 **3.19**를 다음과 같이 다시 적을 수 있습니다.

$$\frac{d}{dt}[A(x(t))] = A'(x(t))x'(t)$$

이러한 특별한 예를 좀 더 일반화한 규칙이 바로 '**연쇄 법칙**'입니다.

정리 3.6　　**연쇄 법칙**

f와 g를 미분 가능한 함수라고 하자. 그러면 다음 식이 성립한다.

$$\frac{d}{dx}[f(g(x))] = f'(g(x))g'(x)$$

이러한 합성 함수에서 $f(x)$를 외함수(outer function), $g(x)$를 내함수(inner function)라고도 부릅니다. 연쇄 법칙이란 합성 함수 $f(g(x))$의 미분은 내함수에 대해 외함수를 미분한 것, 즉 $f'(g(x))$에 내함수의 미분, 즉 $g'(x)$를 곱한 것입니다.

예 제
3.26

$h(x) = (3x-1)^2$을 미분하라.

해답 먼저 $h(x)$를 $f(g(x))$로 표현하고 $f(x) = x^2$, $g(x) = 3x-1$이라고 하자. 그러면 다음과 같이 구할 수 있다.

$$\begin{aligned}
h'(x) &= f'(g(x))g'(x) &&\text{연쇄 법칙}\\
&= f'(3x-1)g'(x) &&g(x) = 3x-1 \text{ 사용}\\
&= f'(3x-1)(3) &&g'(x) = 3 \text{ 사용}\\
&= 2(3x-1)(3) &&f'(x) = 2x \text{이므로}, f'(3x-1) = 2(3x-1)\\
&= 6(3x-1) &&\text{정리}
\end{aligned}$$

예 제
3.27

$h(x) = \sqrt{x^2 + 1}$을 미분하라.

해답 먼저 $h(x)$를 $f(g(x))$로 표현하고 $f(x) = \sqrt{x} = x^{1/2}$, $g(x) = x^2 + 1$이라고 하자.

그러면 다음과 같이 구할 수 있다.

$$h'(x) = f'(g(x))g'(x) \qquad \text{연쇄 법칙}$$

$$= f'(x^2+1)g'(x) \qquad g(x)=x^2+1 \text{ 사용}$$

$$= f'(x^2+1)(2x) \qquad g'(x)=2x \text{ 사용}$$

$$= \left[\frac{1}{2}(x^2+1)^{-1/2}\right](2x) \qquad f'(x)=\frac{1}{2}x^{-1/2} \text{ 사용}$$

$$= \frac{x}{\sqrt{x^2+1}} \qquad \text{정리}$$

연쇄 법칙은 라이프니츠 표기법으로 표현하면 기억하기 쉽습니다. $y=f(g(x))$이고 $u=g(x)$라고 하면(즉 $y=f(u)$), 연쇄 법칙을 다음과 같이 표현할 수 있습니다.

$$\frac{dy}{dx} = \frac{dy}{du} \cdot \frac{du}{dx} \qquad \text{3.20}$$

그러고 나서 마지막 단계에서 $u=g(x)$로 치환하면 합니다. 예제를 통해 살펴보겠습니다.

예제 3.28 식 **3.20**을 사용하여 $h(x)=\sqrt{x^2+1}$을 미분하라.

해답 먼저 $u=g(x)=x^2+1$이라고 하자. 그러면 다음과 같이 구할 수 있다.

$$\frac{d}{dx}(\sqrt{x^2+1}) = \frac{d}{du}(\sqrt{u}) \cdot \frac{d}{dx}(x^2+1) \qquad \text{연쇄 법칙}$$

$$= \left[\frac{1}{2}u^{-1/2}\right] \cdot \frac{d}{dx}(x^2+1) \qquad \sqrt{u}=u^{-1/2}\text{에 거듭제곱 법칙 사용}$$

$$= \left[\frac{1}{2}u^{-1/2}\right](2x) \qquad x^2+1\text{에 거듭제곱 법칙 사용}$$

$$= \left[\frac{1}{2}(x^2+1)^{-1/2}\right](2x) \qquad u=x^2+1\text{로 치환}$$

$$= \frac{x}{\sqrt{x^2+1}} \qquad \text{정리}$$

연쇄 법칙에 고생하는 학생들이 많습니다. 방법은 연습밖에 없습니다. 식 **3.20** 에 대해 한 마디 덧붙이자면, 라이프니츠 표기법을 이용하면 연쇄 법칙의 증명이 간단한 것처럼 보입니다. 단지 du를 약분하면 됩니다. 앞서 라이프니츠 표기법에서 dy/dx를 있는 그대로 분수 표기로 취급하지 말라고 했습니다. 하지만 식 **3.17** 을 떠올려 보면 식 **3.20** 에 있는 d는 Δ로 대체할 수 있어서 실제로 분수 표기라고 할 수 있고 Δu를 약분할 수 있습니다(물론 이렇게 되면 무한소가 아닌 유한한 변화에 대해 다루는 것입니다). **핵심**: 식 **3.20** 은 연쇄 법칙을 기억하는 유용하고 직관적인 방법이지만, 연쇄 법칙을 제대로 증명하는 것은 아닙니다.

마지막으로 함수 u에 대해 언급하겠습니다. 함수의 합성은 매우 흔해서 미분 공식은 종종 많은 사람들이 'u 형식'이라고 부르는 방식으로 표현됩니다. 예를 들어 미적분 책에서 거듭제곱의 법칙을 다음과 같이 표현하기도 합니다.

$$\frac{d}{dx}(u^n) = nu^{n-1}u' \qquad \textbf{3.21}$$

이러한 'u 형식'은 정리 3.4에 있는 $u = x$인 경우에 비해 거듭제곱의 법칙을 훨씬 폭넓게 적용할 수 있게 합니다. 예를 들어 예제 3.26의 (a)번 문제를 다음과 같이 한 줄로 풀 수 있습니다.

$$\frac{d}{dx}\left[(3x-1)^2\right] = 2(3x-1)^1(3x-1)' = 2(3x-1)(3) = 6(3x-1)$$

3.11 미분 공식: 몫의 법칙

두 함수의 몫(나눗셈, 즉 $f(x)/g(x)$)을 미분하는 법칙은 곱의 법칙과 연쇄 법칙을 사용하여 유도할 수 있습니다(연습문제 50번 참고). 결과로 나온 공식은 다음과 같습니다.

f와 g를 미분 가능한 함수, $g(x) \neq 0$이라고 하자. 그러면 다음 식이 성립한다.

$$\frac{d}{dx}\left[\frac{f(x)}{g(x)}\right] = \frac{f'(x)g(x) - f(x)g'(x)}{[g(x)]^2}$$

예제 3.29 $h(x) = \dfrac{x^2 - 1}{x^3 + 1}$ 을 미분하라.

해답

$$h'(x) = \frac{(x^2 - 1)'(x^3 + 1) - (x^2 - 1)(x^3 + 1)'}{(x^3 + 1)^2} \qquad \text{몫의 법칙, } f(x) = x^2 - 1, \ g(x) = x^3 + 1$$

$$= \frac{(2x)(x^3 + 1) - (x^2 - 1)(3x^2)}{(x^3 + 1)^2} \qquad \text{합과 차, 거듭제곱 법칙}$$

$$= \frac{x(x^3 - 3x - 2)}{(x^3 + 1)^2} \qquad \text{정리}$$

예제 3.30 $h(x) = \dfrac{x + 1}{x}$ 을 미분하라.

해답

$$h'(x) = \frac{(x + 1)'(x) - (x + 1)(x)'}{x^2} \qquad \text{몫의 법칙, } f(x) = x + 1, \ g(x) = x$$

$$= \frac{(1)(x) - (x + 1)(1)}{x^2} = -\frac{1}{x^2} \qquad \text{합과 차, 거듭제곱 법칙}$$

연관 문제   25, 28, 33

팁과 아이디어, 핵심

앞선 마지막 예제는 몫의 법칙 없이도 먼저 함수를 다음과 같은 형태로 정리하면 풀 수 있습니다.

$$\frac{x+1}{x} = \frac{x}{x} + \frac{1}{x} = 1 + \frac{1}{x} = 1 + x^{-1}, \quad x \neq 0$$

여기에 합의 법칙과 거듭제곱 법칙을 적용하면 같은 결과($-x^{-2}$)를 얻습니다. 여기서 핵심은 문제를 풀기 전에 간단한 형태로 정리하면 도움이 된다는 점입니다.

지금까지 다룬 미분 공식은 언제, 무엇을 적용할지만 제대로 알면 도함수를 빠르게 구하는 데 도움됩니다. 이것이 지금까지 다룬 미분 공식을 사용하여 연습하면서 여러분이 갖춰야 할 스킬입니다. 마지막으로 여러분이 연습문제 19-34를 살펴보며 해당 함수를 가장 간단한 방법으로 미분해보기를 권합니다. 여러분은 가장 계산이 간단한 미분 공식을 사용하는 것을 목표로 해야 합니다.

3.12 (선택 사항) 초월 함수의 미분

먼저 밑이 e가 아닌 지수 함수 $f(x) = b^x$의 도함수를 구해봅시다. $f(x) = b^x = e^{rx}$이고 $r = \ln b$라고 하면 이를 합성 함수로 생각할 수 있습니다. 이때 $f(x) = g(h(x))$라고 하면 $g(x) = e^x$, $h(x) = rx$가 되고 다음 식이 성립합니다.

$$\begin{aligned}
f'(x) &= g'(h(x))h'(x) && \text{연쇄 법칙} \\
&= g'(rx)(r) && h(x) = rx,\ h'(x) = r \text{ 사용} \\
&= e^{rx}(r) && g'(x) = e^x \text{(정리 3.2)이므로 } g'(rx) = e^{rx} \text{ 사용} \\
&= b^x \ln b && e^{rx} = b^x,\ r = \ln b \text{ 사용}
\end{aligned}$$

여기서 $b = e$이면 정리 3.2와 같은 결과가 나옵니다. 이렇게 새로운 미분 공식을 유도했습니다.

b^x가 지수 함수이면 다음 식이 성립한다.

$$\frac{d}{dx}(b^x) = b^x \ln b \qquad \boxed{3.22}$$

예 제 **3.31** $f(x) = 2^x$을 미분하라.

해답 식 **3.22**에 $b = 2$를 대입하면 $f'(x) = 2^x \ln 2$

예 제 **3.32** $g(x) = xe^x$을 미분하라.

해답

$$
\begin{aligned}
g'(x) &= (x)'e^x + x(e^x)' && \text{곱의 법칙} \\
&= e^x + xe^x && (x)'\text{에 거듭제곱 법칙, 정리 3.2} \\
&= (x+1)e^x && \text{정리}
\end{aligned}
$$

예 제 **3.33** $h(x) = \dfrac{3^x}{2x}$ 을 미분하라.

해답

$$
\begin{aligned}
h'(x) &= \frac{(3^x)'(2x) - (3^x)(2x)'}{(2x)^2} && \text{몫의 법칙} \\[2mm]
&= \frac{(3^x \ln 3)(2x) - (3^x)(2)}{(2x)^2} && \text{식 \boxed{3.22}에 } b = 3 \text{ 대입, 거듭제곱 법칙} \\[2mm]
&= \frac{3^x(x \ln 3 - 1)}{4x^2} && \text{정리}
\end{aligned}
$$

예제 3.34 $h(t) = e^{-t^2}$ 을 미분하라.

해답 $h(g) = f(g(t))$라고 하면 $f(t) = e^t$, $g(t) = -t^2$이다.

$$h'(t) = f'(g(t))g'(t) \qquad \text{연쇄 법칙}$$
$$= f'(-t^2)(-2t) \qquad g(t) = -t^2 \text{ 과 } g'(t) = -2t \text{ 사용}$$
$$= e^{-t^2}(-2t) = -2te^{-t^2} \qquad f'(t) = e^t \text{이므로 } f'(-t^2) = e^{-t^2} \text{ 사용}$$

연관 문제   53-56

응용 예제 3.35 어떤 사건의 평균 발생률이 분당 λ번이라고 하자.[7] 그러면 경우에 따라 사건이 발생할 때까지 최대 t분 동안 기다릴 확률 P는 다음과 같은 식으로 정확히 모델링할 수 있다.

$$P(t) = 1 - e^{-t/\lambda}, \qquad \lambda > 0$$

(a) 이러한 '사건'이 고객센터 직원 한 사람이 여러분의 전화를 받는 것이고 $\lambda = 1/3$ 이라고 하자. 이때 $P(t)$를 구하라.

(b) (a)번의 정보를 이용하여 $P(\lambda)$를 구하고 결과를 해석하라.

(c) (a)번의 결과로 나온 함수의 $P'(t)$를 구하고 $P'(1)$을 미분계수가 변화율이라는 관점에서 해석하라.

(d) $\lim_{t \to \infty} P(t)$를 구하고 결과를 해석하라.

해답

(a) $P(t) = 1 - e^{-3t}$

(b) $\lambda = 1/3$이므로 $P(\lambda) = 1 - e^{-3\lambda} = 1 - e^{-1}$이다. $P(\lambda) = 1 - e^{-1} \approx 0.63$이라는 결과는

---

7   예를 들어 이러한 사건은 버스 정류장에 버스 한 대가 도착하는 것이고, λ는 1/4일 수도 있다. 그러면 버스 한 대는 평균적으로 매 4분마다 도착한다.

최대 평균 대기 시간만큼 기다릴 확률이 약 63%라는 뜻이다. (따라서, 평균 대기 시간 이전에 전화를 받을 가능성이 크다.)

(c) $P'(t) = -e^{-3t}(-3) = 3e^{-3t}$이다. 따라서 $P'(1) = 3e^{-t} \approx 0.15$이다. 이를 해석하면 여러분이 이미 1분을 기다렸다면, 여러분의 전화를 받을 확률이 분당 약 15%의 비율로 증가하고 있다는 뜻이다.

(d) $t \to \infty$일 때 $e^{-3t} \to 0$이므로 $t \to \infty$일 때 $P(t) \to 1$임을 알 수 있다. 이를 해석하면 여러분이 기다리고자 하는 시간이 매우 크다면, 여러분의 전화를 받을 확률은 100%에 다가간다는 뜻이다.

연관 문제　63-65

이제 로그 함수의 미분을 살펴봅시다. 먼저 $\ln x$의 미분을 시도해 봅시다. 일단 다음과 같은 사실로부터 시작합니다(부록 A.8 참고).

$$구간 \ (0, \infty)의 \ 모든 \ x에 \ 대해 \qquad e^{\ln x} = x$$

이제 이 방정식을 미분해 봅시다. 우변의 미분은 1입니다. 그리고 좌변의 미분은 다음과 같습니다.

$$\frac{d}{dx}\left(e^{\ln x}\right) = 1$$

$$e^{\ln x}(\ln x)' = 1 \qquad e^{\ln x} = f(g(x)),\ f(x) = e^x,\ g(x) = \ln x로 \ 두고 \ 연쇄 \ 법칙 \ 적용$$

$$x(\ln x)' = 1 \qquad e^{\ln x} = x \ 사용$$

앞선 식을 풀면 $(\ln x)'$은 다음과 같습니다(연습문제 62번에서는 극한을 이용한 도함수의 정의를 사용하여 다른 방법으로 유도합니다).

$$\frac{d}{dx}(\ln x) = \frac{1}{x}$$

그리고 일반적인 로그 함수에서는 다음과 같은 식이 성립합니다(부록 A의 식 **A.15** 참고).

$$\log_a x = \frac{\log_e x}{\log_e a} = \frac{\ln x}{\ln a}$$

따라서 상수배의 법칙(정리 3.3)에 의해 정리 3.9를 다음과 같이 좀 더 일반화할 수 있습니다.

정리 3.10

$$\frac{d}{dx}\left(\log_a x\right) = \frac{1}{x(\ln a)}$$

예제 3.36 $f(x) = x\ln x$를 미분하라.

해답

$$f'(x) = (x)'\ln x + x(\ln x)' \qquad \text{곱의 법칙}$$

$$= \ln x + x\left(\frac{1}{x}\right) = \ln x + 1 \qquad \text{거듭제곱 법칙과 정리 3.9}$$

예제 3.37 $h(x) = \ln(x^2 + 2)$를 미분하라.

해답 $h(x) = f(g(x))$라고 하면 $f(x) = \ln x$, $g(x) = x^2 + 2$이다.

$$h'(x) = f'(g(x))g'(x) \qquad \text{연쇄 법칙}$$

$$= f'(x^2 + 2)(2x) \qquad g(x) = x^2 + 2\text{와 } g'(x) = 2x \text{ 사용}$$

$$= \left(\frac{1}{x^2 + 2}\right)(2x) = \frac{2x}{x^2 + 2} \qquad f'(x) = \frac{1}{x}\text{(정리 3.9) 사용}$$

예제 3.38 $h(t) = \ln \sqrt{t^2 + 2}$ 를 미분하라.

해답 로그의 법칙(정리 A.1)을 사용하면 $h(t) = \frac{1}{2}\ln(t^2 + 2)$ 형태로 간단히 정리할 수 있다. 그리고 나서 상수배의 법칙과 앞선 예제의 결과를 사용한다.

$$h'(t) = \frac{1}{2}\left(\frac{2t}{t^2 + 2}\right) = \frac{t}{t^2 + 2}$$

연관 문제   48-51, 56

이제 삼각 함수를 살펴봅시다. $\tan x$로 돌아가 미분을 구하는 것부터 시작합시다. $\tan x = \dfrac{\sin x}{\cos x}$ 이므로 몫의 법칙(정리 3.7)을 사용할 수 있습니다. 결과는 다음과 같습니다(연습문제 76번 참고).

$$\frac{d}{dx}(\tan x) = \frac{1}{\cos^2 x} \qquad \textbf{3.23}$$

관례에 따라 이러한 결과에 다음과 같은 삼각 함수의 역수 함수를 활용해 봅시다.

$$\csc x = \frac{1}{\sin x}, \quad \sec x = \frac{1}{\cos x}, \quad \cot x = \frac{1}{\tan x} \qquad \textbf{3.24}$$

왼쪽부터 오른쪽으로 각각 cosecant(코시컨트), secant(시컨트), cotangent(코탄젠트) 함수입니다. $\cos^2 x = (\cos x)^2$이므로 앞선 결과 식 **3.23**은 다음과 같이 다시 쓸 수 있습니다.

$$\frac{d}{dx}(\tan x) = \sec^2 x \qquad \textbf{3.25}$$

지금까지 기본적인 세 가지 삼각 함수의 미분을 구했습니다. 이제 이들을 활용해서 삼각 함수와 관련된 여러 함수를 미분하는 연습을 해봅시다.

예제 3.39 $f(x) = x^2 - \tan x$를 미분하라.

해답 식 **3.25**와 거듭제곱의 법칙, 곱의 법칙 사용: $f'(x) = 2x - \sec^2 x$

예제 3.40 $h(x) = \sin^2 x$를 미분하라.

해답 $h(x) = f(g(x))$라고 하면 $f(x) = x^2$, $g(x) = \sin x$이다.

$$h'(x) = f'(g(x))g'(x) \qquad \text{연쇄 법칙}$$

$$= f'(\sin x)(\cos x) \qquad g(x) = \sin x \text{와 } g'(x) = \cos x \text{ 사용}$$

$$= 2\sin x \cos x \qquad f(x) = x^2 \text{과 } f'(x) = 2x \text{ 사용}$$

예제 3.41 $h(x) = \sec x$를 미분하라.

해답 $h(x) = (\cos x)^{-1} = f(g(x))$라고 하면 $f(x) = x^{-1}$, $g(x) = \cos x$이다.

$$h'(x) = f'(g(x))g'(x) \qquad \text{연쇄 법칙}$$

$$= f'(\cos x)(-\sin x) \qquad g(x) = \cos x \text{와 } g'(x) = -\sin x \text{ 사용}$$

$$= \left(-\frac{1}{\cos^2 x}\right)(-\sin x) \qquad f(x) = x^{-1} \text{과 } f'(x) = -x^{-2} \text{ 사용}$$

$$= \frac{\sin x}{\cos^2 x} = \sec x \tan x \qquad \text{정리}$$

앞선 예제에서 삼각 함수의 역수 함수 중 하나의 미분인 $(\sec x)' = \sec x \tan x$를 구했습니다. $\csc x$와 $\cot x$의 미분은 연습문제 77번에서 다룹니다.

팁과 아이디어, 핵심

이번 섹션의 예제를 풀 때는 미분 공식을 사용하는데, 다음과 같은 두 가지 원칙이 핵심입니다.

- 어떤 공식을 언제 쓰는지 알아야 한다. 즉, 미분할 함수의 형태를 제대로 식별해야 한다 (예를 들어 두 함수의 곱). 그래야 알맞은 미분 공식을 적용할 수 있다(예를 들어 곱

의 법칙).

- 먼저 함수를 간단한 형태로 정리하고 다시 적는 것이 종종 도움된다. 이러한 경우는 예제 3.38과 3.41에서 살펴볼 수 있다.

지금까지 미분 공식을 살펴보았습니다. 이제 이를 통해 $f'(x)$를 빠르게 계산할 수 있습니다. 실제로는 이러한 공식을 거듭 사용해서 미분의 미분까지 구할 수 있습니다. 이러한 미분을 고계 미분(또는 고계 도함수)이라고 부릅니다. 다음 섹션에서 이에 대해 살펴보겠습니다.

3.13 고계 미분

지금까지는 함수 f를 미분하여 또 다른 함수 f'(도함수)을 구하는 데 초점을 맞췄습니다. 이때 f' 역시 함수이므로 이를 미분할 수 있습니다. 결과는 $(f')' = f''$입니다. 원래 함수 f를 두 번 미분해서 얻은 f''을 f의 **이계 도함수**라고 부릅니다(이런 의미에서 f의 도함수 f'은 일계 도함수라고도 합니다). 이런 식으로 계속하면 점차 f'''(삼계 도함수), f''''(사계 도함수)을 얻을 수 있고, 이를 일반화하면 $f^{(n)}$(n계 도함수, n은 자연수)와 같이 표기합니다.

이제 고계 미분의 라이프니츠 표기법을 살펴봅시다. $y = f(x)$라 하면 라이프니츠 표기로 $f'(x) = \frac{dy}{dx}$ 입니다. 이를 다시 미분하면 라이프니츠 표기로 다음과 같습니다.

$$\frac{d}{dx}\left(\frac{dy}{dx}\right) = \frac{d^2y}{dx^2} \quad \Rightarrow \quad f''(x) = \frac{d^2y}{dx^2}$$

이를 살펴보면 n계 도함수의 일반적인 형태가 다음과 같음을 알 수 있습니다.

$$f^{(n)}(x) = \frac{d^ny}{dx^n}$$

지금까지 고계 미분에 대해 정의했습니다. 사실 f'을 구하고자 개발한 미분 공식은 $f^{(n)}$에도 그대로 적용할 수 있습니다. 단지 이전에 살펴본 공식에서 f를 f'으로 대체하기만 하면 됩니다. 예제를 통해 살펴봅시다.

예제 3.42 $f(x) = x^3$일 때 $f^{(n)}(x)$를 구하라.

해답 거듭제곱의 법칙을 반복해서 적용하면 $f'(x) = 3x^2$, $f''(x) = 6x$, $f'''(x) = 6$, $f^{(n)}(x) = 0$($n \geq 4$인 자연수)가 된다.

예제 3.43 $g(x) = \sqrt{x+1}$일 때 $g''(x)$를 구하라.

해답 $g(x) = (x+1)^{1/2}$로 다시 쓰고 연쇄 법칙을 적용하면 $g'(x) = \frac{1}{2}(x+1)^{-1/2}$이다. 이를 다시 연쇄 법칙을 사용하여 미분하면 다음과 같다.

$$g''(x) = -\frac{1}{4}(x+1)^{-3/2} = -\frac{1}{4\sqrt{(x+1)^3}}$$

연관 문제 36-41

미분 공식을 고계 미분으로 확장한 것처럼 미분에 대한 해석 역시 마찬가지입니다. 즉, $f''(a)$는 $x = a$에서 $f'(x)$의 순간 변화율입니다. 또한 $f''(a)$는 $x = a$에서 $f'(x)$의 그래프 위의 접선의 기울기이기도 합니다. 다음 예제에서는 이러한 결과를 속도라는 관점에서 살펴보겠습니다.

응용 예제 3.44 예제 3.3에서 떨어지는 사과의 거리 함수가 $d(t) = 16t^2$이라는 것을 이용해서 순간 속도 함수 $s(t) = 32t$를 유도했다. $d''(t)$를 구하고 이를 물리적으로 해석하라.

해답 거듭제곱 법칙을 사용하면 $d'(t) = 32t$, $d''(t) = 32$ ft/s^{2}이다. $d'(t) = s(t)$이므로 $d''(t) = s'(t)$이다. 이 말은 $d''(t)$가 물체 속도의 순간 변화율이라는 뜻이다.

여러분은 이미 $d''(t)$를 '**가속도**'라고 부른다고 생각할지도 모르겠습니다. 하지만 엄밀히 말하자면 가속도는 속도의 순간 변화율, 즉 이동 거리가 아닌 물체의 **위치**의 순간 변화율을 의미합니다. 사실 앞에서 계속 속도라고 표현했던 것은 시간에 따른 이동 거리의 변화, 즉 속력이었습니다. 속도와 속력은 벡터와 스칼라양이라는 차이가 있지만, 상황에 따라 섞어 쓰기도 합니다. 그래서 일단 여기서는 $d''(t)$의 해석을 물체 속력의 순간 변화율로 남겨두겠습니다. 이런 식으로 들여다보면, $d''(t) > 0$일 때는 물체의 속력이 증가하고 $d''(t) < 0$일 때는 물체의 속력이 감소한다는 것을 예측할 수 있습니다(연습문제 42번에서 이러한 사고 방식을 더 살펴봅니다).

연관 문제   42-43

3.14 끝으로

이제 $f'(x)$를 계산하고 다양한 방식으로 해석하고 시각화하는 방법을 배웠습니다. 이러한 배경에는 식 **3.11**, 즉 $f'(a)$의 본래 정의가 있습니다. 라이프니츠의 관점에서 바라보면 $f'(a)$는 접선 기울기의 극한으로부터 나오는 무한소 변화의 비율입니다. 이 말을 반복해서 읽게 되면 다시 한 번 1장에서 언급했던 '미적분이란 무한소의 변화를 다루는 수학'이라는 말의 의미를 깨닫게 될 것입니다.

무한소의 변화를 정량화하는 방법으로서 미분은 수학에서 중대한 진전이었습니다. 다음 장에서는 우리가 배운 것을 실제 현실이라는 맥락에 적용하여 미분이 수학 바깥에서도 역시 중요하다는 점을 살펴보겠습니다.

연습문제

→ 정답 322쪽

1-6: 식 **3.11**을 이용하여 $f'(1)$을 구하시오.

---

1. $f(x) = (x-1)^2$

2. $f(x) = \dfrac{x^2}{2} + 5$

3. $f(x) = x^2 + 2x + 1$

4. $f(x) = \dfrac{1}{x^2}$

힌트
분자와 분모에
$\sqrt{x + \Delta x} + \sqrt{x}$ 를
곱해보자.

5. $f(x) = \dfrac{x+2}{x-2}$

6. $f(x) = \sqrt{x}$

7. 극한 $\displaystyle\lim_{\Delta x \to 0} \dfrac{\sqrt{16 + \Delta x} - 4}{\Delta x}$ 는 어떤 함수 $f(x)$와 a값에 대한 $f'(a)$를 나타낸다. $f(x)$와 a가 될 수 있는 것은 무엇인가?

8. 연습문제 1번과 2번에 있는 함수에 대해 점 $(1, f(1))$에서 접선의 방정식을 구하시오.

9. 어떤 함수 $f(x)$ 그래프의 $x = 2$에서 접선의 방정식이 $y = 2x + 4$라고 한다. 이때 $f'(2)$와 $f(2)$를 구하시오.

10. 평균 속력: 거리 함수를 $d(t) = 16t$라 하자. 시간이 다음과 같은 구간일 때 평균 속력을 구하시오.

    (a) $1 \leq t \leq 2$

    (b) $2 \leq t \leq 3$

11. 순간 속력: 식 **3.6**을 이용하여 다음 거리 함수에 대한 순간 속력 $s(a)$를 구하시오.

(a) $d(t) = 10$ (답에 대해 논리적으로 설명하시오.)

(b) $d(t) = t^2 + 1$

(c) $d(t) = t^3$

12. 순간 속력: 거리 함수를 $d(t) = 4 - 2t$라 하자.

(a) 어떠한 계산도 없이 $s(a)$를 구하시오.

(b) 식 **3.6**을 이용하여 앞선 정답을 확인하시오.

13. 최고 심박수(MHR): 응용 예제 3.14를 떠올려보자. MHR의 간단한 모델은 $H(t) = 220 - t$ 이다.

(a) $t = 20$일 때 $H(t)$의 접선의 방정식을 구하시오.

(b) $t = 20$일 때 $M(t)$(응용 예제 3.14의 식 참조)의 접선의 방정식을 구하시오.

(c) 앞선 결과를 바탕으로 $M(t)$가 어째서 $H(t)$보다 더 현실적인 MHR 모델인지 간단히 설명하시오.

14-15: 함수 f가 미분 불가능한 구간을 구하시오.

---

14. 그림 **2.10**에 있는 함수 f에서 정의역이 $(0, 100)$일 때

15. 2장 연습문제 2번의 함수 f

16. 다음에 주어진 함수 f에 대해 f'의 그래프를 스케치하시오.

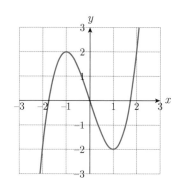

17. 다음에 주어진 함수 f에 대해 f'의 그래프를 스케치하시오.

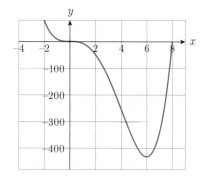

18. 다음에 주어진 함수 f에 대해 f'의 그래프를 스케치하시오.

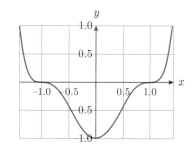

19-34: 다음 함수의 도함수를 구하시오.

19. $f(x) = \pi$

20. $g(x) = x^{50}$

21. $f(t) = 16t^{1/2}$

22. $h(s) = s^7 - 2s^3$

23. $f(x) = 4\sqrt{x} - 10\sqrt[3]{x}$

24. $h(s) = s^{3/2}(1+s)$

25. $g(x) = \dfrac{1}{x+1}$

26. $h(t) = \sqrt{1-t}$

27. $g(x) = (x^2 + 7)(\sqrt{x} - 14x)$

28. $f(x) = \dfrac{x-1}{x}$ **29.** $h(x) = \sqrt{(1+x^2)^2+1}$ **30.** $g(t) = t^\pi$

31. $h(x) = \dfrac{\sqrt{x}}{x+1}$ **32.** $f(x) = \left(x^3 + \dfrac{2}{x}\right)^3$ **33.** $f(s) = \dfrac{1}{(3s-7)^2}$

34. $g(t) = 15t^{4/5} - t(t^2+1)$

35. $f(x) = \sqrt{x} + x$ 라 할 때 다음에 답하시오.

(a) $x = 1$에서 순간 변화율을 구하시오.

(b) f의 y값이 $x=1$에서 비해 $x=2$에서 더 빠른(혹은 느린) 비율로 증가하는가? 이유를 설명하시오.

(c) $f(2) - f(1)$을 구하고 (b)번의 답과 비교하시오.

(d) 미분계수의 기하학적 해석을 이용하여 (a)번의 답을 해석하시오.

(e) 점 $(1, 2)$에서 f의 접선의 방정식을 구하시오.

36-39: $f''(x)$를 구하시오.

36. $f(x) = 2x^3 - 3x^2 - 12x$ **37.** $f(x) = 2 + 3x - x^3$

38. $f(x) = \sqrt{x+3}$ **39.** $f(x) = x\sqrt{x+3}$

40. $f(x) = x^{4/3}$이라 하자. f는 $x=0$에서 미분 가능한가? f는 $x=0$에서 두 번 미분 가능한가? 간단히 설명하시오. (결론적으로 모든 점에서 모든 고계 도함수가 존재하지는 않는다.)

41. 모든 x에 대해 $f'(x) = 0$이라 가정하자. 이때 $f(x)$에 대해 어떤 결론을 내릴 수 있는가? $f''(x) = 0$이라 가정하자. 이때 $f(x)$에 대해 어떤 결론을 내릴 수 있는가? 간단히 설명하시오.

42. 가속도의 미분(jerk, 가가속도 또는 가속도 변화율): 물리에서는 위치 함수 $s(t)$를 지닌 물체의 가속도 함수 $a(t)$의 미분을 가가속도(jerk)라고 부른다($j(t) = a'(t)$). 이러한 용어는 $j(t)$가 가속도의 순간 변화율을 나타내므로 적절하다(영어 단어 'jerk'는 '휙 움직이다'라는 뜻으로 물체가 느끼는 움직임과 비슷하다). 놀이 공원 탈 것의 위치 함수를 $s(t) = t^3 + t$라고 가정하자. 이때 s는 km 단위, t는 시간(h) 단위이다. $t = 0$에서 가가속도를 구하시오. 이때 단위는 어떻게 되는가?

43. 실업률: $U(t)$를 한 국가의 시점 t에서의 실업률이라고 하자. 한 정치인이 다음과 같이 주장한다. "실업률이 감소하는 비율이 느려지고 있다." 이 말을 U나 그 미분에 대한 문장으로 바꾸시오.

44. 학자금 대출: 한 학생이 연이율 $r\%$의 학자금 대출을 받았다고 하자. $C = f(r)$을 대출을 갚는 데 드는 총 비용이라고 하자(단위는 달러 \$).

(a) $f(0.05) = \$10,000$가 의미하는 바는 무엇인가?

(b) $f'(0.05)$의 단위는 무엇인가? $f'(0.05) = \$1,000$가 의미하는 바는 무엇인가?

(c) 모든 $r > 0$에 대해 $f'(r)$은 양수인가, 음수인가? 간단히 이유를 설명하시오.

45. 중력 가속도: 지구가 완벽한 구 형태이고, 한 사람이 높이 h인 땅 위에 서 있다고 하자. 중력은 사람을 지구 중심 방향으로 mg라는 힘으로 잡아당긴다. 이때 m은 사람의 무게, g는 중력 가속도다. 뉴턴의 만유인력 법칙(2장 연습문제 35번)에 따르면 $mg = F(R + h)$가 된다. 이 식을 풀면 중력 가속도는 높이 h(단위는 미터)의 함수가 되며 사람의 무게 m과는 상관없다.

$$g(h) = \frac{GM}{(R + h)^2} \text{ m/s}^2$$

(a) $GM \approx 3.98 \times 10^{14}$과 $R \approx 6.37 \times 10^6$을 이용하여 $g(0)$을 구하시오. (보통 9.806m/s^2을 '표준 중력 가속도'로 사용한다.)

(b) $g'(h)$와 $g'(0)$을 구하시오.

46. 진자를 이용한 중력 가속도 측정: 길이 l미터인 진자를 가정하자. 진자가 완벽하게 한 번 왕복하는 데 걸리는 시간 T(단위 초)를 진자의 **주기**라고 한다. 폭이 좁은 왕복에서 주기 T는 다음과 같은 함수로 근사할 수 있다.

$$T(g) = \frac{2\pi\sqrt{l}}{\sqrt{g}}$$

이때 g는 중력 가속도로서 $g \approx 9.81\text{m/s}^2$이다.

    (a) $l = 1$일 때 $T(9.81)$을 구하시오.

    (b) g에 대한 함수 $T(g)$를 풀어 함수 $g(T)$를 구하시오. 이렇게 구한 함수를 이용하면 l미터 길이의 진자의 주기를 측정하여 중력 가속도를 구할 수 있다. $g(2.006)$을 구하시오.

    (c) 연습문제 45번의 $g(h)$ 공식을 이용하여 $T(g(h))$를 구하시오. 이렇게 얻은 식으로 위도에 따라 진자의 주기가 어떻게 변할지 예측할 수 있다.

    (d) $f(h) = T(g(h))$이고 $l = 1$이라 하자. $f'(0)$을 구하고 결과를 해석하시오.

47. 음속: 음속 s는 주변 대기의 온도에 따라 변한다. 근삿값은 다음과 같다.

$$s(C) = 20.05\sqrt{C + 273.15} \ \text{m/s}$$

이때 C는 섭씨 단위의 기온이다.

    (a) $h(F) = s(C(F))$라고 하자. 이때 F는 화씨 온도다.

        $h(F)$를 구하시오.

힌트   부록 A의 식 **A.6** 참고

    (b) $h(68)$을 구하고 이를 빛의 속도(약 3억 m/s)와 비교하시오. (예를 들어 화재로 폭발이 일어났을 때, 어째서 폭발음이 들리기 전에 눈으로 먼저 확인할 수 있는지를 설명하시오.)

    (c) 연쇄 법칙과 $C(68) = 20$, $C'(68) = 5/9$라는 사실을 이용하여 $h'(68)$을 구하시오.

48. $f(x) = |x|$에 대해 $f'(x)$를 구하시오.

49. $f(x) = \dfrac{x}{|x|}$에 대해 $f'(x)$를 구하시오.

50. $h(x) = f(x)(g(x))^{-1}$이라 하자. 곱의 법칙과 연쇄 법칙을 이용하여 몫의 법칙(정리 3.7)을 유도하시오.

51. 원점 $(0, 0)$을 지나고 $f(x) = x^2 + 1$의 그래프에 접하는 직선의 방정식을 구하시오.

52. $f(x) = xg(x^2)$이라 하자. g'이 존재할 때 $f'(x)$를 구하시오(정답은 g, g'과 관련 있다).

지수 함수와 로그 함수 관련 연습문제

53-60: 다음 함수의 도함수를 구하시오.

---

53. $f(x) = e^{4x}$ **54.** $f(x) = 2^{-x^2}$ **55.** $g(t) = (t^2 + 1)e^{2t}$

56. $h(z) = \dfrac{e^z + e^{-z}}{2}$ **57.** $f(x) = \ln(x^2 + 5)$ **58.** $f(z) = e^{-z}\ln(3z)$

59. $h(t) = \ln\dfrac{t}{t^2 + 1}$ **60.** $g(t) = \ln\dfrac{1 + e^t}{1 - e^t}$

---

61. 식 **3.12** 도함수의 정의로부터 직접 미분 공식 $(e^{rx})' = re^{rx}$을 유도하시오. (온라인 부록의 정리 A2.1과 식 **3.14**의 계산 과정도 참고)

62. $f(x) = \ln x$일 때 도함수의 극한 정의인 식 **3.12**를 적용하면 $f'(x)$는 다음과 같다.

$$f'(x) = \lim_{h \to 0} \ln\left(1 + \frac{h}{x}\right)^{1/h}$$

$t = h/x$로 놓고(이때 x는 고정된 양수로 여김), 정리 A2.1을 $g(h) = h/x$로써 사용하고 극한 법칙 7을 사용하면 $f'(x) = \dfrac{1}{x}$을 다시 유도할 수 있다.

63. 커피 온도의 미분: 온도 T_0°F(화씨)인 커피 한 잔을 막 커피 머신에서 탁자 위로 옮겼다고 하자. 방 안의 온도가 임의의 T_a라고 가정하면 **뉴턴의 냉각 법칙**에 따라 커피의 온도 T는 다음과 같다. 이때 T는 커피가 탁자 위로 옮겨진 이후에 흐른 시간 t(단위는 분)에 따른 함수가 된다.

$$T(t) = T_a + ce^{-bt}$$

여기서 c와 b는 양의 상수다.

(a) 현실적으로 $T_0 = 160$, $T(2) = 120$, $T_a = 75$라고 가정하자. 이를 이용하면 $c = 85$, $b \approx 0.318$임을 보이시오.

(b) (a)번에서 구한 함수의 $T'(0)$을 구하고 결과를 미분계수의 변화율 관점에서 해석하시오.

(c) (a)번에서 구한 함수의 $T'(t)$를 구하시오.

(d) (a)번에서 구한 함수 $T(t)$의 수평 점근선을 구하고 결과를 해석하시오.

64. 에빙하우스의 망각 곡선: 1885년 심리학자 헤르만 에빙하우스는 기억력에 대한 흥미로운 실험을 했다. 그는 (KAF와 같은) 말도 안 되는 세 글자 단어들을 외우고, 시간이 흐르면서 얼마나 잊어버린 게 많은지 확인하기 위해 주기적으로 자신을 테스트했다. R이 처음에 학습한 정보의 몇 퍼센트가 t일이 지난 후에 유지되었는지를 나타낸다면, 에빙하우스의 결과는 다음과 같다.

$$R(t) = a + (1-a)e^{-bt}$$

이때 a와 b는 $0 \le a < 1$이고 $b > 0$인 상수다.

(a) $\lim_{t \to \infty} R(t)$를 구하고 해석하시오.

(b) 어떤 연구에 따르면 우리는 배운 내용을 하루가 지나면 평균적으로 70%를 잊는다고 한다(단, 복습하지 않을 때). 이를 이용하여 $a = 0$일 때 관련된 $R(t)$ 함수를 구하시오.

(c) (b)번에서 구한 함수의 $R'(1)$을 구하고 결과를 미분계수의 변화율 관점에서 해석하시오.

65. 풍력: 풍력은 깨끗하고 지속가능한 에너지 원천이다. 하지만 이런 방식으로 전기를 얻으려면 빠른 속도의 이상적인 바람이 필요하다. 다행히 풍력 발전기를 설계하는 공학자들은 다음 함수를 이용하여 속도 v(m/s 단위)의 바람이 발생할 확률을 정확하게 예측할 수 있다.

$$P(v) = ave^{-bv^2}$$

여기서 $a > 0$, $b > 0$이고 이는 위치에 따른 변수다.

(a) $P'(v) = ae^{-bv^2}[1 - 2bv]$임을 보이시오.

(b) $P'(0) = a$라는 사실을 미분계수의 변화율 관점에서 해석하시오.

66. $f(x) = x^n$이고 n은 실수라고 하자. $x^n = e^{\ln x^n}$ 이라 다시 적고 연쇄 법칙을 사용하여 $f'(x) = nx^{n-1}$임을 보이시오. 이는 $x > 0$에 대해 정리 3.4를 증명한다.

삼각 함수 관련 연습문제

67-74: 다음 함수의 도함수를 구하시오.

67. $f(x) = 4x^3 - 3\sin x$ **68.** $f(x) = \sqrt{x}\cos x$ **69.** $f(x) = \dfrac{x}{1 - \tan x}$

70. $f(z) = \sin z - z$ **71.** $g(x) = \cos x + (\cot x)^2$ **72.** $h(t) = \dfrac{\sin t}{t}$

73. $g(t) = \dfrac{\cos t}{1 + \sin t}$ **74.** $h(z) = z^4 \sin^2 z$

75. 식 **3.12**와 식 **A.24**를 이용하여 $(\cos x)' = -\sin x$임을 보이시오.

76. 몫의 법칙(정리 3.7)을 이용하여 $(\tan x)' = \sec^2 x$임을 보이시오.

77. 연쇄 법칙(정리 3.6)을 이용하여 $(\csc x)' = -\csc x \cot x$임을 보이고 $(\cot x)' = -\csc^2 x$임을 보이시오.

78. 부록 A의 연습문제 59번은 직선의 기울기 m과 x축과 직선이 이루는 각도 θ를 $m = \tan \theta$로 연관짓는다. 이를 함수 f의 그래프 위의 점 $(a, f(a))$에서 접선에 적용하면 다음 식이 나온다.

$$f'(a) = \tan \theta$$

이때 $-\frac{\pi}{2} < \theta < \frac{\pi}{2}$이다. $a = 0$과 $a = \pm 1$에서 $f(x) = x^3$에 대해 θ를 구하고 결과를 해석하시오.

79. 부록 A의 연습문제 60번을 다시 살펴보자.

(a) 곱의 법칙(정리 3.5)을 이용하여 다음이 성립함을 보이시오.

$$A'(n) = \frac{r^2}{2}\left[\sin\left(\frac{2\pi}{n}\right) - \frac{2\pi}{n}\cos\left(\frac{2\pi}{n}\right)\right]$$

(b) $\lim\limits_{n \to \infty} A'(n)$을 구하고 결과를 해석하시오.

80. 진자를 이용한 시계: 길이 l인 진자가 있다. 이때 θ는 정지한 상태의 초기 각도 $\theta_0 > 0$에서 진자를 놓을 때 시간 t초가 흐른 후의 각도라 하자(다음 그림 참고, 이때 θ는 수직 축과 이루는 각도). 이러한 진자의 운동 폭이 작고 이상적(예를 들어 공기 저항이 0)이라면 다음 식이 성립한다.

$$\theta(t) = \theta_0 \cos\left(\sqrt{\frac{l}{g}}\, t\right)$$

(a) 삼각 함수 $\theta(t)$의 진폭과 주기를 구하시오. 그리고 이 둘의 값을 진자의 운동 관점에서 해석하시오.

(b) 전형적인 대형 괘종시계에는 진폭 3°로 흔들리는 길이 1미터의 진자가 있다. 이 진자의 $\theta(t)$ 방정식을 구하시오. 단, 이때 진폭을 호도법(라디안)으로 바꿔야 하고 $g = 9.81\text{m/s}^2$을 이용한다.

(c) (b)번에서 구한 함수의 주기가 대략 2초임을 검증하시오. (따라서 진자가 왔다갔다 30번 진동하는 데 1분이 걸린다. 이를 이용하면 진자를 유용한 시계로 사용할 수 있다.)

(d) 연습문제 46번에 주어진 공식보다 좀 더 정확한 진자의 주기 공식은 다음과 같다.

$$T(\theta_0) = 2\pi\sqrt{\frac{l}{g}}\left(1 + \frac{1}{16}\theta_0^2\right)$$

이러한 주기는 θ_0에 따라 달라진다는 점에 유의하자. (b)번에 주어진 정보를 이용하여 $T(\theta_0)$을 구하시오.

(e) (b)번에 주어진 정보를 이용하여 $T'(\theta_0)$을 구하고 미분계수의 변화율 관점에서 해석하시오.

미분의 응용

이번 장
미리보기:
종이 위에 연속인 곡선을 그려보면 그러한 곡선에는 가장 큰 y값과 가장 작은 y값이 있음을 알수 있습니다. 깊이 생각하지 않아도 알 수 있는 사실입니다. 하지만 이제 다음과 같은 상상을 해봅시다. 어떤 회사의 제품 판매 수익이나 2,000년 이후 세계 인구 또는 어떤 바이러스가 처음발견된 후 감염된 사람 수를 모델링한다고 생각해 봅시다. 이러한 곡선의 극값은 실제 세계와관련하여 중요한 의미가 있습니다. 따라서 이번 장에서는 이러한 극값을 구하는 방법을 알아봅니다. 먼저 미분의 간단한 응용(상관 비율)부터 시작해서 미분이 지니는 정보에 대해 몇 가지사실을 알아보겠습니다. 그리고 나서 이러한 결과를 바탕으로 '최적화 이론'이라는 거대한 결론까지 살펴보겠습니다.

4.1 상관 비율

상관 비율(Related Rates)은 둘이나 그 이상의 양에 대한 순간 변화율들을 관련 짓는 미적분 문제입니다. (종종 시간에 대한 변화율, 즉 dy/dt인 경우가 많습니다.) 이는 특정 순간에 하나(또는 그 이상)의 비율이 주어졌을 때, 다른 하나의 비율값을 결정하는 작업이 됩니다.

사실은 이미 섹션 3.10의 늘어나는 정사각형 문제에서 상관 비율 문제를 살펴봤습니다. 정사각형 한 변의 길이 x가 시간에 따라 증가할 때, 즉 $x(t)$일 때, 정사각형의 면적 A의 시간에 따른 변화율은 다음과 같습니다.

$$\frac{dA}{dt} = 2x\frac{dx}{dt} \qquad \text{4.1}$$

(이 식이 섹션 3.10의 식 **3.19**입니다.) 방정식 **4.1**은 이렇게 상관 비율 문제에서 비율들을 관련 짓는 식입니다.

섹션 3.10에서는 약간의 계산을 거쳐 식 **4.1**을 얻었습니다. 하지만 이제는 연쇄 법칙을 배웠으므로 보다 손쉽게 결과를 구할 수 있습니다. 이것이 이번 섹션의 나머지 계산과 관련된 새로운 유도 방식입니다. 먼저 정사각형의 면적을 $A = x^2$이라고 적고 다음과 같은 과정을 따릅니다.

$$\frac{dA}{dt} = \frac{dA}{dx}\frac{dx}{dt} \qquad \text{연쇄 법칙의 라이프니츠 표기법, 식 } \textbf{3.20}$$

$$= \frac{d}{dx}\left(x^2\right)\frac{dx}{dt} \qquad A = x^2\text{이므로}$$

$$= 2x\frac{dx}{dt} \qquad \text{거듭제곱 법칙}$$

이제 이를 이용해서 첫 번째 상관 비율 문제를 풀어봅시다.

 예제 4.1 정사각형의 한 변의 길이가 초당 0.1m라는 일정한 비율로 증가하고 있다. 한 변의 길이가 1m일 때, 정사각형의 면적은 얼마나 빠르게 변하고 있는가?

해답 식 **4.1** 이용. $\dfrac{dA}{dt} = 2(1)(0.1) = 0.2 \text{ m/s}$

상관 비율은 많은 연습을 통해 익히는 것이 좋습니다. 계속해서 예제를 풀어봅시다.

응용 예제 4.2 항상 구 형태를 유지하는 풍선을 불고 있다고 하자. 풍선의 부피를 V, 반지름을 r이라고 하면 다음 식을 만족한다.

$$V(r) = \frac{4}{3}\pi r^3$$

풍선을 불 때 반지름 r이 초당 0.1cm의 일정한 속도로 변한다고 가정하자. 그러면 풍선의 반지름이 6cm일 때 풍선의 부피는 얼마나 빠르게 변하고 있는가?

앞선 예와 같은 방식을 사용한다.

$$\frac{dV}{dt} = \frac{dV}{dr}\frac{dr}{dt}$$ 연쇄 법칙의 라이프니츠 표기법, 식 **3.20**

$$= \frac{d}{dr}\left(\frac{4}{3}\pi r^3\right)\frac{dr}{dt}$$ $V = \frac{4}{3}\pi r^3$이므로

$$= 4\pi r^2\frac{dr}{dt}$$ 상수배와 거듭제곱의 법칙

이제 주어진 정보를 이용하면 다음과 같다.

$$\frac{dV}{dt} = 4\pi(6)^2(0.1) \approx 45.2 \ \text{cm}^3/\text{s}$$

앞선 두 예제에서는 모두 우리가 관련 지어야 할 비율에 해당하는 변수 사이의 방정식이 주어졌습니다. 다음 예제에서는 우리가 직접 그러한 방정식을 찾아내야 합니다.

응용 예제 4.3 교통 카메라가 교차로에 진입하는 차량을 추적하고 있다(**그림 4.1** 참고). 카메라가 교차로의 A 지점으로부터 300피트 떨어져 있다고 가정하자. 이때 초당 60피트의 속도로 이동하는 차량이 A 지점으로부터 400피트 떨어져 있는 순간, 차량과 카메라 사이의 거리는 얼마나 빠르게 변하고 있는가?

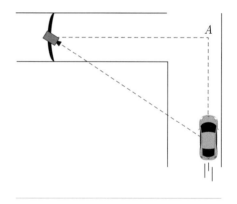

그림 4.1

해답 교차로 A 지점으로부터 차량까지의 거리를 y라고 하고, 이를 t초일 때 측정한 거리라 하자. 차량과 카메라 사이의 거리는 **그림 4.1**에 있는 삼각형의 빗변이다. 이를 z라고 하고 피타고라스 정리를 적용하면 다음과 같다.

$$z = \sqrt{(300)^2 + y^2} = \sqrt{90,000 + y^2}$$

이제 z를 t로 미분해보자.

$$\frac{dz}{dt} = \frac{dz}{dy}\frac{dy}{dt}$$ 연쇄 법칙의 라이프니츠 표기법, 식 **3.20**

$$= \left[\frac{1}{2}(90{,}000 + y^{-1/2})(2y)\right]\frac{dy}{dt} \qquad \sqrt{90{,}000 + y^2}\text{을 미분}$$

$$= \frac{y}{\sqrt{90{.}000 + y^2}}\frac{dy}{dt} \qquad \text{정리} \qquad \textbf{4.2}$$

$y = 400$일 때 $z = \sqrt{90{,}000 + (400)^2} = \sqrt{250{,}000} = 500$임을 알 수 있다. 그리고 $y = 400$일 때 차량은 초당 60피트의 속도로 움직이고 있으므로 $\dfrac{dy}{dt} = -60$임을 알 수 있다. (여기서 음수로 표기한 이유는 차량과 교차로 사이의 거리가 감소하고 있기 때문이다.) 이러한 값을 식 **4.2**에 대입하면 다음과 같다.

$$\frac{dz}{dt} = \frac{400}{500}(-60) = -48 \ \text{ft/s}$$

이번 예제가 앞선 예제들과 다른 점은 **수학적 모델링** 부분입니다. 즉, 관련 있는 변수를 찾아 그들 사이의 방정식을 알아냄으로써 문제에 주어진 정보를 수학적으로 해석해야 합니다. 중간 이상의 난도를 지닌 상관 비율 문제에는 이러한 과정이 필요합니다. 예제 4.2와 같은 단순한 상관 비율 문제에서는 주요 방정식과 변수가 주어집니다. 이보다 훨씬 어려운 상관 비율 문제에서는 다음과 같은 절차로 접근하면 좋습니다.

 박스 4.1 **상관 비율 문제 설정하기**

1. 상황을 간단한 그림으로 나타내고(그림이 주어지지 않았다면), 변하는 양에 이름을 붙인다.

2. 문제에서 요구하는 비율과 주어진 비율들을 수식으로 표기한다. (주의: 증가하는 양이라면 비율은 양수로, 감소하는 양이라면 비율은 음수로 표기한다.) **팁**: 제공된 단위를 이용해서 주어진 비율을 결정한다(예를 들어 '초당 피트' 단위는 $\dfrac{dx}{dt}$ 형태의 비율이며, 이때 x는 거리, t는 시간이다).

3. 그림의 맥락에 따라 알고 있는 지식(예를 들어 기하학 공식)을 활용하여 식별한 변수를 관련 짓는 주요 방정식을 찾아낸다.

4. 마지막으로 주요 방정식을 미분하여 상관 비율 방정식을 얻는다. 이때 미분에는 연쇄 법칙의 라이프니츠 표기법을 이용하고, 주로 시간 t에 대해 미분하는 경우가 많다.

어떤 한 고급 커피 메이커는 분쇄된 원두가 들어 있는 용기 위에 물이 담긴 원뿔형 용기가 있는 것이 특징이다. 원뿔형 용기에는 바닥에 구멍이 있어서 물을 2in³/hour의 속도로 내려보내 커피를 추출한다(**그림 4.2 ⓐ** 참고). 원뿔형 용기의 밑면 반지름이 2인치이고 높이가 6인치라면, 용기에 남은 물의 깊이가 1인치일 때 물의 깊이의 변화율은 얼마인가?

해답 박스 4.1의 절차에 따라 먼저 상황을 그림으로 나타낸다(**그림 4.2 ⓑ**). 물이 거꾸로 된 원뿔 바닥을 통해 흐르므로 남은 물의 원뿔 모양 부피의 반지름과 높이는 변하고 있다. 따라서 이러한 양이 변수가 되고, 여기에 **그림 4.2 ⓑ**에서처럼 r과 h라고 이름을 붙인다. 다음으로 문제에서 구해야 할 비율과 주어진 비율을 확인해보자.

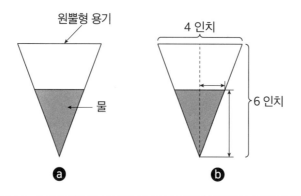

그림 4.2

- 구해야 할 비율: $h=1$일 때 $\dfrac{dh}{dt}$

- 주어진 비율: $\dfrac{dV}{dt}=-2$ in^3/hour (V는 부피이고 줄어들고 있으므로 부호는 음)

여기 있는 비율에서 관계가 있는 변수는 V와 h이다. 따라서 원뿔의 부피와 높이를 관련 짓는 다음과 같은 방정식이 필요하다(기하학을 떠올려보자).

$$V = \frac{1}{3}\pi r^2 h \qquad \text{4.3}$$

여기서 r은 원뿔 밑면의 반지름이다. 하지만 r에 대한 변화율은 주어지지 않았으므로 다른 방법으로 r을 소거해야 한다. **그림 4.2 ❻**를 다시 한 번 살펴보면 답을 찾을 수 있다. 바로 삼각형의 닮음이다. 그림에서 물이 채워진 삼각형과 본래 그릇의 더 큰 삼각형은 닮은 도형이다. 이러한 닮은 삼각형에서는 각 변의 길이의 비율이 서로 같다. 이를 적용하면 다음 식을 얻는다.

$$\frac{2r}{h} = \frac{4}{6} \quad \Rightarrow \quad \frac{r}{h} = \frac{1}{3} \quad \Rightarrow \quad r = \frac{h}{3} \qquad \text{4.4}$$

이를 식 **4.3**에 대입하면 다음 결과가 나온다.

$$V = \frac{1}{3}\pi \left(\frac{h}{3}\right)^2 h = \frac{\pi h^3}{27} \qquad \text{4.5}$$

이제 이를 미분한다.

$$\frac{dV}{dt} = \frac{\pi}{27}(3h^2)\frac{dh}{dt} = \left(\frac{\pi h^2}{9}\right)\frac{dh}{dt}$$

마지막으로 주어진 비율로 대체하고 $h=1$일 때 $\dfrac{dh}{dt}$에 대해 식을 풀면 다음과 같다.

$$-2 = \left(\frac{\pi (1)^2}{9}\right)\frac{dh}{dt} \quad \Rightarrow \quad \frac{dh}{dt} = -\frac{18}{\pi} \approx -5.7 \text{ in/hour}$$

이번 예제에는 상관 비율 문제를 푸는 동안 맞닥뜨릴 수 있는 복잡한 상황이 포함되어 있습니다. 바로 '제약식(constraint equation)'이라 부르는 것인데 앞선 예제에서는 식 **4.4**에 해당합니다. 이러한 제약식은 문제에서 특정 관계를 강제하므로(여기서는 r과 h), 모델에서 하나의 변수를 제거하는 데 사용할 수 있습니다.

연관 문제　21-28

│ 초월 함수 이야기 │

여러분이 반시계방향으로 회전하는 놀이 동산 대관람차에 타고 있다고 하자(**그림 4.3 ⓐ** 참고). 대관람차가 회전하면 지면으로부터 여러분의 높이도 변한다. 대관람차가 최고점에 있을 때 지면으로부터 높이가 502피트, 최저점에 있을 때 2피트이고 대관람차는 분당 $\pi/3$라디안의 일정한 속도로 회전한다고 하자. 이때 여러분이 위로 움직이고 있고 지면으로부터 377피트 높이에 다다른 순간, 여러분 높이의 변화율은 얼마인가?

ⓐ

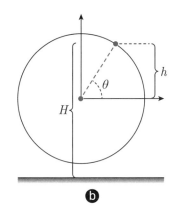

ⓑ

그림 4.3

해답　박스 4.1의 절차에 따라 먼저 상황을 그림으로 나타내고 관련 변수들에 이름을 붙인다(**그림 4.3 ⓑ**). 다음으로 문제에서 구해야 할 비율과 주어진 비율을 확인해보자.

- 구해야 할 비율: $H = 377$일 때 $\dfrac{dH}{dt}$

- 주어진 비율: $\dfrac{d\theta}{dt} = \dfrac{\pi}{3}$ (대관람차가 반시계방향으로 회전하므로 부호는 양)

여기 있는 비율에서 관계가 있는 변수는 H와 θ이다. **그림 4.3 ⓑ**를 보면 H는 다음과 같이 분해할 수 있다.

$$H = 2 + r + h$$

여기서 r은 대관람차의 반지름이다. 이는 다음과 같이 지름을 반으로 나눠서 구할 수 있다.

$$r = \frac{1}{2}(502 - 2) = 250$$

그리고 다음 식이 성립한다.

$$\sin\theta = \frac{h}{r}, \qquad \text{따라서} \qquad h = r\sin\theta = 250\sin\theta$$

그러면 H는 다음과 같은 식으로 나타낼 수 있다.

$$H = 252 + 250\sin\theta \qquad \textbf{4.6}$$

t에 대해 미분해보자.

$$\frac{dH}{dt} = \frac{dH}{d\theta}\frac{d\theta}{dt} = (250\cos\theta)\frac{d\theta}{dt} \qquad \textbf{4.7}$$

$H = 377$인 순간을 식 **4.6**에 대입하면 다음과 같다.

$$\sin\theta = \frac{377 - 252}{250} = \frac{1}{2}, \qquad \text{따라서} \qquad \theta = 30° \text{ 또는 } \theta = 120°$$

하지만 문제의 상황은 대관람차가 위로 올라가는 경우이므로 $\theta = 30°$를 선택한다. 이를 이용하여 주어진 비율을 식 **4.7**에 대입하면 다음과 같다.

$$\frac{dH}{dt} = (250\cos 30°)\left(\frac{\pi}{3}\right) = \frac{250\pi\sqrt{3}}{6} \approx 227 \text{ ft/min}$$

연관 문제   50-51

상관 비율 문제는 미적분의 동적 사고 방식을 완벽하게 보여줍니다. 실제로 이러한 문제를 해결하는 방법인 박스 4.1의 첫 번째는 변하는 양에 이름을 붙이는 것입니다. 이것이 문제에 있는 행동(흐르는 물이나 교차로를 향해 질주하는 차량 등)을 상상하는 가장 쉬운 방법입니다. 우리 주변의 세계는 끊임없이 변화하고 있으므로 물리나 생명 과학, 사회 과학을 포함한 다양한 분야에서 상관 비율 문제를 마주할 수 있습니다. 마지막으로 세 가지 핵심 요점을 살펴보겠습니다.

- 상관 비율 문제에서 함수는 **음함수**(implicit function)다. 우리는 음함수가 한 변수(종종 t)에 의존하는 것은 알지만 어떻게 그러한지는 모른다. 반면에 $f(x) = x^2$ 같은 함수는 양함수(explicit function)다. 이러한 함수는 어떻게 입력값에 의존하는지 알고 있다.

- 연쇄 법칙의 라이프니츠 표기법을 통해 음함수를 미분할 수 있다. 일반적으로 $z = f(x)$이고 x가 t의 음함수라면 다음과 같다.

$$\frac{dz}{dt} = \frac{dz}{dx}\frac{dx}{dt} = f'(x)\frac{dx}{dt} \quad \boxed{4.8}$$

  핵심: $\dfrac{dz}{dt}$는 '보통의' 미분(즉, $z' = f'(x)$)에 $\dfrac{dx}{dt}$를 곱한 것이다.

- 음함수를 미분하는 과정은 **음함수 미분법**이라 부른다.

이어서 살펴볼 미분의 응용은 최적화 이론입니다. 다음 섹션에서는 함수의 그래프에서 증가와 감소를 미분과 연결함으로써 최적화 이론의 기초를 다집니다. (그리고 나중에 이것이 어떻게 함수의 최대와 최소를 구하는 데 도움이 되는지 살펴봅니다.)

미분의 기하학적 해석을 통해 미분 가능한 함수 f의 그래프가 증가한다면, f의 미분은 양수라는 것을 알 수 있습니다(f 그래프의 접선이므로). 하지면 이 문장의 역도 참일까요? 즉, 어떤 구간에서 $f'(x) > 0$이면 f의 그래프가 해당 구간에서 증가할까요?

좀 산난한 다음과 같은 경우부터 살펴봅시다. $f'(a) > 0$이면 $x = a$ 근처에서 $y = f(x)$의 그래프가 증가할까요? 여기서 $f'(a)$는 $\Delta x \to 0$일 때 $\Delta y / \Delta x$의 극한과 같음을 떠올려 봅시다(식 **3.11**). 따라서 Δx가 0에 가깝다면 $f'(a)$는 대략 $\Delta y / \Delta x$와 같다고 생각할 수 있습니다.

$$\Delta x \approx 0 \text{일 때 } f'(a) \approx \frac{\Delta y}{\Delta x} \quad \text{4.9}$$

이때 양변에 Δx를 곱하면 다음과 같습니다.

$$\Delta x \approx 0 \text{일 때 } \Delta y \approx f'(a)\Delta x \quad \text{4.10}$$

이러한 근삿값을 살펴보면, $x = a$로부터 작은 x값의 변화량 Δx가 y값의 변화량 Δy를 대략 $f'(a)\Delta x$만큼 만들어낸다는 것을 알 수 있습니다. 여기서 이들 변화량에는 다음과 같은 식이 성립합니다.

$$\Delta x = x - a, \qquad \Delta y = f(x) - f(a)$$

이를 식 **4.10**에 대입하고 $f(x)$에 대해 풀면 다음과 같은 정의를 얻을 수 있습니다.

정의 4.1 **선형화**

함수 f가 a에서 미분 가능하다고 하자. 그러면 다음과 같은 근삿값을 a에서 f의 **선형 근사**(linear approximation)라고 부른다.

$$f(x) \approx f(a) + f'(a)(x - a) \quad \text{4.11}$$

이때 다음과 같은 우변의 선형 함수를 a에서 f의 **선형화**(linearization)라고 부른다.

$$L(x) = f(a) + f'(a)(x - a) \quad \text{4.12}$$

함수 $L(x)$는 단지 $x=a$에서 접선의 방정식일 뿐입니다.[1] 이를 어째서 f의 '선형화'라고 부르는지 설명해보겠습니다. 식 **4.11**은 'a 근처의 x값에 대해 f의 그래프는 대략 $x=a$에서 접선의 그래프와 같다.'는 뜻입니다. 다른 말로 하면, $x=a$에서의 미분이 $x=a$ 근처에서 그 함수를 선형화한다는 뜻입니다. 따라서 $L(x)$를 $f(x)$의 '선형된(linearized)' 버전으로 여길 수 있습니다.

예제 4.6 $a=1$에서 $f(x)=\sqrt{x}$를 선형화하라. 그리고 구간 $[0, 2]$, $[0.5, 1.5]$, $[0.9, 1.1]$에서 $f(x)$와 함께 선형화한 결과를 그리고 발견한 점을 논하라.

해답

$$L(x)=f(1)+f'(1)(x-1) \qquad \text{식 4.12에 } a=1 \text{ 대입}$$

$$=1+\frac{1}{2}(x-1) \qquad f(1)=1, f'(x)=\frac{1}{2}x^{-1/2}, f'(1)=\frac{1}{2} \text{ 이므로}$$

$$=\frac{1}{2}(x+1) \qquad \text{정리} \qquad \text{4.13}$$

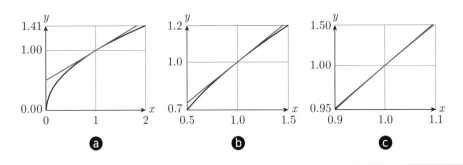

그림 4.4 왼쪽부터 오른쪽으로, 점 $(1, 1)$에서 $f(x)=\sqrt{x}$와 접선 $L(x)=\frac{1}{2}(x+1)$의 그래프를 확대한 모습

---

1 이러한 접선은 $(a, f(a))$를 지나고 기울기가 $f'(a)$이다. 따라서 한 점과 기울기를 알 때 직선의 방정식을 구하는 방법을 이용하면 식 **4.12**를 얻을 수 있다.

그림 4.4 ⓐ-ⓒ에 $L(x)$와 $f(x)$를 나타냈다. $x=1$에 가깝게 x값을 확대할수록 f의 그래프는 점점 $x=1$에서의 접선과 비슷하게 보인다.

연관 문제　1-4

이러한 결과를 통해 앞선 질문 '$f'(a)>0$이면 $x=a$ 근처에서 $y=f(x)$의 그래프가 증가하는가?'에 대한 답을 얻을 수 있습니다. 맞습니다, 증가합니다. 다음 섹션에서는 이렇게 밝혀낸 사실로부터 최적화 이론으로 향하는 방향을 잡아보겠습니다. 하지만 그전에 선형화를 유용하게 응용할 수 있는 두 가지 예를 먼저 살펴보겠습니다.

│ 비선형 함수의 근삿값 구하기 │

식 **4.11**의 선형 근사는 비선형 함수의 근삿값을 구할 때 특히 유용합니다. **그림 4.5**에서 볼 수 있듯이 식 **4.11**은 x에서 f의 실제 값인 $f(x)$를 $x=a$에서 접선의 값 $L(x)$로 근사합니다. 이러한 근삿값은 선형 함수이기 때문에 계산하기 더 쉽습니다. 그리고 x가 a에 가까울수록 $f(x) \approx L(x)$라는 근삿값은 점점 더 정확해집니다. 예제를 살펴봅시다.

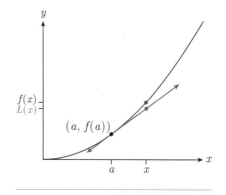

그림 4.5 x가 a에 가까울 때, $f(x)$ 값은 $x=a$에서 접선의 값인 $L(x)$로 근사할 수 있다.

예제 4.7 $f(x) = \sqrt{x}$ 라 하자.

(a) $a=1$에서 선형 근사를 구하라.

(b) (a)번에서 구한 선형 근사를 이용하여 $\sqrt{1.05}$ 를 예상하라. 이러한 예상과 실제 $\sqrt{1.05}$ 값을 비교하라.

해답

(a) 식 **4.11**과 **4.13**을 이용한다. 1 근처의 x에 대해 $\sqrt{x} \approx \dfrac{1}{2}(x+1)$

(b) 선형 근사식에 $x=1.05$를 대입하면 $\sqrt{1.05} \approx \dfrac{1}{2}(1.05 + 1) = 1.025$ 이다. $\sqrt{1.05} = 1.0247...$이므로 예상한 값 1.025는 소수 둘째 자리까지 같다. 나쁘지 않은 결과다.

연관 문제   5-8

│ $f'(a)$의 선형화 해석 │

지금까지는 a 근처의 x를 고려할 때 $\Delta x \approx 0$과 같다고 생각했습니다. 하지만 이번에는 x의 작은 변화량이라고는 할 수 없는 $\Delta x = 1$인 경우 식 **4.10**을 생각해보겠습니다. $\Delta x = 1$일 때 $\Delta y \approx f'(a)$라는 결과는 무엇을 의미할까요? 이렇게 생각하면 다음과 같은 $f'(a)$의 새로운 해석을 얻을 수 있습니다.

 박스 4.2 $f'(a)$의 선형화 해석

x값이 a에서 한 단위만큼 증가할 때 y값 $f(x)$는 대략 $f'(a)$만큼 증가하거나($f'(a) > 0$일 때), 대략 $f'(a)$만큼 감소한다($f'(a) < 0$일 때).

응용 예제 4.8 항공사들은 수익을 극대화하기 위해 비행 요금을 정기적으로 변경한다. 한 항공사의 연구팀이 보스턴에서 뉴욕까지 가는 비행편과 관련된 수익 R(달러 단위)을 다음과 같은 함수로 모델링할 수 있다고 밝혀냈다고 하자.

$$R(x) = x(x + 90) = x^2 + 90x$$

여기서 x는 팔린 티켓의 수량이다($0 \le x \le 100$).

(a) $R'(x)$와 단위를 구하라.

(b) 항공사가 이미 50장의 티켓을 팔았을 때, 미분의 선형 근사를 이용하여 $R'(50)$을 구하고 결과를 해석하라.

(c) (b)번의 답과 실제 수익의 증가(즉, $R(51) - R(50)$)를 비교하라.

해답

(a) 거듭제곱의 법칙을 이용하면 $R'(x) = 2x + 90$이다. $R(x)$의 단위는 달러이고 x의 단위는 티켓 수(ticket)이므로, $R'(x)$의 단위는 \$/ticket이다.

(b) $R'(50) = \$190$, 즉 티켓당 \$190이다. 미분의 선형화 해석에 따르면, 항공사가 50장의 티켓을 팔았다면 티켓 한 장을 더 팔 때 수익은 대략 \$190만큼 증가한다.

(c) $R(51) = \$7{,}191$, $R(50) = \$7{,}000$이므로 $R(51) - R(50) = \$191$이다. 따라서 (b)번에서 예상한 값과 단지 \$1만큼 차이날 뿐이다.

연관 문제 　33

| 초월 함수 이야기 |

선형화는 특히 초월 함수의 값을 근사할 때 유용합니다.

예제 4.9 $f(x) = e^x$라 하자.

(a) $a = 0$에서 f의 선형 근사를 구하고 결과를 그래프로 나타내라.

(b) 앞선 근사를 이용하여 $e^{0.1}$을 예상하라. 그리고 결과를 실제 $e^{0.1}$ 값과 비교하라.

해답

(a) $f(0) = 1$, $f'(x) = e^x$(정리 3.2), $f'(0) = 1$이므로 식 **4.11**에 따라 0 근처에서 $e^x \approx 1 + x$가 된다. **그림 4.6**에 두 함수를 나타냈다.

(b) 실제 $e^{0.1} = 1.105\ldots$이고 선형 근삿값은 $e^{0.1} \approx 1.1$이다(소수 둘째 자리까지 정확하다).

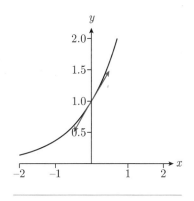

그림 4.6 $x = 0$ 근처에서 $f(x) = e^x$의 선형 근사 $L(x) = 1 + x$

<table>
<tr><td>예제
4.10</td><td>다음을 보여라.</td></tr>
</table>

$$0 \text{ 근처의 } x \text{에 대해 } \sin x \approx x \text{ 그리고 } \cos x \approx 1 \quad \boxed{4.14}$$

해답 $f(x) = \sin x$, $g(x) = \cos x$라 하고 $a = 0$에서 식 $\boxed{4.11}$을 적용하면 다음과 같다.

$$\sin x \approx f(0) + f'(0)x,$$
$$\cos x \approx g(0) + g'(0)x$$

$f(0) = \sin 0 = 0$, $g(0) = \cos 0 = 1$이고, 식 $\boxed{3.15}$에 따라 $f'(0) = \cos 0 = 1$, $g'(0) = -\sin 0 = 0$이므로 다음을 얻는다.

$$\sin x \approx 0 + 1 \cdot x = x, \quad \cos x \approx 1 + 0 \cdot x = 1$$

그림 4.7은 $\sin x \approx x$ 근사를 나타낸 것이다.

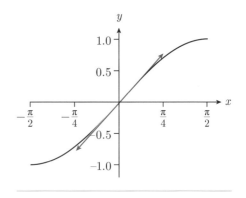

그림 4.7 $x = 0$ 근처에서 $f(x) = \sin x$의 선형 근사 $L(x) = x$

연관 문제	49, 62-63

4.3 증가 감소 테스트

지금까지 다룬 선형화는 최적화 이론의 첫 시작입니다. 선형화를 통해 특정 x값 근처에서 f의 그래프가 증가하는지 감소하는지 확인할 수 있습니다. 다음 정리는 이러한 결과를 x값의 구간으로 확장한 것입니다.[2]

2　이를 증명하는 데는 중간값 정리를 사용한다. 이번 장 온라인 부록 섹션 A4.1을 참고하자.

f가 구간 (a, b)에서 미분 가능하다고 하자. 그러면 다음이 성립한다.

(a) 구간 (a, b)의 모든 x에 대해 $f'(x) > 0$이면 f는 해당 구간에서 증가한다.

(b) 구간 (a, b)의 모든 x에 대해 $f'(x) < 0$이면 f는 해당 구간에서 감소한다.

예를 들어 $f(x) = x^2$을 생각해 봅시다. $f'(x) = 2x$이므로 앞선 정리에 따르면 $x < 0$에서 f의 그래프는 감소하고($x < 0$에 대해 $f'(x) = 2x < 0$이므로), $x > 0$에서는 증가합니나(**그림 4.8 ⓐ** 참고). 이 점이 바로 최적화 이론을 구축하는 데 도움이 됩니다. 만약 함수의 그래프가 특정 x값(그림에서는 $x = 0$)을 지날 때 감소에서 증가로 바뀐다면, 그러한 x값이 함수의 최솟값 위치가 될 수 있습니다. '될 수 있다'라는 표현에 주의하세요. 그래프는 이후에 다시 방향을 바꿀 수 있고 그렇게 되면 더 작은 y값이 생길 수 있습니다. **그림 4.8 ⓑ**는 좀 더 일반적인 꼬임과 방향 전환이 있는 함수의 그래프를 나타낸 것입니다.

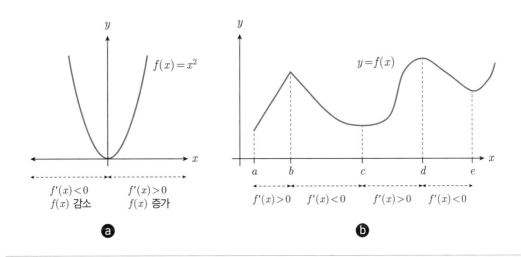

그림 4.8

f'의 부호를 통해 함수가 증가하고 감소하는 부분을 확인할 수 있음에 주의합시다(정리 4.1). 또한 $f'(x)=0$이거나(예를 들어 $x=c$) 또는 DNE(예를 들어 $x=b$)인 x값에서 그래프의 증가와 감소가 바뀐다는 점도 알 수 있습니다. 따라서 이러한 x값이 f 그래프에서 최댓값과 최솟값을 결정하는 데 중요한 역할을 합니다. 다음 정의를 살펴봅시다.

정의 4.2 **임계수, 임곗값, 임계점**

f를 함수, c를 f 정의역 안의 수이면서 정의역의 끝점은 아니라고 하자. 그러면 다음과 같다.

(a) $f'(c)=0$이거나 $f'(c)$가 존재하지 않을 때 c를 **임계수**(critical number)라고 한다.

(b) c가 f의 임계수일 때 $f(c)$를 **임곗값**(critical value)이라고 한다.

(c) c가 f의 임계수일 때 $(c, f'(c))$를 **임계점**(critical point)이라고 한다.

예를 들어 $f(x)=x^2$의 임계수는 $x=0$이고($f'(0)=0$이므로), **그림 4.8 ⓑ**의 그래프에서 b, c, d는 모두 임계수입니다. 이러한 새로운 용어와 통찰을 통해 이제 함수 f가 어디서 증가하고 감소하는지를 결정하는 다음과 같은 절차를 확립할 수 있습니다.

박스 4.3 **증가 감소 테스트**

함수 f가 증가하거나 감소하는 구간을 결정하는 과정은 다음과 같다.

1. 임계수를 찾아 수직선에 표시한다.

2. f의 정의역과 여러 임계수 사이의 구간에 있는 x값에 대해 $f'(x)$를 구한다.

3. 정리 4.1을 이용하여 f가 증가하거나 감소하는 구간을 결정한다.

이번 섹션의 나머지는 이러한 절차에 익숙해지는 데 초점을 맞춥니다. 그리고 나서 다음 섹션에서 최적화 이론으로 향하는 또 다른 디딤돌을 살펴보겠습니다.

<table>
<tr><td>예 제
4.11</td><td>$f(x) = x^3 - 3x$에 대해 증가하거나 감소하는 구간을 구하라.</td></tr>
</table>

해답 박스 4.3의 절차를 따른다.

1. $f'(x) = 3x^2 - 3$으로 시작한다. $f'(x)$가 존재하지 않는(DNE) x값은 없다. $f'(x) = 0$으로 설정하면 $3x^2 - 3 = 0$이므로 해는 $x = \pm 1$이다. 따라서 임계수는 $x = +1$과 $x = -1$뿐이다.

2. 이제 수직선에 임계수를 표시한다.

다음으로 이러한 수직선을 나눈 세 구간에 속한 임의의 수를 선택하여 $f'(x)$로 대체한다. 여기서는 $x = -2, 0, 2$를 골랐고 결과는 다음과 같다.

$$f'(-2) = 9 > 0, \quad f'(0) = -3 < 0, \quad f'(2) = 9 > 0$$

이제 수직선을 업데이트해보자(나중에 참조할 경우를 대비하여 이러한 그림을 '**부호 차트**(sign chart)'라고 부르겠다).

$$f'(x): \underset{-1 \qquad\quad 1}{\quad + + + \; - + - \; + + +\quad}$$

3. 정리 4.1에 따라 $f(x)$는 구간 $(-\infty, -1)$과 $(1, \infty)$에서 증가하고, 구간 $(-1, 1)$에서 감소한다.

앞선 예제의 함수는 예제 3.11에 있는 함수와 같습니다. 이러한 결과를 통해 이제 **그림 3.9**와 관련된 내용을 더욱 잘 이해할 수 있게 되었습니다. $f'(x)$의 그래프(**그림 3.9**의 아래쪽 그래프)가 x축보다 아래에 있다면 항상 $f(x)$의 그래프(**그림 3.9**의 위쪽 그래프)는 감소합니다. 마찬가지로 $f'(x)$의 그래프가 x축보다 위에 있다면 항상 $f(x)$의 그래프는 증가합니다.

예제 4.12 $f(x) = \sqrt[3]{x^2} - x$에 대해 증가하거나 감소하는 구간을 구하라.

해답 역시 박스 4.3의 절차를 따른다.

1. 먼저 f를 $f(x) = x^{2/3} - x$로 다시 쓴다. 그러면 다음이 성립한다.

$$f'(x) = \frac{2}{3}x^{-1/3} - 1 = \frac{2 - 3x^{1/3}}{3x^{1/3}}$$

$f'(0)$은 존재하지 않으므로(DNE), $x = 0$은 임계수다. $f'(x) = 0$으로 설정하면 $2 - 3x^{1/3} = 0$이므로 해는 $x = 8/27$이다. 따라서 임계수는 $x = 0$과 $x = 8/27$뿐이다.

2. 이제 수직선에 임계수를 표시하고, 결과로 나온 구간에 속한 x값을 선택하여 $f'(x)$로 대체한다. 여기서는 $x = -1, 1/27, 1$을 골랐고 결과는 다음과 같다.

$$f'(-1) = -\frac{5}{3} < 0, \quad f'\left(\frac{1}{27}\right) = 1 > 0, \quad f'(1) = -\frac{1}{3} < 0$$

이러한 결과를 부호 차트로 나타내면 다음과 같다.

$$f'(x): \quad - \ - \ - \quad + \ + \ + \quad - \ - \ -$$
$$0 \qquad \frac{8}{27}$$

3. 정리 4.1에 따라 $f(x)$는 구간 $(-\infty, 0)$과 $(8/27, \infty)$에서 감소하고, 구간 $(0, 8/27)$에서 증가한다.

연관 문제   9-12(그중에 (a)-(c)만 해당), 31, 38(a)

앞선 예제의 결과를 그래프로 나타내면 **그림 4.9**와 같습니다.

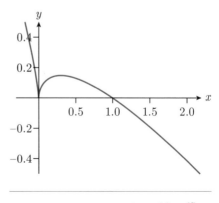

그림 4.9 $f(x) = x^{2/3} - x$

초월 함수 이야기

지수 함수 b^x는 $b>1$일 때 모든 x에 대해 증가하고 $0<b<1$일 때 모든 x에 대해 감소함을 확인할 수 있습니다(연습문제 43 (a)에서 증명 과정을 안내합니다. 여기서는 우선 '극값'과 관련된 문제는 건너뜁시다). 로그 함수 $\log_b x$에 대해서도 마찬가지입니다(연습문제 44 (a)에서 증명 과정을 안내합니다. 여기서도 우선 '극값'과 관련된 문제는 건너뜁시다). 이제 좀 더 복잡한 예제를 살펴보겠습니다.

예제 4.13 $f(x) = e^{2x} + e^{-x}$에 대해 증가하거나 감소하는 구간을 구하라.

해답 먼저 $f(x)$를 미분한다.

$$f'(x) = 2e^{2x} - e^{-x} = \frac{2e^{3x} - 1}{e^x}$$

$f'(x)$가 존재하지 않는(DNE) x값은 없다. $f'(x)=0$으로 설정하면 다음과 같다.

$$e^{3x} = \frac{1}{2} \quad \Rightarrow \quad x = -\frac{\ln 2}{3} \approx -0.23$$

이 값이 유일한 임계수다. 따라서 테스트할 점으로 $x = -1$과 $x = 0$을 고르면 다음과 같은 부호 차트를 얻는다.

$$f'(x): \quad \underset{-\frac{\ln 2}{3}}{- - - - - \,\big|\, + + + + +}$$

정리 4.1로부터 함수 f는 구간 $\left(-\infty, -\dfrac{\ln 2}{3}\right)$에서 감소하고 구간 $\left(-\dfrac{\ln 2}{3}, \infty\right)$에서 증가함을 알 수 있다. **그림 4.10 ⓐ**에 f의 그래프 일부를 나타냈다.

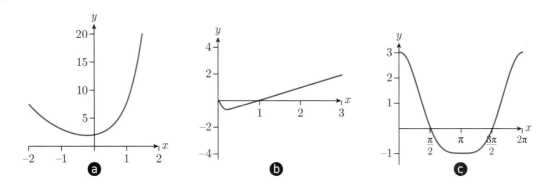

그림 4.10 그래프의 일부, ⓐ $f(x) = e^{2x} + e^{-x}$, ⓑ $g(x) = \sqrt{x}\ln x$, ⓒ $f(x) = 2\cos x + \cos^2 x$

예제 4.14 $g(x) = \sqrt{x}\ln x$ 에 대해 증가하거나 감소하는 구간을 구하라.

해답 먼저 이 함수의 정의역이 $(0, \infty)$임에 주의한다. 다음으로 곱의 법칙을 이용하여 미분을 구한다.

$$g'(x) = \left(\frac{1}{2}x^{-1/2}\right)\ln x + \frac{\sqrt{x}}{x} = \frac{2 + \ln x}{2\sqrt{x}}$$

$x > 0$이므로 분모는 항상 양이다. $g'(x) = 0$으로 설정하면 $2 + \ln x = 0$이므로 해는 $x = e^{-2}$이다. 이 값이 유일한 임계수다. 따라서 테스트할 점으로 $x = e^{-3}$과 $x = 1$을 고르면 다음과 같은 부호 차트를 얻는다.

$$g'(x): \quad - - - - - \mid + + + + +$$
$$e^{-2}$$

정리 4.1로부터 함수 g는 구간 $(0,\ e^{-2})$에서 감소하고 구간 $(e^{-2},\ \infty)$에서 증가함을 알 수 있다. **그림 4.10** ⓑ에 g의 그래프 일부를 나타냈다.

| 연관 문제 | 39-42(그중에 (a)-(b)만 해당), 45(a), 48(a)-(c) |

지금까지 배운 내용을 삼각 함수에도 적용해 봅시다. **그림 A.20 ⓐ**와 **ⓑ**로 돌아가 살펴보면 $\sin x$와 $\cos x$의 그래프는 수많은 구간에 걸쳐 증가하고 감소하는 것을 알 수 있습니다. 하지만 sin과 cos의 주기성 덕분에 이러한 특징은 단지 구간 $[0, 2\pi]$의 x값에 대한 함수의 특성을 반복하는 것과 같습니다(자세한 내용은 연습문제 57번 참고). 이제 좀 더 복잡한 예제를 살펴봅시다.

예제 4.15 $f(x) = 2\cos x + \cos^2 x$라 하고 $0 \le x \le 2\pi$라 하자. 이 함수의 증가와 감소 구간을 구하라.

해답 먼저 $f(x)$를 미분한다.

$$f'(x) = -2\sin x - 2(\cos x)(\sin x) = -2(\sin x)(1 + \cos x)$$

단지 $f'(x) = 0$일 때가 임계수이므로 다음과 같다.

$$\sin x = 0 \quad \text{또는} \quad \cos x = -1$$

첫 번째 식의 해는 $x = 0$과 $x = 2\pi$이고, 두 번째 식의 해는 $x = \pi$이다(정의역에 주의한다). 따라서 임계수는 0, π, 2π뿐이다. 테스트할 점으로 $x = \pi/2$와 $x = 3\pi/2$를 고르면 다음과 같은 부호 차트를 얻는다.

정리 4.1로부터 함수 f는 구간 $(0, \pi)$에서 감소하고 구간 $(\pi, 2\pi)$에서 증가함을 알 수 있다. **그림 4.10 ⓒ**에 f의 그래프 일부를 나타냈다.

연관 문제	53-56(그중에 (a)-(b)만 해당), 58(a), 59(a)-(b), 60(a)-(b), 61(a)-(b)

앞선 섹션에서 배운 내용을 통해 미적분을 이용하여 그래프의 '언덕(위로 볼록)'과 '계곡(아래로 볼록)'을 식별할 수 있게 되었습니다. 이제 이에 대한 수학 용어를 소개합니다.

정의 4.3

f를 함수, c를 f의 정의역에 속한 수라고 하자. 그러면 다음이 성립한다.

(a) c 근처의 x에 대해 $f(c) \geq f(x)$이면 f는 c에서 **극댓값**(local maximum)을 갖는다.

(b) c 근처의 x에 대해 $f(c) \leq f(x)$이면 f는 c에서 **극솟값**(local minimum)을 갖는다.

예를 들어 **그림 4.8 ⓑ**를 다시 살펴봅시다. 함수는 $x = b$와 $x = d$에서 극댓값을 갖습니다(y값 $f(b)$와 $f(d)$에서 그래프가 마치 '언덕(위로 볼록)'처럼 보임). 또한 함수는 $x = a$와 $x = c$, $x = e$에서 극솟값을 갖습니다(y값 $f(a)$와 $f(c)$, $f(e)$에서 그래프가 마치 '계곡(아래로 볼록)'처럼 보임). 이때 이들 x값이 임계수와 구간의 양끝 점으로 구성된다는 점을 유념하세요. 이는 놀라운 일이 아닙니다. 왜냐하면 극값의 위치를 찾는 데 증가 감소 테스트를 이용할 수 있기 때문입니다. 이러한 세부 내용을 요약하면 다음 정리와 같습니다.

정리 4.2 ❓💬 **일계 미분 테스트**

f를 함수라 하고 c를 f의 임계수라고 하자.

(a) $x = c$를 지날 때 f'의 부호가 양에서 음으로 바뀌면, f는 c에서 극댓값을 갖는다.

(b) $x = c$를 지날 때 f'의 부호가 음에서 양으로 바뀌면, f는 c에서 극솟값을 갖는다.

(c) $x = c$를 지날 때 f'의 부호가 바뀌지 않으면, c에서 극값은 없다.

그림 4.11은 이러한 정리를 묘사한 것입니다. 극댓값은 함수 f의 훌륭한 최댓값 후보이므로

(극솟값은 최솟값 후보), 이번 섹션의 나머지 부분에서는 극값을 찾는 연습을 해보겠습니다.

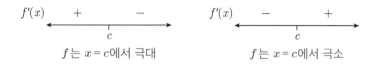

그림 4.11

예제 4.16 $f(x) = x^4 - 8x^3$에 대해 극값을 갖는 x값을 구하라.

해답 $f'(x) = 4x^3 - 24x^2 = 4x^2(x - 6)$이므로 임계수는 $x = 0$과 $x = 6$뿐이다. 테스트할 점으로 $x = -1$과 $x = 1$, $x = 7$을 고르면 다음과 같은 부호 차트를 얻는다.

$$f'(x): \quad - - - \quad - + - \quad + + +$$
$$0 \qquad 6$$

$x = 6$을 지날 때 f'의 부호가 음에서 양으로 바뀌므로 정리 4.2에 따라 $f(6)$이 극솟값임을 알 수 있다. 반면 $x = 0$을 지날 때는 f'의 부호가 바뀌지 않으므로 정리 4.2에 따라 $x = 0$에서는 극값이 없음을 알 수 있다.

초월 함수 이야기

예제 4.17 예제 4.13과 4.14로부터 함수 f와 g에 대해 극값을 갖는 x값을 구하라.

해답

(a) 앞선 예제에서 이미 구한 $f'(x)$의 부호 차트에 정리 4.2를 적용하면 f는 $x = -(\ln 2)/3$에서 극솟값을 가짐을 알 수 있다. 정의역의 양끝 점은 주어지지 않았으므로

이 값에서 f가 유일한 극값을 가짐을 알 수 있다(**그림 4.10 ⓐ** 참고).

(b) 비슷한 이유로, 앞선 예제에서 이미 구한 $g'(x)$의 부호 차트에 정리 4.2를 적용하면 g는 $x = e^{-2}$에서 극솟값을 가짐을 알 수 있다. 관심 있는 구간 $(0, \infty)$에는 양끝 점이 없으므로 $x = e^{-2}$에서 f가 유일한 극값을 가짐을 알 수 있다(**그림 4.10 ⓑ** 참고).

예제 4.18 예제 4.15에 주어진 함수 f와 구간으로부터 극값을 갖는 x값을 구하라.

해답 앞선 예제에서 이미 구한 $f'(x)$의 부호 차트에 정리 4.2를 적용하면 f는 $x = \pi$에서 극솟값을 가짐을 알 수 있다. 이제 관심 있는 구간에 포함된 양끝 점 $x = 0$과 $x = 2\pi$를 살펴보자. 부호 차트를 보면 구간 $(0, \pi)$에서 함수의 그래프가 감소함을 알 수 있다. 따라서 $x = 0$에서 함수 f는 극댓값을 갖는다. 비슷한 방식으로 부호 차트를 보면 구간 $(\pi, 2\pi)$에서는 함수의 그래프가 증가하므로 $x = 2\pi$에서 함수 f는 극댓값을 갖는다는 것을 알 수 있다(**그림 4.10 ⓒ** 참고).

연관 문제 | 53-56(그중에서 (c)만 해당)

팁과 아이디어, 핵심

일계 미분 테스트(정리 4.2)에 따라 임계수에서 극값을 갖는지 그렇지 않은지를 구분할 수 있습니다. 하지만 극값의 후보가 되는 다른 x값은 없는지 궁금할 수 있습니다. 다음 정리가 이러한 의문에 대한 해답입니다.

정리 4.3 **페르마의 정리**

f가 정의역의 양끝 점이 아닌 c에서 극댓값이나 극솟값을 갖는다고 하자.
그러면 c는 f의 임계수이다.

이러한 정리의 핵심은 다음과 같습니다.

- 이 정리는 'c가 f의 임계수일 때 f가 c에서 극값을 갖는다.'는 뜻은 아니다. (예를 들어 예제 4.16에서 $x = 0$은 임계수지만, 여기서 함수가 극값을 갖지는 않는다.)
- 페르마의 정리의 대우 명제, 즉 'c가 f의 임계수가 아닐 때 f는 c에서 극값을 갖지 않는다.'는 참이다. **핵심**: 임계수가 아닌 수에서 극값을 찾는 것은 소용없는 일이다.
- c가 정의역의 양끝 점이 아니란 점에 주의하라. **핵심**: 양끝 점은 따로 조사해야만 한다.

페르마의 정리는 기본적으로 함수의 그래프에서 '언덕'이나 '계곡'은 임계수이거나 주어진 구간의 양끝 점에서만 생긴다는 뜻입니다. 페르마의 정리를 통해 최적화 이론이라는 이번 탐험의 마지막 목적지(즉, 절대적으로 높은 '언덕'과 절대적으로 낮은 '계곡'을 찾는 방법)에 제대로 도달할 수 있습니다.

4.5 최적화 이론: 최댓값과 최솟값

이제 함수에서 가장 크거나 가장 작은 y값을 조사할 준비가 되었습니다. 이러한 개념을 정의 4.3과 비슷하게 공식적인 정의로 나타내면 다음과 같습니다.

정의 4.4

f를 구간 I에서 정의된 함수라고 하고, c는 구간 I에 속한 수라고 하자. 그러면 다음이 성립한다.

(a) 구간 I의 모든 x에 대해 $f(c) \geq f(x)$이면 f는 c에서 **최댓값**(absolute maximum)을 갖는다. 이때 구간 I에서 최댓값은 $f(c)$라고 말한다.

(b) 구간 I의 모든 x에 대해 $f(c) \leq f(x)$이면 f는 c에서 **최솟값**(absolute minimum)을 갖는다. 이때 구간 I에서 최솟값은 $f(c)$라고 말한다.

구간 I가 모든 실수일 때는 간단히 $f(c)$는 최댓값(또는 최솟값)이라고 말한다.

정의 4.3에서는 'c 근처의 x에 대해'라고 표현한 데 반해, 여기서는 '구간 I의 모든 x에 대해'라고 표현한 점에 주의합시다. 이 말은 관심 있는 구간 I의 모든 x값을 조사하여 $f(x)$값을 최대(또는 최소)로 만드는 x값을 찾아낸다는 뜻입니다. 예를 들어 다시 **그림 4.8 ⓑ**를 살펴보면, 구간 $[a, e]$에서 함수의 최솟값은 $f(a)$이고 최댓값은 $f(d)$입니다.

이제 극값에 대해 살펴보았던 이론을 사용해서 최댓값과 최솟값을 구해 봅시다. 관심 있는 구간에서 f의 임계수가 단지 하나뿐이라면, '극값=최댓값(또는 최솟값)'이라는 결과를 얻습니다.

정리 4.4

f를 구간 I에서 연속이라 하고, 구간 I 안에서 c라는 유일한 임계수를 갖는다고 가정하자. 이때 c에서 극댓값을 갖는다면 $f(c)$가 구간 I에서 f의 최댓값이 된다. 마찬가지로 이때 c에서 극솟값을 갖는다면 $f(c)$는 구간 I에서 f의 최솟값이 된다.

좋습니다. 하지만 만약 f가 구간 I 안에서 여러 임계수를 갖는다면 어떻게 할까요? 앞선 섹션에서 함수 그래프의 '언덕'과 '계곡'은 임계수이거나 주어진 구간의 양끝 점에서 발생한다는 점을 알아보았습니다. 따라서 최댓값과 최솟값을 구하려면 이 중에 가장 높은 '언덕'과 가장 낮은 '계곡'을 찾아내면 됩니다. 박스 4.4의 절차가 이러한 과정을 정확히 나타낸 것입니다.

> **📦 박스 4.4 닫힌 구간 $[a, b]$에서 정의된 연속 함수의 최댓값, 최솟값 구하기**
>
> 1. 구간 (a, b)에서 임계수를 찾는다.
>
> 2. 관련된 임곗값을 계산하고, 또한 $f(a)$와 $f(b)$를 계산한다.
>
> 3. 최댓값은 단계 2에서 구한 값 중에 가장 큰 수다. 최솟값은 단계 2에서 구한 값 중에 가장 작은 수다.

예제 4.19 구간 $[-\sqrt{2}, \sqrt{2}]$에서 함수 $f(x) = (x^2 - 1)^3$의 최댓값과 최솟값을 구하라.

해답 먼저 $f(x)$는 다항식이므로 2장에서 살펴봤듯이 연속임을 알 수 있다. 그리고 $[-\sqrt{2}, \sqrt{2}]$는 닫힌 구간이므로 박스 4.4의 절차를 따른다.

1. 임계수를 찾기 위해 연쇄 법칙을 이용하여 f를 미분한다.

$$f'(x) = 3(x^2 - 1)^2(2x) = 6x(x^2 - 1)^2 = 6x[(x+1)(x-1)]^2$$
$$= 6x(x+1)^2(x-1)^2$$

그러면 임계수는 $x = -1$, $x = 0$, $x = 1$이다.

2. 관련 임곗값과 구간의 양끝 점에서 y값인 $f(-\sqrt{2})$와 $f(\sqrt{2})$를 구한다.

$$f(-1) = 0, \quad f(0) = -1, \quad f(1) = 0, \quad f(-\sqrt{2}) = 1, \quad f(\sqrt{2}) = 1$$

3. 마지막으로 이들 값을 비교하면 가장 큰 값은 $f(-\sqrt{2}) = f(\sqrt{2})$이고 이 값이 구간 $[-\sqrt{2}, \sqrt{2}]$에서 f의 최댓값이다. (이처럼 최댓값은 여러 점에서도 가능하다.) 또한 $f(0)$이 가장 작으므로 이 값이 구간 $[-\sqrt{2}, \sqrt{2}]$에서 f의 최솟값이다. **그림 4.12 ⓐ**에 f의 그래프를 나타냈다.

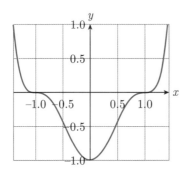 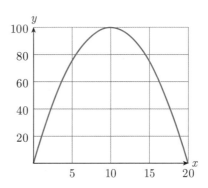

그림 4.12 ⓐ 구간 $[-\sqrt{2}, \sqrt{2}]$에서 $f(x) = (x^2 - 1)^3$, ⓑ 구간 $0 < x < 20$에서 $A(x) = 20x - x^2$

여러분이 사는 집에서 침실은 거의 정사각형 모양이다. 왜 그런지 이유를 알아보자. 먼저 여러분 집에 사각형 모양의 새로운 침실을 추가로 짓는다고 생각해보자. 이때 20피트 길이의 벽을 건설할 만큼의 예산이 있다.

(a) 침실 면적을 사각형의 가로폭 x(피트 단위)의 함수로 나타내라.

(b) $A(x)$가 증가하고 감소하는 구간은 어디인가?

(c) $A(x)$의 임계수를 구하고 극댓값, 극솟값 등으로 구분하라.

(d) 침실 면적을 최대로 만드는 침실의 차원은 무엇인가? (차원은 $a \times b$ 형태로 나타낸다.)

해답

(a) 새로운 사각형 침실의 세로폭을 y라 하자. 그러면 $x + y = 20$이다. 이 말은 $0 < x < 20$, $0 < y < 20$이란 뜻이다(x와 y는 길이이므로 음수일 수 없다, 또한 $x = 0$이거나 $x = 20$이면 길이 20피트의 선이 되므로 사람이 살 수 있는 공간이 나오지 않는다). 침실의 면적은 $A = xy$이고 여기에 $y = 20 - x$를 대입하면 다음과 같은 함수를 얻는다.

$$A(x) = x(20 - x) = 20x - x^2, \quad 0 < x < 20$$

(b) $A'(x) = 20 - 2x$이다. $A'(x) = 0$으로 놓으면 이때 $x = 10$이 유일하다. 따라서 $x = 1$, $x = 15$를 골라보면 다음과 같은 부호 차트를 얻는다.

$$A'(x): \quad + + + + + \quad \Big| \quad - - - - - \quad$$
$$10$$

정리 4.1에 따라 $A(x)$는 구간 $(0, 10)$에서 증가하고, 구간 $(10, 20)$에서 감소한다.

(c) $A'(x)$가 존재하지 않는 x값은 없다. 그리고 $A'(x) = 0$은 $x = 10$일 때만 성립하므로 임계수는 $x = 10$뿐이다. 또한 $A'(x)$는 $x = 10$을 지날 때 부호가 양에서 음으로 바뀐다. 따라서 정리 4.2에 따라 $x = 10$에서 $A(x)$는 극댓값을 갖는다.

(d) $A(x)$가 $x < 10$인 모든 x에 대해 증가하고 $x > 10$인 모든 x에 대해 감소하므로, $x = 10$에서 극댓값뿐만 아니라 최댓값도 갖는다. **그림 4.12 ⓑ**에 $A(x)$의 그래프를 나타냈다. 이때 임곗값은 $A(10) = 10(20-10) = (10)^2 = 100 \text{ ft}^2$이다. 따라서 차원 은 10×10이다.

| **초월 함수 이야기** |

예 제 4.21 구간 $[0, 3]$에서 $f(x) = xe^{-x}$의 최댓값과 최솟값을 구하라.

해답 f가 연속 함수이고 주어진 구간은 닫힌 구간이므로 박스 4.4의 절차를 따른 다. 먼저 $f'(x)$를 구한다.

$$f'(x) = e^{-x} - xe^{-x} = \frac{1-x}{e^x}$$

$f'(x) = 0$일 때만 임계수가 존재하며 이때 $x = 1$이고, 임곗값은 $f(1) = e^{-1}$이다. 구 간 양끝 점의 y값은 $f(0) = 0$, $f(3) = 3e^{-3}$이다. 따라서 f는 $x = 1$에서 최댓값을 갖고 $x = 0$에서 최솟값을 갖는다. **그림 4.13 ⓐ**에 f의 그래프를 나타냈다.

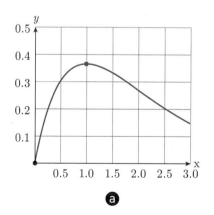

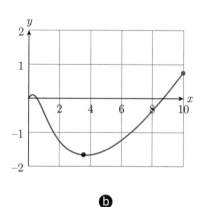

그림 4.13 ⓐ 구간 $0 \leq x \leq 3$에서 $f(x) = xe^{-x}$ ⓑ 구간 $0 \leq x \leq 10$에서 $g(x) = x - 2\ln(x^2+1)$

예 제
4.22 구간 $[0, 10]$에서 $g(x) = x - 2\ln(x^2 + 1)$의 최댓값과 최솟값을 구하라.

해답 g가 $[0, 10]$에서 연속이므로 역시 박스 4.4의 절차를 따른다. 먼저 미분을 구한다.

$$g'(x) = 1 - 2\left(\frac{2x}{x^2 + 1}\right) = 1 - \frac{4x}{x^2 + 1}$$

$g'(x) = 0$일 때만 임계수가 존재하므로 다음이 성립한다.

$$\frac{4x}{x^2 + 1} = 1 \quad \Rightarrow \quad x^2 - 4x + 1 = 0$$

이러한 이차 방정식의 두 가지 해는 $x = 2 - \sqrt{3}$ 과 $x = 2 + \sqrt{3}$ 이므로, 임곗값과 양 끝 점의 y값을 구하면 다음과 같다.

$$g(0) = 0, \quad g(2 - \sqrt{3}) \approx 0.1, \quad g(2 + \sqrt{3}) \approx -1.7, \quad g(10) \approx 0.8$$

따라서 함수 g는 $x = 2 + \sqrt{3} \approx 3.7$에서 최솟값을 갖고 $x = 10$에서 최댓값을 갖는다. **그림 4.13 ⓑ**에 g의 그래프를 나타냈다.

│ 팁과 아이디어, 핵심 │

이번 섹션에서는 최적화에 대한 두 가지 결과를 소개했습니다. 바로 박스 4.4에 있는 절차와 정리 4.4입니다. 박스 4.4의 절차는 연속 함수의 그래프는 펜을 떼지 않고 그릴 수 있다는 직관(2장 참고)에 기초합니다. 따라서 구간의 양끝 점을 포함한다면 그러한 그래프는 반드시 최댓값과 최솟값을 갖습니다. 다음 정리를 통해 이러한 직관을 확인할 수 있습니다.

정리 4.5 **⁇ !** 　　**최대 최소 정리**

f를 구간 $[a, b]$에서 연속인 함수라 하자.

그러면 f는 구간 $[a, b]$에서 최댓값과 최솟값을 모두 갖는다.

좋습니다. 하지만 f가 열린 구간에서 연속이라면 어떻게 될까요? 이때 정리 4.4가 도움됩니다. 이때 만약 임계수가 단지 하나뿐이라면(해당 구간 I에서) 연속 함수의 극값이 곧 최댓값 또는 최솟값이 됩니다(즉, 하나뿐인 임곗값이 극댓값이면 최댓값이 되고, 극솟값이면 최솟값이 됩니다). 이것이 바로 응용 예제 4.20을 풀 때 사용한 방식입니다.[3] 응용 예제 4.20은 또한 조금 특별합니다. 앞서 상관 비율 문제에서 그랬듯이, 적절한 함수와 최댓값을 구할 구간을 결정하기 위해 수학적 모델링을 수행해야 합니다. 이러한 과정은 실제 세계의 최적화 문제를 다룰 때도 마찬가지입니다. 다음 섹션에서는 치저화 이론의 이러한 용용에 초점을 맞추겠습니다.

4.6 최적화의 응용

이번 섹션에서는 앞서 살펴본 최적화 이론을 실제 세계의 문제에 응용해 보겠습니다. 이제부터 여러 가지 예를 살펴보겠습니다.

응용 예제 4.23

사람이 감기에 걸리면 면역 체계가 바이러스에 반응하여 결국 목구멍 뒤쪽에 굵은 점액이 축적된다. 기침은 기관지를 통해 공기를 밀어냄으로써 이러한 점액 배출을 돕는다. 기관지 모양을 원기둥으로 가정하면(실제로도 대략 그렇다), 기침을 하는 동안 기관지를 통과하는 공기의 속도 v는 다음과 같은 식으로 근사할 수 있다.

$$v(r) = k(r_0 - r)r^2, \quad \frac{r_0}{2} \leq r \leq r_0$$

여기서 $k > 0$은 상수이고, $r_0 > 0$은 본래 기관지의 반지름이다. $r_0 = 1\text{cm}$라고 가정할

---

3 하지만 지금까지 다룬 두 가지 기법에서는 건너뛴 경우를 처리하는 또 다른 절차들이 있습니다. 이러한 절차 중 일부는 다음 섹션에서 다룹니다.

때(대략 전형적인 성인의 기관지 기준), $v(r)$의 최댓값을 구하라. 그런 다음, 어떤 실험에서 기침을 하는 동안 $r \approx \frac{2}{3}r_0$이라는 결과를 얻었다면, 앞서 구한 최댓값 맥락에서 이러한 r값을 해석하라.

해답 $v(r) = k(1-r)r^2$은 닫힌 구간에서 정의된 연속 함수이므로(다항식), 박스 4.4의 절차를 따른다. 먼저 구간 안에서 임계수를 구한다. 이때 미분에는 곱의 법칙을 이용한다.

$$v'(r) = k(-1)r^2 + k(1-r)(2r) = kr(2-3r)$$

따라서 $v'(r) = 0$일 때 $r = 0$ 또는 $r = 2/3$이다. $r = 0$은 구간 안에 있지 않으므로 이러한 임계수는 제외한다. 다음으로 임곗값과 함께 $v(1/2)$, $v(1)$을 구한다.

$$v\left(\frac{1}{2}\right) = \frac{1}{8}, \quad v\left(\frac{2}{3}\right) = \frac{4}{27}, \quad v(1) = 0$$

마지막으로 최댓값을 구해야 하므로 이들 y값 중 가장 큰 값을 찾는다. $\frac{4}{27} > \frac{1}{8}$이므로 관심 있는 구간에서 $v(r)$의 최댓값은 $r = \frac{2}{3} = \frac{2}{3}r_0$에서 발생한다. 이는 실험을 통해 얻은 결과와 일치한다. 따라서 우리는 기침을 하는 동안 공기를 밀어내는 속도를 최대로 하고자 기관지를 수축한다는 것을 알 수 있다.

또한 최적화는 제품을 디자인하고 출퇴근 비용을 최소화하는 데도 유용합니다. 예제를 통해 살펴봅시다.

예제 4.24 그림 4.14와 같은 원기둥 모양의 음료 캔을 생각해 보자. 이러한 캔이 알루미늄으로 만들어졌고 21.65 세제곱인치의 부피(대략 12온스)를 담을 수 있다면, 이러한 캔을 만들 때 사용하는 알루미늄의 양을 최소화할 수 있는 원기둥의 차원은 얼마인가?

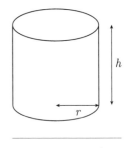

그림 4.14

해답 이번에는 최소화할 함수(그리고 구간)를 찾아내야 한다. 핵심 아이디어는 '사용한 알루미늄의 양은 캔의 겉넓이에 달렸다'는 점이다. 따라서 사용하는 알루미늄을 최소화하려면 원기둥 모양 캔의 겉넓이를 최소로 만들어야 한다. **그림 4.14**를 참고하면 캔의 겉넓이 S는 밑면과 옆면, 아랫면 넓이의 합이므로 다음과 같다.

$$S = \pi r^2 + 2\pi rh + \pi r^2 = 2\pi r^2 + 2\pi rh \qquad \textbf{4.15}$$

여기서 r과 h는 인치 단위다. 이제 캔의 부피가 21.65여야 하고 원기둥의 부피는 $V = \pi r^2 h$이므로 다음 식을 얻는다.

$$\pi r^2 h = 21.65 \qquad \textbf{4.16}$$

이 식을 h에 대해 풀고 결과를 식 **4.15**에 대입하면 다음과 같다.

$$S(r) = 2\pi r^2 + 2\pi r \left(\frac{21.65}{\pi r^2} \right) = 2\pi r^2 + \frac{43.3}{r}$$

이제 r의 구간을 구해야 한다. 0.5인치보다 작으면 손에 들기 어려우므로, 안전하게 $r \geq 0.5$라고 가정하자. 또한 1인치보다 낮은 높이의 음료 캔은 아무도 원하지 않을 것이다. 이때 $h \geq 1$이면 식 **4.16**에 따라 $r \leq 2.63$이므로 너그럽게 $r \leq 3$으로 가정하자. 그러면 이렇게 얻은 함수와 구간은 다음과 같다.

$$S(r) = 2\pi r^2 + \frac{43.3}{r}, \quad 0.5 \leq r \leq 3$$

이제 박스 4.4의 절차를 적용해보자. 먼저 구간 안에서 임계수를 구한다.

$$S'(r) = 4\pi r - \frac{43.3}{r^2} \quad \text{따라서} \quad S'(r) = 0 \quad \Rightarrow \quad r^3 = \frac{43.3}{4\pi}$$

그러므로 $r = \sqrt[3]{43.3 / (4\pi)} \approx 1.5$인치가 유일한 임계수이다. 임곗값과 양끝 점의 값을 구한다.

$$S\left(\sqrt[3]{\frac{43.3}{4\pi}} \right) \approx 43, \quad S(0.5) \approx 88, \quad S(3) \approx 71$$

여기서 첫 번째 수가 셋 중에 가장 작으므로 $S(r)$의 최솟값은 임계수, 즉 $r \approx 1.5$에서 발생한다. 이에 해당하는 높이는 식 **4.16**을 이용하면 다음과 같다.

$$h = \frac{21.65}{\pi r^2} \approx 3$$

따라서 12온스의 캔은 대략 3인치의 지름과 3인치의 높이일 때 사용하는 알루미늄의
양을 최소화할 수 있다.

응용 예제 4.25 여러분이 집(**그림 4.15**의 점 A)을 떠나 직선으로 뻗은 길을 따라 5마일 이동하여 회사
(점 C)에 간다고 하자. 어느날 여러분은 집으로부터 점 B로 뻗은 3마일 거리의 또 다
른 직선 도로가 있고 결국 B에서 4마일 거리의 직선 도로로 회사(점 C)까지 이어진
다는 것을 알게 되었다(**그림 4.15** 참고). 또한 이때 AB 사이의 어느 지점에서나 바로
점 C로 향하는 샛길이 있다고 하자. 이 상황에서 미적분을 배운 여러분은 다음과 같
은 아이디어를 떠올릴 수 있다. '사용하는 연료의 양을 최소화하는 경로를 구해볼까?'

물론, 그러려면 도로에 따라 연비가 달라
야 한다. 여기서는 AB 도로를 달릴 때는
연비가 30마일/갤런이고, C로 향하는 도
로(샛길 포함)를 달릴 때는 연비가 20마
일/갤런이라고 가정하자. 그렇다면 사용
하는 연료의 양을 최소하려면 AB 도로
를 얼마나 주행해야 할까?

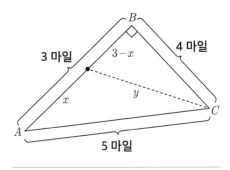

그림 4.15 예제 4.25와 관련된 주행 가능한 경로

해답 AB 도로를 따라 x마일을 달리고 C를 향해 y마일을 달릴 때 사용한 연료의
양(갤런)을 g라고 하자. 그러면 다음 식이 성립한다.

$$g = \frac{x}{30} + \frac{y}{20}$$

그리고 그림의 기하학으로부터 다음 식을 얻을 수 있다(이 식은 피타고라스 정리로부
터 나왔다).

$$y^2 = 4^2 + (3-x)^2$$

따라서 다음과 같이 g를 x의 함수로 표현할 수 있다.

$$g = \frac{x}{30} + \frac{\sqrt{16 + (3-x)^2}}{20} \quad \textbf{4.17}$$

이제 x의 구간이 필요하다. **그림 4.15**에 따르면 $0 \le x \le 3$이다. 다음으로 박스 4.4의 절차를 적용하여 연쇄 법칙으로 미분을 구한다.

$$g' = \frac{1}{30} + \frac{1}{20}\left[\frac{1}{2}[16 + (3-x)^2]^{-1/2}(2(3-x))(-1)\right]$$

$$= \frac{1}{30} + \frac{x-3}{20\sqrt{16 + (3-x)^2}} \quad \textbf{4.18}$$

$g'(x) = 0$으로 설정하고 정리하면 다음과 같다.

$$\frac{x-3}{20\sqrt{16+(3-x)^2}} = -\frac{1}{30} \quad \Rightarrow \quad 3-x = \frac{2}{3}\sqrt{16 + (3-x)^2}$$

양변을 제곱하고 정리하면 다음과 같다.

$$(3-x)^2 = \frac{64}{5} \quad \Rightarrow \quad x = 3 \pm \frac{8}{\sqrt{5}}$$

$3 + 8 / \sqrt{5} \approx 6.6$과 $3 - 8 / \sqrt{5} \approx -0.6$ 모두 구간 $[0, 3]$ 바깥에 있으므로 이들 임계수는 제외한다. 이제 남은 절차는 $g(0)$과 $g(3)$을 계산하는 것이다.

$$g(0) = 0.25, \qquad g(3) = 0.3$$

$g(0)$이 더 작은 숫자이므로 연료 사용을 최소화하는 경로는 회사로 향하는 내내 AC 길을 따라 달리는 것이다. 이때 연료는 0.25갤런을 소비한다.

> **공정한 미적분**
> 부록 B의 응용 예제 B.3에서는 최적화 이론을 이용하여 어떻게 피자와 같이 나눌 수 있는 양을 둘에게 최적으로 나눠줄 수 있는지를 다룬다.

지금까지 몇 가지 최적화 문제를 살펴봤습니다. 보았듯이 몇몇 문제는 다른 문제보다 어렵습니다. 특히 앞선 두 예제는 다음과 같은 어려운 최적화 문제의 공통된 특징을 지니고 있습니다.

- 최적화할 방정식을 구해야 한다. 이러한 방정식을 **목적 함수**(objective function)라 부른다.

- 목적 함수에 쓰인 변수 사이에는 성립하는 관계가 있다. 이러한 관계를 **제약**(constraints)이라 부른다.

- 관심 있는 구간이 주어지지 않는다. 문제에서 모델링하는 특정 물리적 상황에 기반하여 구간을 구해야 한다.

목적 함수와 제약, 구간을 찾아내는 것은 모든 최적화 문제에서 가장 어려운 부분입니다. 이는 섹션 4.1의 상관 비율 문제에서 다뤘던 수학적 모델링 단계와 비슷합니다. 박스 4.1과 유사하게 최적화 문제를 해결하는 데 도움되는 다음과 같은 비교적 간단한 절차가 있습니다.

 박스 4.5 닫힌 구간에서 최적화 문제 해결하기

1. 가능하다면 그림으로 표현하고, 문제의 변수를 식별한다. 이렇게 하면 문제를 시각화하는 데 도움된다.

2. 목적 함수의 단서가 되는 키워드를 찾는다. 예를 들어 '면적 최소화'라는 말은 목적 함수가 면적이라는 뜻이고, 다음 단계는 문제에 존재하는 영역을 식별하는 것이 된다.

3. 제약을 확인한다(존재한다면). 앞서 그린 그림으로부터 얻을 수도 있고 변수를 설명하는 부분을 자세히 읽어서 얻을 수도 있다(예를 들어 '최대한'과 같은 말은 가능한 최댓값을 나타낸다).

4. 그림과 함께 제약식을 이용하여(존재한다면) 구간을 파악한다.

5. 닫힌 구간이고 목적 함수가 연속이라면, 박스 4.4의 절차에 따라 최댓값과 최솟값을 구한다.

6. 문제의 답을 제대로 구했는지 확인한다. 어떤 문제에서는 실제 최솟값을 묻기도 하고, 다른 문제에서는 최솟값 해의 차원을 묻기도 한다. 적절한 답을 구했는지 확인해야 한다(필요하다면 단위도 포함).

다음과 같은 연관 문제를 풀 때 이러한 절차를 사용해보기 바랍니다.

연관 문제　29-30, 32, 34-36

초월 함수 이야기

부록 A의 연습문제 19에서는 풋볼(미식축구 공)의 높이를 시간의 함수로서 살펴봅니다 (공기 저항은 무시). 여기서는 풋볼이 날아가는 최대 거리(NFL 쿼터백의 최고 관심사)를 어떻게 구할 수 있을지 살펴봅시다.

응용 예제 4.26　충분히 무거운 물체(즉, 깃털은 안 됨)를 공기 중에 던지는데, 초기 속도를 v_0(ft/s), 땅과 이루는 각도를 $\theta(0 \leq \theta \leq \pi/2)$라고 가정한다. 물체가 처음 출발한 초기 높이로 다시 돌아올 때까지 날아간 수평 거리를 R이라 하자(이러한 R을 발사체의 **사정거리** (range)라고 한다). 이때 공기 저항을 무시하면 다음 식이 성립한다.

$$R(\theta) = \frac{v_0^2}{g}\sin(2\theta), \quad 0 \leq \theta \leq \frac{\pi}{2}$$

여기서 $g \approx 32\text{ft/s}^2$는 중력가속도다.

(a) R의 임계수를 구하라.

(b) 미적분을 이용하여 최대 사정거리가 되는 각도 θ를 구하라. 최대 사정거리는 얼마 인가?

해답

(a) 먼저 R을 미분한다.

$$R'(\theta) = \frac{v_0^2}{g}\cos(2\theta)(2) = \frac{2v_0^2}{g}\cos(2\theta)$$

이러한 도함수는 연속 함수이고 임계수는 $R'(\theta) = 0$일 때뿐이다. 그러면 $\cos(2\theta) = 0$이 되고 $\cos$ 함수는 구간 $[0, \pi/2]$에서 단 한 번, $\pi/2$에서만 0이 된다. 따라서 임계수는 $\theta = \pi/4$뿐이다.

(b) 박스 4.4의 절차에 따라 계산하면 다음과 같다.

$$R(0) = 0, \quad R\left(\frac{\pi}{4}\right) = \frac{v_0^2}{g}, \quad R\left(\frac{\pi}{2}\right) = 0$$

따라서 R은 $\theta = \pi/4$에서 최댓값을 갖는다. 그러므로 45도 각도로 던져야 최대 사정거리를 얻는다(공기 저항은 무시). 이때 최대 사정거리는 v_0^2 / g이다. 이는 물체를 던지는 초기 속도 v_0의 이차 함수이다. 따라서 쿼터백이 x배만큼 공을 던지는 속도를 올리면, 사정거리는 x^2배만큼 증가하게 된다.

> **자산의 최적 보유 기간**
> 부록 B의 응용 예제 B.4에서는 최적화 이론을 이용하여 가치 있는 자산의 최적 보유 기간을 구한다(지수 함수와 관련된 수학을 사용한다).

> **혈관의 최적 분기**
> 부록 B의 응용 예제 B.5에서는 최적화 이론을 이용하여 혈관의 분기점에서 혈액 흐름의 저항을 최소화하는 각도를 구한다.

연관 문제 | 47, 49, 58-61

팁과 아이디어, 핵심

먼저 크게 외치고 시작합시다. 최적화 문제는 가장 어려운 미적분 문제다. 앞선 예제들을 풀어봤다면 왜 그런지 알 수 있습니다. 최적화 문제에는 지금까지 배운 거의 모든 지식을 사용해야 합니다. 게다가 대부분 수학적 모델링 단계를 품고 있어서 여러분 스스로 목적 함수와 구간을 구해야 합니다. **핵심**: 포기하지 마세요. 연습, 그리고 또 연습하세요.

최적화 이론은 미적분 학습의 이정표입니다. 지금까지 이를 살펴봤으니 이제 다음 섹션에서 다룰 내용을 소개하겠습니다. 먼저 앞선 3장의 마지막 섹션에서 다뤘던 고계 미분을 떠올려봅시다. 그중에 특히 이계 미분은 극값을 찾는 데 도움이 됩니다. 게다가 f''이 그래프의 곡률을 나타낸다는 새로운 통찰도 얻을 수 있습니다.

$f'(a)$가 점 $(a, f(a))$에서 f 그래프 위의 접선이었던 점을 떠올려 봅시다. $f''(a)$도 비슷한 방식으로 해석해 볼까요? 그러려면 먼저 기본으로 돌아가서 $f'(x)$가 어떻게 변하는지 묘사해 보는 것이 도움됩니다. 정리 4.1에서 모든 f를 f'으로 대체하여 얻은 다음 정리를 통해 통찰을 얻을 수 있습니다.

정리 4.6

함수 f가 구간 (a, b)에서 두 번 미분 가능하다고 하자. 그러면 다음이 성립한다.

(a) 구간 (a, b)의 모든 x에 대해 $f''(x) > 0$이면 f'은 해당 구간에서 증가한다.

(b) 구간 (a, b)의 모든 x에 대해 $f''(x) < 0$이면 f'은 해당 구간에서 감소한다.

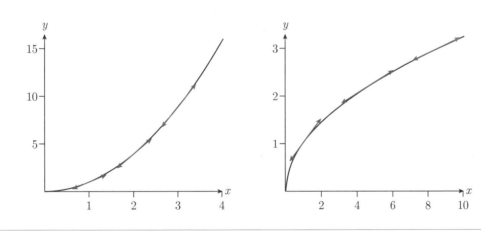

그림 4.16 함수와 몇몇 접선을 함께 나타낸 그래프. ⓐ $f(x) = x^2$ (아래로 볼록), ⓑ $g(x) = \sqrt{x}$ (위로 볼록)

이러한 정리를 표현한 것이 **그림 4.16**입니다. **그림 4.16** ⓐ에서 $f''(x) = 2$이고 항상 양수입니다. 그러면 정리에 따라 x값이 증가함에 따라 $f'(x)$는 증가합니다(즉, f의 접선이 점점 더 가파르게 됩니다). **그림 4.16 ⓑ**에서 $f''(x) = -(1/4)x^{-3/2}$이고 $x > 0$일 때 항상 음수입니다. 그러면 정리에 따라 x값이 증가함에 따라 $f'(x)$는 감소합니다(즉, f의 접선이 점점 더 완만하게 됩니다).

이제 다시 선형화를 떠올려 봅시다. $x = a$ 근처에서 f의 그래프는 $x = a$에서 접선의 그래프와 크게 다르지 않습니다. 따라서 정리 4.6에서 'f'은 해당 구간에서 증가한다.'라는 표현을 'f의 그래프가 해당 구간에서 위로 휜다(아래로 볼록).'로 대체할 수 있습니다(**그림 4.16 ⓐ** 참고). 이를 새로운 용어로 하여 정리 4.6을 다시 쓰면 다음과 같습니다.

정의 4.5   **함수의 요철(볼록, 오목)**

f를 구간 I에서 정의된 함수라 하자. 그러면 다음과 같이 말한다.

(a) f의 그래프가 접선의 그래프보다 위에 있으면, f는 **아래로 볼록**(또는 위로 오목)하다고 한다.

(b) f의 그래프가 접선의 그래프보다 아래에 있으면, f는 **위로 볼록**(또는 아래로 오목)하다고 한다.

정리 4.7 ?..!   **요철 테스트**

f를 구간 I에서 정의된 함수라 하자. 그러면 다음이 성립한다.

(a) 구간 I의 모든 x에 대해 $f''(x) > 0$이면 f는 구간 I에서 아래로 볼록하다.

(b) 구간 I의 모든 x에 대해 $f''(x) < 0$이면 f는 구간 I에서 위로 볼록하다.

그림 4.16 ⓐ와 **ⓑ**에서 볼 수 있듯이 아래로 볼록이면 그래프가 마치 'U'자 모양이고 위로 볼록이면 '∩' 모양입니다. 따라서 첫 번째 핵심은 f''이 그래프의 곡률을 나타낸다는 것입니다. 즉, $f''(x) > 0$일 때 그래프는 위로 휘어서 'U'자 모양이고, $f''(x) < 0$일 때 그래프는 아래로 휘어서 '∩' 모양입니다.

이렇게 f''의 부호가 f의 그래프가 어떻게 휘는지 정보를 제공한다면, f''의 수치 값은 곡률 자체를 나타냅니다. 이를 **그림 4.17**에 세 가지 포물선으로 나타냈습니다. 그림을 보면

$f''(x) = 1/2$, $g''(x) = 2$, $h''(x) = 8$이고 f에서 h로 갈수록 포물선의 그래프가 더 휘어진다는 것을 알 수 있습니다. 따라서 두 번째 핵심은 $f''(x)$값이 클수록 그래프가 더 휜다는 것입니다. (이러한 정보를 f'으로부터 얻은 정보, 즉 f'은 f 그래프의 기울기(가파름의 정도)라는 점과 비교해 봅시다.)

f''을 f'과 비교하는 마지막 단계가 더 남았습니다. 이번 장에서 앞뒤에서 $f'(x)$의 부호가 변하는 x값에는 극값이라는 의미가 있다고 배웠습니다. 마찬가지로 앞뒤에서 $f''(x)$의 부호가 변하는 x값에도 의미가 있습니다. 즉, 해당 x값은 f 그래프의 요철(아래로 볼록, 위로 볼록)이 바뀌는 중요한 지점이며 이러한 개념에는 특별한 이름이 있습니다.

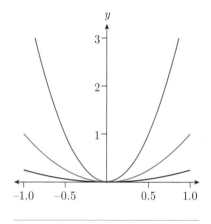

그림 4.17 $f(x) = \frac{1}{4}x^2$, $g(x) = x^2$, $h(x) = 4x^2$

정의 4.6 **변곡점**

> $x = c$를 지날 때 f의 그래프가 요철이 변하면, f는 $x = c$에서 **변곡점**(inflection point)을 갖는다.

---

f'에 사용했던 부호 차트를 이용하면 변곡점을 구할 수 있습니다. 먼저 $f''(x)$를 구하고 $f''(x)$가 0이 되거나 존재하지 않는 점을 찾습니다. 이러한 x값들을 '변곡점 후보'라 부르겠습니다(이러한 x값은 f'의 임계수입니다). 그리고 나서 테스트할 점을 골라 부호 차트를 사용하여 각 변곡점 후보를 지날 때 $f''(x)$의 부호가 바뀌는지 조사합니다. 부호가 바뀌면 정리 4.7에 따라 곡선의 요철이 바뀜을 알 수 있고, 바로 그 후보가 변곡점이 됩니다.

예제 4.27 예제 3.13에서 다뤘던 함수 $f(x) = x^3 - 3x$를 다시 살펴보자.

(a) f가 위로 볼록/아래로 볼록한 구간은 어디인가?

(b) 변곡점을 구하라.

(a) 거듭제곱 법칙에 따라 $f'(x) = 3x^2 - 3$, $f''(x) = 6x$이다. $x > 0$에서 $f''(x) > 0$이므로, 정리 4.7에 따라 $x > 0$에서 f의 그래프는 아래로 볼록이다. 마찬가지로 $x < 0$에서 $f''(x) < 0$이므로, $x < 0$에서 f의 그래프는 위로 볼록이다.

(b) 변곡점 후보는 $x = 0$뿐이다($f''(x) = 6x$가 0이 되거나 존재하지 않는 x값은 0 하나뿐이다). $x < 0$에서 $f''(x) < 0$이고 $x > 0$에서 $f''(x) > 0$이므로, $x = 0$을 지날 때 $f''(x)$의 부호가 바뀐다. 따라서 $x = 0$이 하나뿐인 변곡점이다.

이러한 결과를 **그림 4.18 ⓐ**에 나타냈습니다. $x = 0$을 지날 때 그래프의 모양이 '$\cap$'에서 'U'으로 바뀌는 점을 확인하기 바랍니다. 이러한 변화는 f''의 부호가 바뀔 때와 관련 있습니다 (**그림 4.18 ⓑ** 참고).

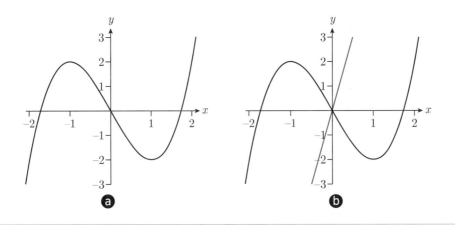

그림 4.18 ⓐ $f(x) = x^3 - 3x$, ⓑ $f(x) = x^3 - 3x$와 $f''(x) = 6x$(파란 선)

또한 **그림 4.18 ⓐ**를 보면 f는 $x = -1$에서 극댓값을 갖고, $x = 1$에서 극솟값을 갖는다는 것을 알 수 있습니다. 이들 점에서 각각 $f''(-1) < 0$이고 $f''(1) > 0$입니다. 이것이 이계 미분과 극값을 연결짓는 힌트가 됩니다. 자세한 내용은 다음 정리에서 살펴봅시다.

f''이 c를 포함한 구간에서 연속이라고 하고, $f'(c) = 0$이라고 하자. 그러면 다음이 성립한다.

(a) $f''(c) > 0$이면 f는 c에서 극솟값을 갖는다.

(b) $f''(c) < 0$이면 f는 c에서 극댓값을 갖는다.

이 정리의 유용성은 극값을 조사할 때 부호 차트(정리 4.2의 일계 미분 테스트에서 사용한)가 필요없다는 점입니다. 대신에 정리 4.8에서는 $f''(x)$를 계산하고 $f'(x) = 0$으로 놓고 구한 임계수를 대입하면 됩니다. 하지만 여기서 이러한 정리의 가정을 놓쳐서는 안 됩니다. 즉, $x = c$ 근처에서 f''이 연속이고 $f'(c) = 0$이어야 합니다. 따라서 일계 미분 테스트를 이보다 더 광범위하게 적용할 수 있습니다. **핵심**: 만약 이계 미분을 쉽게 구할 수 있고(예를 들어 다항식) 이계 미분 테스트의 가정을 만족한다면 이를 사용합니다. 아니라면 극값을 조사하는 데 일계 미분 테스트를 사용합니다.

> **정치학에서 세제곱 법칙**
> 부록 B의 응용 예제 B.6에서는 이계 미분에 대한 이러한 결과를 활용하여 정치학에서의 '세제곱 법칙(cube rule)'을 설명한다. 세제곱 법칙이란 미국 대통령 선거에서 대중에게 받은 득표율과 대통령이 속한 당이 얻는 하원 의석 비율을 관련 짓는 것이다.

연관 문제 | 17-20, 37(b), 38(b)

초월 함수 이야기

예제 4.28 예제 4.13과 4.14에서 다룬 다음 함수 f와 g의 요철(아래로 볼록, 위로 볼록) 구간과 변곡점을 구하라.

(a) $f(x) = e^{2x} + e^{-x}$

(b) $g(x) = \sqrt{x}\ln x$

(a) 앞서 이미 $f'(x) = 2e^{2x} - e^{-x}$를 구했다. 이제 f의 요철을 확인하고자 $f''(x)$를 구한다.

$$f''(x) = 4e^{2x} + e^{-x} = \frac{4e^{3x} + 1}{e^x} > 0$$

모든 x에 대해 $f''(x) > 0$이므로 정리 4.7에 따라 f는 모든 x에 대해 아래로 볼록하고 따라서 변곡점은 없다. 이는 **그림 4.10 ⓐ**와도 일치한다.

(b) 앞서 이미 $g'(x) = \frac{2 + \ln x}{2\sqrt{x}}$를 구했다. 이제 g의 요철을 확인하고자 몫의 법칙을 이용하여 $g''(x)$를 구한다.

$$g''(x) = \frac{\frac{1}{x}(2\sqrt{x}) - \frac{\ln x + 2}{\sqrt{x}}}{4x} = -\frac{\ln x}{4x^{3/2}}$$

g의 정의역인 $x > 0$에 대해서만 생각하므로, 가능한 변곡점 후보는 $g''(x) = 0$일 때뿐이다. 그러면 $\ln x = 0$이 되고 이때 $x = 1$이다. 테스트할 점으로 $x = 0.5$와 $x = 2$를 이용하면 다음 부호 차트를 얻는다.

$$g''(x): \quad + + + + + \quad | \quad - - - - - $$
$$1$$

정리 4.7에 따라 g는 구간 $(0, 1)$에서 아래로 볼록하고 구간 $(1, \infty)$에서 위로 볼록하다. 따라서 $x = 1$이 유일한 변곡점이다. 이는 **그림 4.10 ⓑ**와도 일치한다.

전염병의 확산
부록 B의 응용 예제 B.7에서는 **로지스틱 방정식**(logistic equation)을 살펴본다. 로지스틱 방정식은 감기 등의 전염병의 확산과 같은 다양한 분야에 응용할 수 있는 개체군 성장에 대한 수학적 모델이다.

연관 문제 | 39-42(그중에 (e)만 해당), 43(b), 44(b), 46(b), 48(d)

$f(x) = 2\cos x + \cos^2 x$라 하고 $0 \le x \le 2\pi$라 하자(예제 4.15와 같은 함수다). 이 함수의 요철(아래로 볼록, 위로 볼록) 구간과 변곡점을 구하라.

해답 앞서 이미 $f'(x) = -2(\sin x + \sin x \cos x)$를 구했다. 이제 f의 요철을 확인하고자 $f''(x)$를 구한다.

$$f''(x) = -2(\cos x + \cos^2 x - \sin^2 x)$$

$f''(x)$가 정의되지 않는 곳은 없으므로 변곡점 후보는 $f''(x) = 0$일 때뿐이다.

$$\cos x + \cos^2 x - \sin^2 x = 0$$

여기서 $\sin^2 x = 1 - \cos^2 x$를 이용하면 다음 식을 얻는다.

$$2\cos^2 x + \cos x - 1 = 0$$

이는 이차 방정식 형태다. $z = \cos x$로 놓으면 $2z^2 + z - 1 = 0$이 되고, 인수분해하면 $(2z-1)(z+1) = 0$이 된다. 해는 $z = -1$과 $z = 1/2$이므로 $\cos x = -1$과 $\cos x = 1/2$이 된다. 구간 $[0, 2\pi]$에서 이 식의 해는 다음과 같다.

$$x = \frac{\pi}{3}, \quad x = \pi, \quad x = \frac{5\pi}{3}$$

테스트할 점으로 $x = \pi/4$, $x = \pi/2$, $x = 3\pi/2$를 고르면 부호 차트는 다음과 같다.

$$f''(x): \quad -- \quad ++ \quad \Big| \quad ++ \quad -- $$
$$0 \qquad \frac{\pi}{3} \qquad \pi \qquad \frac{5\pi}{3} \qquad 2\pi$$

이제 정리 4.7에 따라 f는 구간 $(0, \pi/3)$와 $(5\pi/3, 2\pi)$에서 위로 볼록하고 구간 $(\pi/3, 5\pi/3)$에서 아래로 볼록하다. 따라서 $x = \pi/3$와 $x = 5\pi/3$가 변곡점이다. 이는 **그림 4.10** ❸와도 일치한다.

연관 문제   53-56(그중에 (e)만 해당), 61(c)

4.8 끝으로

이로써 미분에 대한 학습을 마쳤습니다. 항상 마치고 나면 더 할 말이 생기지만, 지금까지 배운 것들로도 미분과 응용을 이해하기에는 충분하다고 생각합니다. 특히 이번 장에서는 미적분의 동적 사고 방식과 미분은 변화를 측정한다는 개념을 제대로 다뤘습니다.

다음 장에서는 1장에서 언급했던 세 가지 어려운 문제 중에 마지막, 즉 '곡선 아래의 면적 문제'를 살펴보겠습니다. 이 문제를 풀면서 우리는 미적분 이야기의 마지막 주요 등장인물, 즉 적분(integral)을 만나게 됩니다. 그리고 적분은 곡선 아래의 면적을 구한다는 순수 기하학 문제로부터 출발해서 미분과는 무관해 보이지만, 실제로는 미분과 밀접한 관련이 있음을 살펴봅니다. 그 결과로 얻는 미분과 적분을 잇는 '미적분의 기본 정리'가 미적분의 최고 성취입니다.

연습문제

→ 정답 325쪽

1-4: 다음 함수에 디헤 지정된 a값에서 선형화 함수 $L(x)$를 구하시오.

1. $f(x) = (x-1)^2$, $a = 1$

2. $f(x) = \sqrt{x}$, $a = 1$

3. $f(x) = \dfrac{1}{x}$, $a = 1$

4. $f(x) = x^3$, $a = 2$

5-8: 선형화를 이용하여 다음 수의 근삿값을 구하시오. 그리고 실제 값과 결과를 비교하시오.

5. $\sqrt{10}$

6. $(1.01)^6$

7. $\dfrac{1}{\sqrt{3}}$

8. $\sqrt[3]{2}$

9-12: 다음 함수가 (a) 증가하는 구간, (b) 감소하는 구간을 구하시오. 그리고 (c) 임계수, (d) 함수의 극값을 찾으시오.

9. $f(x) = 2x^3 + 3x^2 - 36x$

10. $f(x) = x + \dfrac{1}{x}$

11. $f(x) = x^4 - 2x^3 - x^2 + 2x$

12. $f(x) = \dfrac{x^2}{x+3}$

13-16: 주어진 구간에서 다음 함수가 (a) 최댓값을 갖는 x값, (b) 최솟값을 갖는 x값을 구하시오.

13. $f(x) = x^3 - 3x + 1,$ $\qquad [0, 3]$ $\qquad$ **14.** $f(x) = x^4 - 2x^2 + 3,$ $\qquad [-2, 3]$

15. $f(x) = (x^2 - 1)^3,$ $\qquad [0, 1]$ $\qquad$ **16.** $f(x) = \dfrac{x}{x^2 + 1},$ $\qquad [0, 2]$

17-20: 다음 함수 f가 (a) 아래로 볼록한 구간, (b) 위로 볼록한 구간을 구하고, (c) 변곡점(있다면)을 구하시오.

17. $f(x) = 2x^3 - 3x^2 - 12x$ $\qquad$ **18.** $f(x) = 2 + 3x - x^3$

19. $f(x) = 2 + 2x^2 - x^4$ $\qquad$ **20.** $f(x) = x\sqrt{x + 3}$

21. 음료수 안의 정육면체 얼음 조각이 녹고 있다. 이때 정육면체 한 변의 길이가 2cm/minute의 일정한 비율로 감소하고 있다고 가정하자. 정육면체 한 변의 길이가 1/3cm인 순간, 정육면체의 부피는 얼마나 빠르게 감소하고 있는가?

22. 반지름 20cm인 원기둥 모양의 탱크에 물이 가득 차 있다. 이제 원기둥의 밑면에 작은 구멍을 뚫어 물이 25cm³/s의 비율로 흘러나오기 시작했다고 하자. 이때 탱크의 수위는 얼마나 빠르게 떨어지고 있는가?

23. 22번 문제와 같은 상황인데 탱크의 반지름이 1m, 물이 흘러나오는 비율이 초당 3리터라고 하자. 이때 탱크의 수위는 얼마나 빠르게 떨어지고 있는가?

24. 야구에서 주자가 1루에 나가 있다. 타자가 공을 치는 순간 주자는 1루에서 출발하여 2루로 달리기 시작한다. 이때 주자는 15ft/s의 속도로 달린다고 가정하자. 야구장의 다이아몬드가 실

제로는 각 변이 90ft인 정사각형임을 이용하여 주자가 1루와 2루 사이 절반의 위치에 있을 때 주자가 3루로부터 떨어진 거리가 변하는 비율을 구하시오.

25. 창고에서 곡물 운반을 준비하고 있다. 컨베이어 벨트에서는 초당 15cm³의 비율로 곡물을 트럭에 붓고 있다. 트럭에 쌓인 곡물 더미가 밑변의 반지름과 높이가 똑같은 원뿔이라고 가정한다면, 곡물 더미의 높이가 3cm일 때 높이는 얼마나 빨리 변하고 있는가?

26. 공원에서 풍선을 들고 있던 아이가 풍선을 놓는다. 풍선은 5m/s의 일정한 속도로 떠오른다. 풍선이 50m 높이에 다다랐을 때 그 아래로 강아지가 10m/s의 속도로 일직선으로 지나간다. 2초 후에 강아지와 풍선 사이의 거리는 얼마나 빠르게 변하고 있는가?

27. 여러분과 동생이 방금 가족 모임을 마쳤다. 둘 다 차를 타고 같은 장소에서 동시에 출발하여 각자 집으로 향한다. 여러분은 시속 30마일로 북쪽으로 향하고, 동생은 시속 40마일로 동쪽을 향한다. 1시간 후 두 사람 사이의 거리가 변하는 비율을 구하시오.

28. 18ft 높이의 가로등을 상상해보자. 6ft 키의 사람이 가로등 아래를 지나 식당으로 걸어간다. 이 사람이 5ft/s의 속도로 걷고 있다면 그림자는 얼마나 빠르게 길어지는가?

29. 아쿠아슬론(Aquathlon): 아쿠아슬론은 수영과 달리기로 구성된 경주 종목이다. 마리아가 아쿠아슬론에 참가했다고 가정하자. 마리아는 폭이 2마일인 강의 북쪽 기슭에서 시작하고 결승선은 강의 남쪽 기슭에서 동쪽으로 6마일 떨어져 있다. 마리아는 시속 5마일의 속도로 수영하고 시속 10마일의 속도로 달릴 수 있다. 아쿠아슬론은 완주하는 데 걸리는 시간을 최소화하려면 마리아는 강의 남쪽 기슭의 어느 지점으로 수영해야 하는가?

30. 야구 티켓 수익 최대화: 미국에서 가장 오래된 야구장인 펜웨이파크는 약 38,000명의 관중을 수용할 수 있다. 평균 티켓 가격이 $100이고(티켓에는 여러 등급이 있음), 이때 시즌 동안 평균 관중이 25,000명이라고 가정하자. 이제 보스턴 레드삭스 팀이 여론 조사를 통해 평균 티켓 가격이 $10 하락할 때마다 평균 관중이 1,000명 증가할 것이라는 결론을 얻었다고 가정하자.

(a) 평균 관중 x에 대한 선형 함수로서 평균 티켓 가격 p를 구하시오.

(b) 티켓 x장을 팔았을 때 얻는 수익은 $R(x) = xp(x)$이다. (a)번의 답을 이용하여 수익을 최대화할 수 있는 평균 티켓 가격을 구하시오.

31. **아마존(Amazon.com)의 평균 수익:** 아마존에서는 수많은 물건을 판다. 특정 상품(예를 들어 샴푸)을 x단위만큼 팔 때 얻는 아마존의 수익을 $R(x)$라 하자. 아마존 같은 회사는 수익을 극대화하기 위해 자주 가격을 조정한다. 이때 그들이 살피는 지표 중 하나로 제품의 평균 수익 $\bar{R}(x) = R(x) / x$가 있다.

(a) $\bar{R}'(x)$를 구하시오.

(b) $\bar{R}(x)$의 임계수는 $x = 0$과 $R'(x) = \bar{R}(x)$를 만족하는 x값임을 보이시오. 그리고 $R'(x) = \bar{R}(x)$를 해석하시오.

32. **혈류의 최대 속도:** 동맥에서 거의 원통 모양인 부분을 통과하는 혈액의 속도 v는 다음과 같이 근사할 수 있다.

$$v(r) = k(R^2 - r^2)$$

여기서 k는 상수, R은 동맥의 반지름, r은 동맥의 중심축으로부터의 거리다(이러한 v 방정식은 푸아죄유의 법칙(Poiseuille's Law)으로 알려져 있다). 최대 혈류 속도는 동맥의 중심축을 따라 발생함을 보이시오.

33. **중력 가속도:** 3장 연습문제 45번으로 돌아가 미분의 선형화 해석을 이용하여 $g'(0)$을 해석하시오.

34. 더해서 100이 되는 두 수를 x, y라 하자. 그들의 곱 xy의 최댓값을 구하시오. 최솟값도 존재하는가? 간단히 설명하시오.

35. 예제 4.24로 돌아가서 원기둥 모양의 음료수 캔의 부피를 V라고 가정하자. 이때 $h = 2r$(즉, 캔의 높이와 지름이 같음)에서 사용한 알루미늄 양이 최소가 됨을 보이시오.

36. 10ft 길이의 철사를 둘로 나눈다. 하나로는 정사각형을 만들고, 다른 하나로는 정삼각형을 만든다. A를 이들 도형 면적의 합이라고 할 때 A의 최솟값을 구하시오.

37. 일반적인 이차 방정식을 $f(x) = ax^2 + bx + c$(이때 $a \neq 0$)라 하자.

    (a) $a > 0$이면 $x = -\frac{b}{2a}$에서 극솟값을 갖고, $a < 0$이면 $x = -\frac{b}{2a}$에서 극댓값을 가짐을 증명하시오.

    (b) $a > 0$이면 f가 아래로 볼록하고, $a < 0$이면 f가 위로 볼록함을 증명하시오.

38. 일반적인 삼차 방정식을 $g(x) = ax^3 + bx^2 + cx + d$(이때 $a \neq 0$)라 하고 $D = b^2 - 3ac$라 하자.

    (a) 다음을 증명하시오: (1) $D > 0$이면 g는 2개의 임계수를 갖는다.

                                   (2) $D = 0$이면 g는 하나의 임계수를 갖는다.

                                   (3) $D < 0$이면 g는 임계수를 갖지 않는다.

    (b) g의 가능한 변곡점은 $x = -\frac{b}{3a}$일 때이고, g는 $D \geq 0$일 때만 변곡점을 가짐을 증명하시오.

지수 함수와 로그 함수 관련 연습문제

39-42: 각 함수에 대해 다음을 구하시오.

    (a) 증가, 감소하는 구간   (b) 임계수   (c) 극값 (있다면)

    (d) 구간 $[1, 2]$에서 최댓값과 최솟값   (e) 구간 $[1, 2]$에서 요철 구간과 변곡점 (있다면)

39. $f(x) = xe^{-x}$ **40.** $g(x) = e^x - x$

41. $h(t) = t^2 - 8\ln t$ **42.** $f(z) = \dfrac{2\ln z}{z^2}$

43. $f(x) = b^x$을 지수 함수라 하자.

(a) $f'(x) = (\ln b)b^x$이 주어질 때, 어째서 $b > 1$이면 모든 x에 대해 f가 증가하는지, 어째서 $0 < b < 1$이면 모든 x에 대해 f가 감소하는지 설명하시오. 또한 어째서 f에는 극값이 없는지도 설명하시오.

(b) $f''(x) = (\ln b)^2 b^x$이 주어질 때, 어째서 모든 x에 대해 f가 아래로 볼록한지 설명하시오. 또한 어째서 f에는 변곡점이 없는지도 설명하시오.

44. $g(x) = \log_b x$를 로그 함수라 하자.

(a) $g'(x) = \frac{1}{x \ln b}$이 주어질 때 $b > 1$일 때와 $0 < b < 1$일 때, 각각 증가하거나 감소하는 구간을 구하시오. 그리고 어째서 g에는 극값이 없는지도 설명하시오.

(b) $g''(x) = -\frac{1}{x^2 \ln b}$이 주어질 때 $b > 1$일 때와 $0 < b < 1$일 때, 각각 그래프의 요철 구간을 구하시오. 그리고 어째서 g에는 변곡점이 없는지도 설명하시오.

45. 양의 정수 n에 대해 함수 $f(x) = x^n e^{-x}$이라 하자.

(a) 0이 아닌 임계수는 $x = -1/n$뿐임을 보이시오.

(b) f는 (a)번에 있는 임계수에서 최댓값을 가짐을 보이시오.

46. 벨 곡선(Bell Curve): 다음과 같은 형태의 함수를 **정규 분포**라 부른다.

$$f(x) = \frac{1}{b\sqrt{2\pi}} e^{-(x-a)^2/(2b^2)}$$

여기서 $b > 0$와 a는 상수다. 정규 분포는 통계학에서 인간의 키, 학생의 시험 성적, IQ 등의 분포를 묘사하는 데 사용한다.

(a) f는 $x = a$에서 최댓값을 가짐을 보이시오. (이때 a를 분포의 **평균**이라 부른다.)

(b) f는 $x = a - b$와 $x = a + b$에서 변곡점을 가짐을 보이시오. (이때 b를 **표준편차**라 부른다.)

(c) 지금까지 결과를 이용하여 $a > 0$일 때 f의 그래프를 스케치하시오. 그러면 어째서 f의 그래프를 종종 '벨 곡선'이라고 부르는지 알 수 있다.

47. 우주의 기원: 우리 우주의 기원에 대한 일반적인 이론은 **빅뱅 이론**이다. 빅뱅 이론에서는 우리 우주가 한때 아주 작은 고밀도, 고온의 '특이점(singularity)'이었고, 이후 '빅뱅'이 일어나 오늘날 우리가 아는 우주로 빠르게 팽창하고 확장되었다고 한다. 이러한 팽창은 초기 고온 우주를 퍼뜨렸고 원자가 형성될 수 있는 더 낮은 온도의 환경을 만들었다. 오늘날 빅뱅으로부터 남은 열을 우주마이크로파배경복사(CMB, Cosmic Microwave Background Radiation)라 부른다. CMB 복사의 온도는 약 2.7K(켈빈)으로 거의 일정하지만 매우 작은 요동이 있다. 다음 그림은 나사(NASA)의 WMAP 위성 탐사로부터 얻은 CMB의 2012년 전체 하늘 이미지다(회색 음영은 온도의 요동을 나타냄).

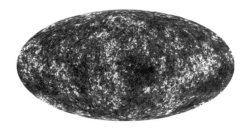

CMB에 의해 발산되는 복사 에너지 R의 분포는 발산하는 빛의 파장 λ에 따라 달라지며 다음 함수로 매우 정확하게 모델링할 수 있다.

$$R(\lambda) = \frac{a}{\lambda^5} \frac{1}{e^{b/(2.725\lambda)} - 1}$$

여기서 $\lambda > 0$이며, a와 b는 알려져 있는 상수다.

(a) 계산을 손쉽게 하고자 $a = 1$, $b = 5.45$라 하자. 이때 $R'(\lambda)$를 구하시오.

(b) R의 유일한 임계수는 약 0.4이다. 이를 이용하여 R이 $x \approx 0.4$에서 최댓값을 가짐을 보이시오.

48. 곰페르츠 곡선(Gompertz Curve): 곰페르츠 생장 곡선이라 불리는 함수의 그래프는 다음 식을 따른다.

$$G(t) = e^{\frac{a}{b}(1 - e^{bt})}$$

여기서 a와 b는 양의 실수이고 t는 음이 아닌 실수다. 이 곡선은 0세에 태어난 뒤 t년까지 생존할 확률을 모델링하는 데 사용한다. 간단히 하고자 $a = b$이고 $b = 0.085$(특정 개체군에 대한 실험 데이터에서 비롯됨)라고 가정하자.

(a) 이에 따른 결과 함수 $G(t)$를 적으시오. 그리고 $G(0)$을 계산하고 결과를 해석하시오.

(b) $\lim_{t \to \infty} G(t)$를 계산하고 결과를 해석하시오.

(c) $t \geq 0$인 모든 t에 대해 $G'(t) < 0$임을 보이고 이러한 결과를 해석하시오.

(d) $t \geq 0$인 모든 t에 대해 $G''(t) > 0$임을 보이고 이러한 결과를 해석하시오.

49. 풍력: 풍력은 깨끗하고 지속가능한 에너지원이다. 하지만 이런 방식으로 전력을 생산하려면 이상적으로 빠른 속도의 바람이 필요하다. 다행히 풍력 발전기를 설계하는 엔지니어들은 풍속 v의 바람이 발생할 가능성을 정확히 예측하는 다음과 같은 함수를 발견했다.

$$P(v) = ave^{-bv^2}$$

여기서 $a > 0$, $b > 0$은 위치에 따라 달라지는 매개변수다. 도함수 $P'(v)$와 $P'(0)$은 3장 연습문제 65번에서 계산했다.

(a) 선형화를 이용하여 0 근처의 v에 대해 $P(v) \approx av$임을 보이시오.

(b) $b = 1/2$인 지역에서 발생할 수 있는 최대 풍속을 구하시오.

50. 여러분과 한 친구가 장난감 로켓을 발사하러 공원에 갔다. 로켓을 점화하고 여러분은 20ft 떨어져 있다. 로켓이 발사되는 순간의 초기 각도는 45도이고, 각도는 초당 3도의 비율로 증가한다. 로켓이 발사되는 순간, 로켓의 고도는 얼마나 빠르게 변하고 있는가?

51. 해안가에서 직선으로 1km 떨어진 등대에 밤이면 불이 들어온다. 등대의 불빛은 해안가의 한 지점에 빛을 비추고 분당 5회전의 비율로 회전한다. 해안가와 등대를 연결하는 직선과 빛의 광선이 이루는 각도가 30도일 때 등대가 비추는 지점은 얼마나 빠르게 움직이고 있는가?

52. $f(x) = \sin x$, $g(x) = \cos x$라 하자. 그러면 $f'(x) = g(x)$이고 $g'(x) = -f(x)$이다. 이때 $f''(x) = -f(x)$이고 $g''(x) = -g(x)$임을 보이시오. (따라서 사인과 코사인 함수는 모두 $y'' + y = 0$이라는 **미분 방정식**을 만족한다.)

53-56: 각 함수에 대해 다음을 구하시오.

(a) 증가, 감소하는 구간   (b) 임계수

(c) 주어진 구간에서 극값 (있다면)   (d) 주어진 구간에서 최댓값과 최솟값 (있다면)

(e) 요철 구간과 변곡점 (있다면)

53. $f(x) = 2\cos x + \sin^2 x$, $[0, \pi]$

54. $g(x) = 4x - \tan x$, $[-\pi/3, \pi/3]$

55. $h(t) = 2\cos t + \sin(2t)$, $[0, \pi/2]$

56. $g(s) = s + \cot(s/2)$, $[\pi/4, 7\pi/4]$

57. $f(x) = \sin x$와 $g(x) = \cos x$는 모두 주기가 2π라는 점을 떠올리자. 즉, 모든 x에 대해 $f(x) = f(x + 2\pi)$, $g(x) = g(x + 2\pi)$이다. 이를 이용하여 f', f'', g', g'' 모두 주기가 2π임을 보이시오. 이때 미적분에서 식별되는 f와 g의 모든 특성(예를 들어 임계수, 극값 등)은 구간 $[0, 2\pi)$의 x값에 대해서만 결정한다.

58. 미적분을 이용하여 효율적으로 상자 옮기기: 마루 위에 m kg의 무거운 상자가 있고 거기에 줄이 달려 있다고 생각해보자. 여러분이 줄을 당겨 상자를 끌어야 한다고 가정한다. 줄이 마루와 이루는 각도가 θ일 때 필요한 힘 F(단위는 N)의 간단한 모델은 다음과 같다.

$$F(\theta) = \frac{\mu m g}{\cos\theta + \mu\sin\theta}, \quad 0 \leq \theta \leq \frac{\pi}{2}$$

여기서 $g \approx 9.8 \text{m/s}^2$은 중력 가속도이며, $0 \leq \mu \leq 1$은 정지 마찰 계수다.

(a) 주어진 구간에서 F의 임계수는 단지 $\tan\theta = \mu$일 때뿐임을 보이시오.

(b) $\tan\theta = \mu$일 때 다음을 보이시오.
$$F(\theta) = \frac{\mu m g}{1 + \mu^2}$$

(c) 다음 관계가 성립하는 이유를 설명하시오.
$$\frac{\mu m g}{1 + \mu^2} \leq \mu m g \leq m g$$

그리고 (a)번과 이를 이용하여 $\tan\theta = \mu$일 때 F가 최소가 됨을 설명하시오. (상자가 두꺼운 종이로 만들어졌고 마루가 나무라면 $\mu \approx 0.5$이고 $\theta \approx 27$도이다.)

59. 행성 궤도의 모양: 뉴턴의 중력 법칙(2장 연습문제 35번)의 성과 중 하나는 우리 태양계의 행성이 어째서 타원 궤도로 태양 주위를 공전하는지 밝혀낸 것이다. 뉴턴의 결과를 이용하면 태양을 평면의 원점에 놓을 때(다음 그림 참고), 태양과 행성의 거리 r은 다음과 같은 타원 방정식의 극좌표 형식으로 매우 유사하게 모델링할 수 있다.

$$r(\theta) = \frac{a(1 - e^2)}{1 + e\cos\theta}$$

여기서 $0 \leq \theta \leq 2\pi$는 x축과 행성이 이루는 각도이고, $0 \leq e < 1$은 궤도의 이심률이며, $a > 0$는 타원의 단축(짧은 축)의 길이다.

(a) $r(0)$과 $r(\pi)$를 구하고 $r(\pi) > r(0)$인 이유를 설명하시오.

(b) 구간 $[0, 2\pi]$에서 r의 임계수는 $\theta = \pi$뿐임을 보이시오.

(c) 지구의 궤도에서는 $e \approx 0.017$, $a \approx 9.3 \times 10^7$마일이다. 앞선 결과를 이용하여 지구가 태양과 가장 가까울 때와 멀 때(각각 **근일점**과 **원일점**)의 거리를 구하시오.

60-61번 문제의 배경 지식

페르마(정리 4.3의 이름에 나오는 바로 그 페르마)는 1662년에 **최소 시간의 원리**(Principle of Least Time)를 발견했다. 이에 따르면 광선은 이동 시간을 최소화하는 경로를 따라 이동한다. 페르마는 이 원리를 이용하여 반사의 법칙과 굴절의 법칙을 설명할 수 있었다. 반사의 법칙은 평면 거울 내부 이미지의 거리는 거울 앞으로부터 물체가 떨어진 거리와 같다는 것이고, 굴절의 법칙은 물컵 안의 빨대가 물 표면에서 구부러진 것처럼 보이는 이유를 설명하는 데 도움된다. 다음 두 연습문제에서는 최적화 이론을 이용하여 이들 두 법칙을 유도한다.

60. **반사의 법칙**(The Law of Reflection): 광선이 A 지점에서 출발하여 입사각 θ_i로 거울의 P 지점에 도달한 다음, 반사각 θ_r로 거울에서 반사되어 결국 B 지점에 도달한다(그림 참고).

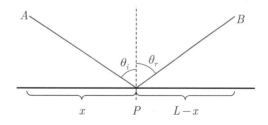

(a) 거리 AP와 PB를 지나는 데 걸리는 시간을 각각 t_1과 t_2라고 하자. c를 광속이라고 하면 다음 식이 성립함을 보이시오(이때 A와 B는 거울로부터 수직 거리 a만큼 떨어져 있음).

$$t_1(x) = \frac{\sqrt{a^2 + x^2}}{c}, \qquad t_2(x) = \frac{\sqrt{a^2 + (L-x)^2}}{c}$$

(b) 광선의 총 이동 시간을 $t(x) = t_1(x) + t_2(x)$라고 하자. 구간 $0 \le x \le L$에서 $t(x)$의 임계수는 $x = L/2$뿐임을 보이시오.

(c) (b)번의 결과와 다음 사실을 이용하여 $t(x)$가 $x = L/2$에서 최솟값을 가짐을 보이시오.

$$\sqrt{2a^2 + L^2} < a + \sqrt{a^2 + L^2}$$

(d) 앞선 그림을 이용하여 $x = L/2$이 나온 방정식이 $\sin \theta_i = \sin \theta_r$과 같음을 보이시오. 따라서 그림에 있는 삼각형의 대칭으로부터 $\theta_i = \theta_r$이 된다.

61. 굴절의 법칙(The Law of Refraction, 또는 스넬의 법칙(Snell's Law)): 다음 그림은 빛의 이동 속도가 v_1인 매질의 A 지점에서 출발하여 A로부터 거리 x만큼 떨어진 다른 매질과의 계면에 도달하고, 빛의 이동 속도가 v_2인 매질의 B 지점에서 끝나는 광선을 나타낸다.

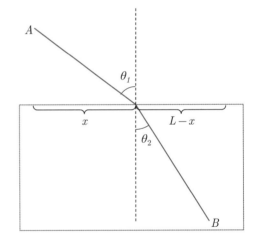

이때 입사각 θ_1과 굴절각 θ_2 사이에는 스넬의 법칙이라 불리는 다음 관계가 성립한다.

$$\frac{\sin \theta_1}{\sin \theta_2} = \frac{v_1}{v_2}$$

최적화 이론을 이용하여 이러한 법칙을 유도해보자.

(a) A가 a단위만큼 계면 위에 있고 B가 b단위만큼 계면 아래에 있다면, A에서 B까지 광선이 이동하는 데 걸린 총 시간은 다음과 같음을 보이시오.

$$t(x) = \frac{\sqrt{x^2 + a^2}}{v_1} + \frac{\sqrt{(L-x)^2 + b^2}}{v_2}, \quad 0 \le x \le L$$

(b) 관심 있는 구간에서 임계수 $x = x_c$는 다음과 같을 때뿐임을 보이시오.

$$\frac{x_c}{v_1 \sqrt{x_c^2 + a^2}} = \frac{L - x_c}{v_2 \sqrt{(L - x_c)^2 + b^2}}$$

(c) $t(x)$의 이계 미분은 다음과 같다.

$$t''(x) = \frac{a^2}{v_1 (x^2 + a^2)^{3/2}} + \frac{b^2}{v_2 [(L-x)^2 + b^2]^{3/2}}$$

구간 $[0, L]$에서 $t(x)$가 아래로 볼록인 이유를 설명하시오.

(d) (b)번과 (c)번, 그리고 이번 장의 몇 가지 정리를 이용하여 $x = x_c$에서 $t(x)$가 최솟값을 가짐을 보이시오.

(e) 마지막으로 (b)번의 방정식을 $\sin \theta_1$과 $\sin \theta_2$ 관점에서 다시 적고, 스넬의 법칙을 유도하시오.

62. 0 근처의 x에 대해 $\tan x \approx x$임을 보이시오.

63. 부록 A의 연습문제 60번으로 돌아가보자.

(a) n이 클 때 어째서 $\sin\left(\frac{2\pi}{n}\right) \approx \frac{2\pi}{n}$ 인지 설명하시오.

(b) (a)번과 $A(n)$ 공식(부록의 연습문제 참조)을 이용하여 n이 클 때 $A(n) \approx \pi r^2$임을 보이시오.

적분:
변화를 더하다

이번 장
미리보기:

아이작 뉴턴이 미적분을 연구하기 시작한지 약 1년 뒤인 1666년, 독일의 고트프리트 라이프니츠는 막 법률 면허를 취득했습니다. 하지만 라이프니츠는 금세 법에 대해 좌절했고 대신 수학에 관심을 갖게 됩니다. 그는 1장에서 언급한 어려운 문제 중에 세 번째, 즉 곡선 아래의 면적 문제에 집중했습니다. 라이프니츠의 작업은 미적분의 세 번째 기둥인 정적분의 개념으로 이어졌습니다. 1693년 그는 획기적인 업적을 이뤘습니다. 바로 오늘날 미적분의 기본 정리라고 부르는 것을 공식화하고 증명했습니다. 미적분의 기본 정리는 미분과 적분을 연관 짓고, 곡선 아래의 면적 문제를 접선의 기울기 문제와 연결하며 미적분의 모든 것을 통합합니다. 이번 장에서는 먼저 우리가 미적분 탐험을 시작했던 순간 속도 문제로 돌아가 이러한 정리를 구축해 보겠습니다.

5.1 면적으로서의 거리

앞서 3장에서는 떨어지는 사과의 순간 속도를 이해하려는 시도로 출발했습니다. 그리고 조금 지나서 $v(t) = d'(t)$라는 답을 얻었습니다(즉, 사과의 순간 속도는 거리 함수의 도함수). 이제 우리는 미분을 빠르게 구할 수 있으므로, $d(t)$가 주어지면 쉽게 $v(t)$를 계산할 수 있습니다. 하지만 반대로는 어떻게 할까요? 즉, 물체의 순간 속도 함수가 주어질 때, 거리 함수는 어떻게 구할 수 있을까요? 이렇게 어려운 문제를 해결해야 할 때는 '문제의 단순화'라는 검증된 전략을 사용하는 것이 좋습니다.

문제를 단순화하기 위해 자동차를 타고 $v(t) = 60\text{mile/h}$라는 일정한 속도로 고속도로를 달리는 장면을 상상해 봅시다. '거리＝속도×시간'을 이용하면 우리는 자동차가 1시간에 60mile, 2시간에 120mile, 일반적으로 t시간에 $60t$ mile만큼 달린다는 것을 알 수 있습니다. 따라서 자동차의 거리 함수는 $d(t)=60t$입니다. 문제를 해결했습니다!

좋습니다. 하지만 ₰(t)가 일정하지 않을 땐 어떻게 될까요? 그렇다면 '거리＝속도×시간'이라는 식은 도움되지 않습니다. 속도 ₰(t)가 시간에 따라 변하기 때문입니다. 이러한 예는 3장에서 다룬 떨어지는 사과입니다. 사과가 떨어질 때는 중력 가속도에 따라 속도가 증가합니다. 갈릴레오는 그 유명한 피사의 사탑 실험(무게가 다른 공이 동시에 땅에 떨어짐을 확인한 실험)을 통해 중력이 물체를 32ft/s^2이라는 일정한 비율로 가속한다는 것을 알아냈습니다(물체의 무게와는 무관). 이를 우리가 배운 표기법으로 나타내면 ₰$'(t)=32$라는 뜻입니다. 앞서 자동차 예제와 같은 추론을 통하면 ₰$(t)=32t$는 떨어지기 시작한지 t초 후 사과의 순간 속도라고 결론 지을 수 있습니다(정지 상태에서 떨어지는 상황을 가정). 그렇다면 다시 문제입니다. 이러한 ₰(t) 함수로부터 $d(t)$를 어떻게 구할 수 있을까요?

갈릴레오가 태어나기 약 200년 전(1350년대), 니콜 오렘(Nicole Oresme)이라는 파리의 학자가 이미 답을 구했습니다. 즉, '$x=0$과 $x=t$ 사이에서 ₰(x)의 그래프 아래 면적을 구한다.'라는 것입니다.

그림 5.1 ⓐ에 오렘의 접근법을 나타냈습니다. 색칠한 삼각형 영역이 앞서 말한 면적입니다. 이 면적(x좌표 t까지 그래프 아래의 면적)을 $A(t)$로 나타내면, $A(t)=\frac{1}{2}(t)(32t)=16t^2$임을 알 수 있습니다. 이것이 바로 갈릴레오가 실험을 통해 추론한 거리

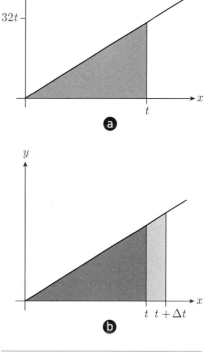

그림 5.1 ₰$(x)=32x$의 그래프 ⓐ 진한 색의 면적 $A(t)$는 $x=0$과 $x=t$ 사이의 곡선 ₰ 아래의 면적 ⓑ 밝은 색의 사다리꼴 면적은 $A(t+\Delta t)-A(t)$

함수입니다(식 **3.2**를 떠올려 봅시다).

오렘이 면적을 거리로 인식한 방법은 제대로 작동합니다(이번 섹션의 제목이 여기서 나왔습니다). 하지만 아직 왜 그런지는 잘 모릅니다. 이유를 모르면 다른 $s(t)$ 함수로부터 $d(t)$를 구할 때도 같은 접근법을 쓸 수 있는지 명확하지 않습니다. 그렇다고 오렘의 접근법을 포기하지는 맙시다. 늘 그렇듯이 문제는 **그림 5.1 ⓐ**에 내재한 정적 사고 방식 때문입니다. **그림 5.1 ⓑ**에 조금 더 동적인 사고 방식을 표현했습니다. 이때 이미 사과가 떨어지는 데 걸린 시간 t에 추가로 Δt만큼 더 떨어지고 있다고 가정합니다. 그러면 면적의 변화량(밝게 색칠한 부분)은 다음과 같습니다.

$$\Delta A = A(t + \Delta t) - A(t)$$
$$= \frac{1}{2}[32t + 32(t + \Delta t)](\Delta t)$$
$$= 32t(\Delta t) + 16(\Delta t)^2$$

앞선 식에는 사다리꼴의 넓이를 구하는 공식을 이용했습니다. 즉 $A = \frac{1}{2}(h_1 + h_2)b$, 여기서 h_1과 h_2는 사다리꼴의 윗변과 아랫변이고 b는 높이입니다. 이제 다음 식이 성립합니다.

$$\frac{\Delta A}{\Delta t} = 32t + 16(\Delta t), \quad \text{따라서} \quad A'(t) = \lim_{\Delta t \to 0} \frac{\Delta A}{\Delta t} = 32t$$

잠깐! 그런데 이는 바로 $s(t)$와 같습니다. 그러므로 다음 식이 성립합니다.

$$A'(t) = s(t) \qquad \textbf{5.1}$$

또한 $s(t) = d'(t)$이므로 $A'(t) = d'(t)$라고 말할 수 있습니다. 그러므로 두 함수 A와 d는 모든 점에서 접선의 기울기가 같습니다. 이들 함수는 분명 서로 같거나 상수만큼 이동한 관계(즉, $A(t) = d(t) + C$, C는 실수)입니다(연습문제 14번에서 이러한 증명을 안내합니다). 떨어지기 시작하는 시점인 0초에는 이동 거리가 0이므로 $A(0) = d(0) = 0$이라는 사실을 이용하면, 최종 결과 $A(t) = d(t)$를 얻습니다. 이미 **그림 5.1 ⓐ**를 이용하여 $A(t) = 16t^2$을 구했으므로, 이제 곡선 아래의 면적을 이용해서 사과의 거리 함수 $d(t) = 16t^2$을 유도해냈습니다.

응용 예제 5.1 달 표면 근처의 중력 가속도는 대략 5.4ft/s^2이다. 우주 비행사가 달에서 사과를 가만히 떨어뜨린다고 가정하자. 이때 사과의 거리 함수를 구하라.

> **해답** $d'(t)=5.4$로 주어졌으므로 $d(t)=5.4t$라는 뜻이다. 앞서 d가 $32t$였을 때와 같은 방식을 거치면 $d(t)=\frac{1}{2}(t)(5.4t)=2.7t^2$이 된다.

예제 5.2 어떤 물체의 순간 속도 함수가 $d(x)=1+2x$이다(**그림 5.2**의 검은 직선).

(a) 구간 $[0, t]$에 걸친 $d(x)$ 그래프 아래의 면적인 $A(t)$를 구하라.

(b) $A'(t)$를 구하고, 앞서와 같은 계산 과정을 반복하여 식 **5.1**을 검증하라.

(c) 물체의 거리 함수를 구하라.

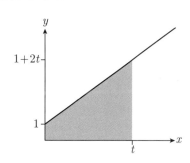

그림 5.2 $d(x)=1+2x$

> **해답**

(a) $A(t)$는 **그림 5.2**의 색칠한 사다리꼴 면적이다.

따라서 $A(t)=\dfrac{t}{2}[1+(1+2t)]=t(1+t)=t+t^2$

(b) 앞서 했던 과정을 따라 한다. 먼저 **그림 5.2**의 t에서 Δt만큼 조금 증가한 경우를 상상하면 추가된 사다리꼴의 높이는 Δt이고, 윗변과 아랫변은 각각 $d(t)=1+2t$, $d(t+\Delta t)=1+2(t+\Delta t)$가 된다.

$$\Delta A=\frac{1}{2}[(1+2t)+(1+2(t+\Delta t))](\Delta t)=(1+2t)(\Delta t)+(\Delta t)^2$$

따라서 다음이 성립한다.

$$A'(t)=\lim_{\Delta t\to 0}\frac{\Delta A}{\Delta t}=\lim_{\Delta t\to 0}\frac{(1+2t)(\Delta t)+(\Delta t)^2}{\Delta t}$$
$$=\lim_{\Delta t\to 0}[1+2t+\Delta t]=1+2t=d(t)$$

(c) 이제 $A'(t)=d(t)$임을 안다. 따라서 앞서와 마찬가지로 $A(t)=d(t)$가 된다. (a)번의 결과를 이용하면 $d(t)=t+t^2$이라는 결론을 얻는다.

| 팁과 아이디어, 핵심 |

앞선 예제의 주요 핵심은 다음과 같습니다. 구간별로 선형인 $\jmath(t)$를 지닌 사물의 거리 함수 $d(t)$ 는 $x = 0$과 $x = t$ 사이에서 $\jmath(t)$ 그래프의 아래 면적과 같다(이때 $d(0) = 0$으로 가정). 이것이 이번 섹션의 처음, 즉 일정한 $\jmath$ 함수에 대한 이동거리(자동차 예제)로부터 시작해서 발전시킨 내용입니다. 하지만 모든 $\jmath(x)$ 함수에 대해 $d(t)$를 계산하기까지는 갈 길이 남았습니다. 이제부터 두 섹션에 걸쳐 이러한 문제를 해결해보겠습니다. 먼저 곡선 아래의 면적에 대한 새로운 표기법을 소개하고 이를 통한 통찰을 논의해보겠습니다.

5.2 적분에 대한 라이프니츠 표기법

수학자들은 너무 길게 표현하기를 꺼립니다. 그래서 '$x = 0$과 $x = t$ 사이의 $\jmath(x)$ 그래프 아래의 면적'을 간단히 적는 표기법을 사용합니다. 앞서 우리는 이를 $A(t)$라고 적었지만 이러한 표기에는 $\jmath$나 $x = 0(A(t)$가 참조하는 영역의 왼쪽 제한) 같은 정보가 없습니다. 식 **5.1**로 돌아가 좀 더 나아가 봅시다. 4장에서 선형화했던 결과인 식 **4.10**을 적용하면 식 **5.1**은 다음과 같은 뜻입니다.

$$\Delta x \approx 0 \text{일 때 } \Delta A \approx \jmath(x)\Delta x \quad \textbf{5.2}$$

$\Delta x \to 0$일 때 우리는 x의 무한소의 변화(1장에서 논의했던)를 생각합니다. 라이프니츠가 dx라는 표기법을 이러한 무한소의 변화를 표현하고자 도입했던 것을 떠올려 봅시다(식 **3.16** 과 관련한 논의 참고). 마지막으로 선형화로부터 나온 선형 근사가 어떻게 Δx가 0에 가까워질

수록 더욱 비슷해졌는지 논의했던 점을 떠올려 봅시다. 이때 그래프 *ᴊ* 아래 영역의 오른쪽 제한의 무한소의 변화 dx가 다음과 같이 해당 면적 dA의 무한소의 변화를 일으킨다고 생각할 수 있습니다.[1]

$$dA = \textit{ᴊ}(x)\,dx \qquad \boxed{5.3}$$

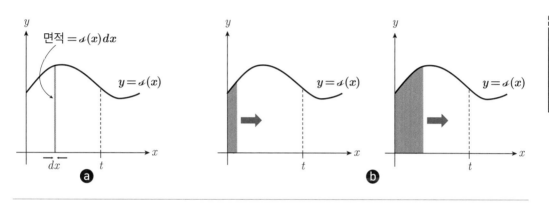

일으키는 그래프

그림 5.3 ⓐ 라이프니츠의 무한소 폭을 지닌 직사각형 하나 ⓑ 라이프니츠의 직사각형들의 면적을 더해가며 곡선 아래 영역을 휩쓸고 간다.

그림 5.3 ⓐ에서 식 **5.3**을 무한소의 폭 dx와 높이 *ᴊ*(x)를 지닌 직사각형의 면적으로 시각화했습니다. 라이프니츠에게 그래프 *ᴊ* 아래의 면적 $A(t)$는 결국 x의 범위가 0에서 t일 때, 이러한 무한소의 면적 dA의 합이었습니다(**그림 5.3** ⓑ 참고).

$$A(t) = (x = 0부터\ x = t까지\ dA의\ 합)$$
$$= (x = 0부터\ x = t까지\ \textit{ᴊ}(x)dx의\ 합)$$

길게 표현하기를 꺼리는 수학자들은 곧 합계라는 뜻의 'sum of'를 'S'로 줄여서 나타냈고 시간이 흘러 기호 '∫'로 바뀌었습니다.

$$A(t) = (x = 0부터\ x = t까지\ S\ \ dA)$$

---

1 이것은 미적분 워크플로(**그림 1.3**)의 또 다른 예다. 즉, $\Delta x \to 0$일 때 식 **5.2**의 유한한 변화가 식 **5.3**의 무한소의 변화가 된다.

$$= (x = 0\text{부터 } x = t\text{까지 } \int \mathcal{s}(x)\,dx)$$

오늘날에는 적분 기호 $\int$에 $x = 0$부터 $x = t$까지라는 구간까지 더해 다음과 같은 표기법을 사용합니다.

$$A(t) = \int_0^t \mathcal{s}(x)\,dx \qquad \textbf{5.4}$$

여기서 우변은 $\mathcal{s}(x)$의 **정적분**(defnite integral)이라 부르고 이때 함수 $\mathcal{s}(x)$는 **피적분 함수**(integrand)라고 합니다. 그리고 0과 t는 적분의 **하한**과 **상한**이라 부릅니다.

예제 5.3 그림 5.1 **ⓐ**의 색칠한 면적을 정적분으로 표현하라.

해답

$$\int_0^t 32x\,dx$$

예제 5.4 그림 5.2의 색칠한 면적을 정적분으로 표현하라.

해답

$$\int_0^t (1 + 2x)\,dx$$

| 팁과 아이디어, 핵심 |

지금까지 살펴본 내용은 미적분의 동적 사고 방식을 보여주는 완벽한 또 하나의 예일뿐만 아니라 한 가지 핵심이 더 들어있습니다. 즉, 적분은 작은 변화들(실제로는 무한소의 변화)을 더해 나가는 것입니다. 식 **5.2**에서 식 **5.4**로 진행하는 과정 속에 매 단계마다 이러한 의미가 들어있습니다. 식 **5.4**의 우변을 볼 때마다 이러한 의미를 되새기길 바랍니다.

한 가지 세부 핵심을 더 언급하자면 다음과 같습니다. 즉, 정적분은 직사각형들의 작은 면적의 합이다. **그림 5.3**을 보면 이러한 내용을 잘 이해할 수 있습니다.

좋습니다. 이제 식 **5.1**을 일반화하는 문제로 돌아가 봅시다. 우리의 목적은 $x = a$와 $x = t$ 사이에서 함수 $f(x)$ 그래프 아래의 면적을 구하는 것입니다. 식 **5.4**의 표기법으로는 다음과 같습니다.

$$A(t) = \int_a^t f(x)\, dx$$

이때 $f(x)$의 두 가지 핵심 속성은 유지하겠습니다. 즉, $f(x)$는 연속이며 음이 아닌 함수입니다(이후의 섹션에서 이러한 결과를 좀 더 일반화하겠습니다). 그러면 시각적으로 **그림 5.4**의 파란색 영역의 면적을 구하는 것과 같습니다. 앞서 했듯이 t에서의 작은 변화 Δt가 $A(t)$에 미치는 영향을 살펴봅시다.

$$A(t + \Delta t) - A(t) = \int_a^{t+\Delta t} f(x)\, dx - \int_a^t f(x)\, dx = \int_t^{t+\Delta t} f(x)\, dx \qquad \textbf{5.5}$$

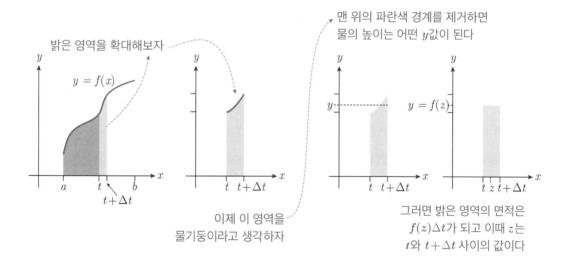

밝은 영역을 확대해보자

맨 위의 파란색 경계를 제거하면 물의 높이는 어떤 y값이 된다

이제 이 영역을 물기둥이라고 생각하자

그러면 밝은 영역의 면적은 $f(z)\Delta t$가 되고 이때 z는 t와 $t + \Delta t$ 사이의 값이다

그림 5.4

앞선 식에서 가장 오른쪽에 있는 적분 기호는 **그림 5.4**의 제일 왼쪽 그래프에서 밝게 색칠한 영역의 면적입니다. 이 시점에서 앞서 했던 분석을 떠올려보면 색칠한 영역이 사다리꼴이라는 성질을 이용했습니다(**그림 5.1 ⓑ** 참고). 하지만 여기서는 더 이상 그렇게 할 수 없습니다. 그렇더라도 문제는 없습니다. 동적 사고 방식이 해답입니다!

밝게 색칠한 영역을 물기둥이라고 생각해 봅시다(**그림 5.4**의 두 번째 그래프). 상단의 '뚜껑'(f의 그래프)을 제거하면 물이 어떤 y값으로 수평을 유지하도록 내려갑니다. 그림에서 설명했듯이 이러한 y값은 어떠한 x값 z에 따른 결과 $y = f(z)$입니다(이때 $t \le z \le t + \Delta t$).[2] 결과적으로 밝게 색칠한 영역의 면적은 밑변이 Δt, 높이가 $f(z)$인 직사각형의 면적입니다(**그림 5.4**의 마지막 그래프). 따라서 식 **5.5**는 다음과 같습니다.

$$A(t + \Delta t) - A(t) = f(z)\Delta t \qquad \textbf{5.6}$$

양변을 Δt로 나누고 극한을 취하면 다음과 같습니다.

$$\lim_{\Delta t \to 0} \frac{A(t + \Delta t) - A(t)}{\Delta t} = \lim_{\Delta t \to 0} f(z) \qquad \textbf{5.7}$$

이 식에서 좌변은 $A'(t)$임을 알 수 있습니다. 우변을 계산할 때는 $t \le z \le t + \Delta t$임을 떠올려 봅시다. 따라서 $\Delta t \to 0$일 때 z는 t로 다가갑니다. 즉, 다음 식이 성립합니다.

$$A'(t) = f(t) \qquad \textbf{5.8}$$

이렇게 식 **5.1**을 일반화했습니다. 여기서는 직관적인 방식을 이용하여 식 **5.5**로부터 식 **5.7**을 얻었습니다(보다 공식적인 절차는 연습문제 36번에서 안내합니다). 이후의 섹션에서 일부 x값에 대해 $f(x) < 0$인 경우 이러한 주장을 어떻게 수정할 수 있는지 살펴보겠습니다. 여기서는 일단 그러한 상황을 가정하고 확장된 결과를 먼저 소개하겠습니다. 이것이 오늘날 우리가 **미적분의 기본 정리**(Fundamental Theorem of Calculus)라고 부르는 것으로서 공식적인 정리는 다음과 같습니다. 이는 라이프니츠가 1693년에 발표했습니다.

---

2 이는 f가 연속이라는 사실과 중간값 정리(2장의 온라인 부록 섹션 A2.4 참고)에 따른 것이다.

$f(x)$가 구간 $[a, b]$에서 연속이고 함수 $A(t)$가 다음과 같이 정의된다고 하자.

$$A(t) = \int_a^t f(x)\,dx \qquad \textbf{5.9}$$

이때 $a \le t \le b$이다. 그러면 $A(t)$는 구간 $[a, b]$에서 연속이고 (a, b)에서 미분 가능하며 $A'(t) = f(t)$이다.

아마 이런 생각을 할지도 모르겠습니다. "이게 미적분의 기본 정리라고? 내가 볼 때는 그다지 기본인 것 같지 않은데?" 어째서 이것이 기본 정리인지는 다음의 '팁과 핵심, 아이디어'에서 다시 살펴보겠습니다. 우선은 이러한 정리 자체에 익숙해집시다.

예제 5.5 구간 $[0, 5]$에서 $f(x) = 1$이라 하자. 그리고 t는 이 구간에 속한 수라고 하자.

(a) 다음을 보여라.

$$\int_0^t 1\,dx = t \qquad \textbf{5.10}$$

(b) 이러한 상황에서 정리 5.1을 검증하라.

해답

(a) 적분 $\displaystyle\int_0^t 1\,dx$는 폭 t, 높이 1인 직사각형의 면적, 즉 $(t)(1) = t$이다.

(b) $f(x) = 1$이 연속 함수라는 사실은 알고 있다(구간 $[0, 5]$에서도 마찬가지다). 방금 $A(t) = t$임을 계산했고, 이 역시 연속 함수다(구간 $[0, 5]$에서도 마찬가지다). 게다가 $A'(t) = 1$(거듭제곱 법칙)이므로, A는 미분 가능하며 $A'(t) = f(t)$임을 알 수 있다.

예 제
5.6

구간 $[0, 5]$에서 $f(x) = x$라 하자. 그리고 t는 이 구간에 속한 수라고 하자.

(a) 다음을 보여라.

$$\int_0^t x \, dx = \frac{t^2}{2} \qquad \boxed{5.11}$$

(b) 이러한 상황에서 정리 5.1을 검증하라.

해답

(a) 적분 $\displaystyle\int_0^t x \, dx$는 밑변 t, 높이 t인 삼각형의 면적(**그림 5.1**의 색칠한 영역과 비슷)이다. 이러한 면적은 $\frac{1}{2}(t)(t) = \frac{t^2}{2}$이므로 식 **5.11**이 성립한다.

(b) $f(x) = x$가 연속 함수라는 사실은 알고 있다(구간 $[0, t]$에서도 마찬가지다). 방금 $A(t) = \frac{t^2}{2}$임을 계산했고, 이 역시 연속 함수다(구간 $[0, t]$에서도 마찬가지다). 게다가 $A'(t) = t$(거듭제곱 법칙)이므로, A는 미분 가능하며 $A'(t) = f(t)$임을 알 수 있다.

팁과 아이디어, 핵심

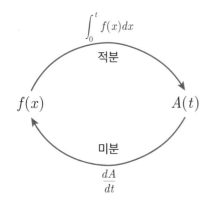

그림 5.5 미분과 적분은 서로가 반대의 과정이다.

그림 5.5를 보면 어째서 정리 5.1을 기본 정리라 하는지 알 수 있습니다. f가 연속이라고 가정하면, 정리 5.1의 워크플로는 다음과 같습니다. (1) $f(x)$를 적분하면 $A(t)$를 얻는다. (2) $A(t)$를 미분하면 $f(t)$를 얻는다(여기서 $f(t)$와 $f(x)$는 같은 함수). 즉, 첫 번째로 드러나는 커다란 핵심은 다음과 같습니다.

미분과 적분은 서로를 되돌린다!

따라서 정리 5.1은 미분과 적분이라는 미적분의

두 가지 기둥을 하나의 간단한 방정식으로 연결합니다.

또한 정리 5.1은 미분과 적분이 서로를 되돌린다는 구체적인 깨달음을 넘어, 1장에서 살펴본 세 번째 어려운 문제(즉, 이제는 '정적분 문제'가 된 '곡선 아래의 면적 문제')가 미분과 관련이 있음을 나타냅니다. 그리고 우리는 미분을 정복하는 데 두 개의 장을 할애했습니다! 이는 곧 다음과 같은 아이디어로 이어집니다. "아마도 미분을 이용하면 정적분을 계산할 수 있지 않을까?"

미적분의 기본 정리가 실제로 이러한 경우의 힌트가 됩니다. 다음 섹션에서 이러한 내용을 살펴보겠습니다. 그에 앞서 하나 더 짚고 넘어가겠습니다. 보통 다른 미적분 교과서에서는 **리만 합**(Riemann sums)을 이용하여 정적분을 설명하기도 합니다. 이 책에서는 이러한 개념을 다루지 않지만, 관심이 있다면 이번 장의 온라인 부록 섹션 A5.1을 살펴보기 바랍니다. 자, 이제 다시 미적분의 기본 정리를 살펴봅시다.

5.4 역미분과 미적분의 기본 정리 2

$A(t)$를 구할 때 우리는 그래프 f를 그리고 곡선 아래의 면적을 구하는 데 기하학 공식을 이용했습니다. 하지만 미적분의 기본 정리에 따르면 다른 방법이 있습니다. 미적분의 기본 정리에서는 f가 연속이면 $f(t) = A'(t)$입니다. 다른 말로 하면 f가 주어지면 자동으로 $A(t)$의 미분을 안다는 뜻입니다. 따라서 우리가 $A(t)$를 구하고자 해야 할 일은 미분을 '되돌리는' 것입니다. 이러한 과정을 **역미분**(antidifferentiation)이라 부릅니다.

정의 5.1

$F'(x) = f(x)$라 하자. 그러면 F를 f의 역미분(또는 원시함수)이라 부른다.

일반적으로 F는 미분하면 $f(x)$가 되는 함수입니다. 예를 들어 $f(x)=2x$라면 원시함수 중 하나는 $F(x)=x^2$입니다($F'(x)=2x=f(x)$이기 때문). 또 다른 원시함수는 $F(x)=x^2+5$입니다. 따라서 이러한 원시함수의 일반적인 형태는 $F(x)=x^2+C$, C는 임의의 실수입니다.

이제 역미분(원시함수) 관점에서 정리 5.1로부터 $A(t)$를 구하는 빠른 방법을 찾아봅시다. 먼저 정리 5.1에서 함수 f의 원시함수를 F라고 가정합시다(즉 $F'(t)=f(t)$). 이때 또한 식 **5.9** 에 정의된 A에 따라 $A'(t)=f(t)$임을 알고 있습니다. 따라서 $F'(t)=A'(t)$가 됩니다. 이제 연습 문제 14번(d를 F로 대체)에서 확인할 수 있듯이 $A(t)=F(t)+C$가 됩니다. 이를 식 **5.9** 에 대입하면 다음과 같습니다.

$$\int_a^t f(x)\,dx = F(t)+C \qquad \textbf{5.12}$$

$t=a$일 때는 $\int_a^a f(x)\,dx = F(a)+C$를 얻습니다. 하지만 좌변의 적분은 $x=a$에서 $x=a$ 까지 그래프 f 아래의 면적이므로 0이 됩니다. 따라서 $0=F(a)+C$, 즉 $C=-F(a)$가 됩니다. 식 **5.12** 에 이를 대입하고 $t=b$로 다시 적으면 다음과 같은 정리 5.1의 따름정리가 나옵니다 (정리 5.1을 '미적분의 제1 기본 정리', 정리 5.2를 '미적분의 제2 기본 정리'라고 부르기도 합니다).

정리 5.2 ❓..❗ **따름정리**

f가 구간 $[a,\,b]$에서 연속이고 F를 f의 원시함수라 하자(즉, $F'(x)=f(x)$). 그러면 다음 식이 성립한다.

$$\int_a^b f(x)\,dx = F(b)-F(a) \qquad \textbf{5.13}$$

예제 5.7　거듭제곱 법칙에 따라 $(x^3)'=3x^2$이다. 이러한 결과를 이용하여 다음을 구하라.

$$\int_0^1 (3x^2)\,dx$$

해답 여기서 $f(x) = 3x^2$이라 하면 구간 $[0, 1]$에서 연속이다. 또한 $(x^3)' = 3x^2$이므로 $F(x) = x^3$이 f의 원시함수임을 알 수 있다. 이제 정리 5.2에 따라 다음과 같이 계산한다.

$$\int_0^1 (3x^2)\,dx = F(1) - F(0) = 1^3 - 0^3 = 1$$

예제 5.8 거듭제곱 법칙에 따라 $(\sqrt{x})' = \frac{1}{2\sqrt{x}}$이다. 이러한 결과를 이용하여 다음을 구하라.

$$\int_1^4 \frac{1}{2\sqrt{x}}\,dx$$

해답 여기서 $f(x) = \frac{1}{2\sqrt{x}}$이라 하면 구간 $[1, 4]$에서 연속이다. 또한 $(\sqrt{x})' = \frac{1}{2\sqrt{x}}$이므로 $\sqrt{x}$가 f의 원시함수임을 알 수 있다. 이제 정리 5.2에 따라 다음과 같이 계산한다.

$$\int_1^4 \frac{1}{2\sqrt{x}}\,dx = F(4) - F(1) = \sqrt{4} - \sqrt{1} = 1$$

연관 문제   10-13, 27

팁과 아이디어, 핵심

먼저 다음과 같은 사실을 알아야 합니다.

- $F(b) - F(a)$를 종종 $F(x)\Big|_a^b$와 같이 줄여서 쓰기도 한다. 그러면 식 **5.13**은 다음과 같다.

$$\int_a^b f(x)\,dx = F(x)\Big|_a^b$$

- 식 **5.13**에서 x를 t(또는 다른 문자)로 대체해도 바뀌는 것은 없다. 그런 의미에서 x를 **가변수**(dummy variable)라고도 부른다.

- 책에 따라 정리 5.2를 '미적분의 제2 기본 정리(Fundamental Theorem of Calculus, Part 2)'라고 부르기도 한다.

여기서 주요 핵심은 '따름정리는 곡선 아래의 면적 문제를 f의 원시함수(역미분)를 구하는 새로운 문제로 전환한다.'는 점입니다. 실제로 구간 $[a, b]$에서 연속인 함수 f의 원시함수 F를 안다면, 따름정리에 의해 $x = a$, $x = b$로 둘러싸인 $f(x)$ 그래프 아래의 면적(식 **5.13**의 좌변)은 $F(b) - F(a)$가 됩니다. 따라서 앞으로 이번 장의 나머지 부분에서는 역미분(원시함수)에 대해 집중적으로 살펴보겠습니다. 다음 섹션에서는 역미분의 속성을 알아보고 이를 구하는 공식을 만들어 보겠습니다.

5.5 부정적분

역미분이라는 관점은 매우 유용합니다. 하지만 '$F(x) = x^2$은 $f(x) = 2x$의 원시함수의 하나다.'라는 표현은 길이가 너무 깁니다. 따라서 먼저 이러한 문장에 만연한 '하나'라는 표현부터 살펴보겠습니다.

정리 5.3

F를 f의 원시함수의 하나라고 하자(즉, $F' = f$). 그러면 $F(x) + C$, C는 임의의 상수, 역시도 f의 원시함수의 하나다.

$(F(x) + C)' = F'(x) = f(x)$이므로 증명은 간단합니다. 이제 여기서 C는 어떤 실수라도 될 수 있기 때문에 $F(x) + C$는 수많은 다른 F를 포함할 수 있습니다. 따라서 이제 '하나'라는 중복되는 표현을 생략하고 다음과 같이 표현할 수 있습니다.

F를 f의 원시함수의 하나라고 하자(즉, $F'=f$). 그러면 다음과 같이 적을 수 있다.

$$\int f(x)\,dx = F(x) + C \qquad \text{5.14}$$

그리고 이 식의 좌변을 f의 **부정적분**(indefinite integral)이라 부른다.

기호 $\int$이 다시 등장했습니다. 하지만 앞서 살펴본 정적분과는 다른 점에 유의해야 합니다. 즉, 정적분을 계산하면 숫자(그래프 f 아래의 면적)가 되지만, 부정적분을 계산하면 함수(f의 원시함수의 가장 일반적인 형태)가 됩니다.

부정적분은 단지 역미분의 새로운 표기법이므로, 부정적분은 곧 미분의 역과정입니다.

$$F'(x) = f(x) \quad \Leftrightarrow \quad \int f(x)\,dx = F(x) + C \qquad \text{5.15}$$

예를 들어 다음과 같습니다.

$$(x^2)' = 2x \quad \Leftrightarrow \quad \int 2x\,dx = x^2 + C$$

이제 이를 말로 표현하면 '$F(x)=x^2+C$는 $f(x)=2x$의 원시함수다.'와 같습니다.

식 5.15의 항등 관계를 통해 다양한 원시함수를 구할 수 있습니다. 단지 앞선 두 장에 걸쳐 이미 알아낸 미분 결과를 가져와서 오른쪽부터 왼쪽 차례로 읽고 올바른 위치에 부정적분 기호와 '$+C$'를 추가하면 됩니다. 예를 들어 예제 5.7과 5.8로 돌아가 첫 문장에 적용하면 다음과 같습니다.

$$\int 3x^2\,dx = x^3 + C, \quad \int \frac{1}{2\sqrt{x}}\,dx = \sqrt{x} + C$$

이러한 결과는 거듭제곱의 법칙(정리 3.4)로부터 나옵니다. 따라서 식 5.15에 따라 거듭제곱의 법칙을 적분 버전으로 다시 적으면 다음과 같습니다.

$$(x^m)' = mx^{m-1} \quad \Leftrightarrow \quad \int mx^{m-1}\,dx = x^m + C$$

사용하기에 좀 더 편리한 공식은 앞선 식에서 $m-1=n$으로 대체하고 x^n의 부정적분에 대해 풀면 됩니다. 그러면 다음과 같은 정리를 얻습니다.

정리 5.4 **거듭제곱 법칙의 적분 버전**

$$\int x^n \, dx = \frac{x^{n+1}}{n+1} + C, \quad n \neq 1 \qquad \textbf{5.16}$$

이때 $n \neq 1$이어야 함에 주의합시다($\frac{1}{x}$의 적분은 로그이며, 이번 섹션 마지막 부분에서 살펴봅니다). $n=0$일 때는 조금 특별한 경우가 됩니다. 즉, 다음과 같습니다.

$$\int 1 \, dx = x + C \qquad \textbf{5.17}$$

예제 5.9 $\int x^2 \, dx$ 를 구하라.

해답 식 **5.16**에서 $n=2$로 놓으면 다음과 같다.

$$\int x^2 \, dx = \frac{x^3}{3} + C$$

예제 5.10 $\int_0^1 x^2 \, dx$ 를 구하라.

해답 방금 x^2의 원시함수 집합인 $\frac{x^3}{3} + C$ 를 구했다. 이들 중 아무것이나 골라 따름 정리를 사용하면 된다. $C=0$을 고르면 $\frac{x^3}{3}$ 이 $f(x) = x^2$의 원시함수다. 그러므로 따름 정리에 의하면 다음과 같다.

$$\int_0^1 x^2 \, dx = \left. \frac{x^3}{3} \right|_0^1 = \frac{1}{3}$$

예제 5.11 $\int \frac{1}{x^2} \, dx$ 를 구하라.

해답 $\frac{1}{x^2} = x^{-2}$ 이므로 식 **5.16** 에 $n = -2$ 를 대입하면 다음과 같다.

$$\int \frac{1}{x^2}\,dx = \frac{x^{-1}}{-1} + C = -\frac{1}{x} + C$$

예제 5.12 $\int \sqrt{x}\,dx$ 를 구하라.

해답 $\sqrt{x} = x^{1/2}$ 으로 적고 식 **5.16** 에 $n = 1/2$ 를 대입하면 다음과 같다.

$$\int \sqrt{x}\,dx = \frac{x^{3/2}}{\frac{3}{2}} + C = \frac{2x^{3/2}}{3} + C$$

연관 문제 | 17-19

| **팁과 아이디어, 핵심** |

예제 5.10을 보면 따름정리를 사용할 때는 F가 f의 어떤 원시함수여도 상관없다는 것을 알 수 있습니다. 즉, 꼭 일반적인 형태인 $F(x) + C$여야 하는 것은 아닙니다. 이러한 이유로 앞으로 따름정리를 사용할 때는 $C = 0$인 f의 원시함수를 선택하겠습니다.[3]

지금까지는 한 번에 단지 하나의 함수를 적분하는 방법을 알아보았습니다. 다음 섹션에서는 함수들의 조합(예를 들어 두 함수의 합과 차)을 어떻게 적분하는지 살펴보겠습니다.

5.6 적분의 속성

3장에서 배운 극한 법칙과 마찬가지로 정적분과 부정적분을 구할 때도 사용할 수 있는 다

---

3 $F(x) + 7$과 같은 다른 원시함수를 사용해도 따름정리의 결과는 $[F(b) + 7] - [F(a) + 7] = F(b) - F(a)$로 같기 때문에 바뀌지 않는다. $C = 0$인 $F(x)$를 사용해도 결과는 역시 마찬가지다.

양한 속성이 있습니다. 첫 번째 법칙은 앞서 배운 합과 차, 상수배에 대한 미분 공식(정리 3.3)과 비슷합니다.

---

f와 g가 구간 $[a, b]$에서 연속이고 c를 실수라 하자. 그러면 다음이 성립한다.

1. 합의 법칙: $\int_a^b [f(x) + g(x)]\,dx = \int_a^b f(x)\,dx + \int_a^b g(x)\,dx$

2. 차의 법칙: $\int_a^b [f(x) - g(x)]\,dx = \int_a^b f(x)\,dx - \int_a^b g(x)\,dx$

3. 상수배의 법칙: $\int_a^b [cf(x)]\,dx = c\int_a^b f(x)\,dx$

이러한 법칙은 정적분 기호를 부정적분 기호로 바꿔도 역시 성립한다.

이들 법칙은 역미분과 정리 3.3을 사용하여 증명할 수 있습니다. 연습문제 13번에서 이들 중 하나의 증명을 안내합니다.

앞선 법칙에 더해 정적분에 대해서는 다음의 법칙도 추가로 성립합니다.

---

f와 g가 구간 $[a, b]$에서 연속이고 c를 실수라 하자. 그러면 다음이 성립한다.

1. $\int_a^c f(x)\,dx = \int_a^b f(x)\,dx + \int_b^c f(x)\,dx$

2. $\int_a^b f(x)\,dx = -\int_b^a f(x)\,dx$

3. $\int_a^a f(x)\,dx = 0$

4. 구간 $[a, b]$의 모든 x에 대해 $f(x) \leq g(x)$이면 $\int_a^b f(x)\,dx \leq \int_a^b g(x)\,dx$

속성 1은 곡선 아래의 면적 계산을 서로 다른 두 면적 계산의 합으로 나눌 수 있다는 의미입니다. 여기서 중요한 점은 b가 꼭 a와 c 사이에 있어야 하는 것은 아니라는 점입니다. 속성 2

는 정적분의 상한과 하한을 서로 바꾼 값은 원래 정적분 값에 -1을 곱한 것과 같다는 의미입니다. 속성 3은 단지 $x=a$와 $x=a$ 사이에서 f 그래프 아래의 면적은 0이라는 사실을 반영한 것입니다. 마지막으로 속성 4는 f의 그래프가 g의 그래프와 같거나 더 아래에 있다면 f 그래프 아래의 면적은 g 그래프 아래의 면적과 같거나 더 작다는 의미입니다. 이제 이들 속성을 몇 가지 예제를 통해 알아보겠습니다.

예제 5.13 $\int (x^2 - x)\,dx$를 구하라.

해답

$$\int (x^2 - x)\,dx = \int x^2\,dx - \int x\,dx \qquad \text{정리 5.5 차의 법칙의 부정적분 버전}$$

$$= \frac{x^3}{3} - \frac{x^2}{2} + C \qquad \text{식 5.16 사용}$$

예제 5.14 $\int_0^9 (3\sqrt{x} + 9x^2)\,dx$를 구하라.

해답 먼저 $f(x) = 3\sqrt{x} + 9x^2$의 원시함수를 구한다.

$$\int (3\sqrt{x} + 9x^2)\,dx = 3\int x^{1/2}\,dx + 9\int x^2\,dx \qquad \text{정리 5.5 합과 상수배의 법칙}$$

$$= 3\left(\frac{2}{3}x^{3/2}\right) + 9\left(\frac{x^3}{3}\right) + C \qquad \text{식 5.16 사용}$$

$$= 2x^{3/2} + 3x^3 + C \qquad \text{정리}$$

여기서 $C=0$으로 놓고 따름정리를 사용한다.

$$\int_0^9 (3\sqrt{x} + 9x^2)\,dx = [2x^{3/2} + 3x^3]_0^9 = 2,241$$

연관 문제 20-23(힌트: 먼저 형태를 정리한다), 28-29

이제 함수들의 일반적인 조합은 적분할 수 있게 되었습니다(물론, 모든 경우를 적분하는 방법을 다루진 않았습니다. 다른 경우는 섹션 5.9에서 다시 다루겠습니다). 하지만 다음 섹션에서 볼 수 있듯이, 정리 5.5의 차의 법칙에 따르면 정적분으로 구한 양이 무엇인지 다시 해석해야만 합니다.

5.7 부호가 있는 순수 면적의 합

적분 $\int_0^1 (-1)\,dx$ 를 생각해 봅시다. 정적분이 그래프 $f(x)$의 아래 면적이라는 개념은 여기에 적용할 수 없습니다. 지금까지의 모든 적분에서는 면적의 아래쪽 경계가 x축이었지만, 여기서는 x축이 함수 $f(x) = -1$의 위에 있습니다. 따라서 이처럼 f의 그래프가 x축 아래에 있을 때에는 정적분의 의미를 다시 해석해야 합니다. 여기서 정리 5.5의 상수배의 법칙을 떠올려보면 다음과 같은 의미가 됩니다.

$$\int_0^1 (-1)\,dx = (-1)\int_0^1 1\,dx = -1$$

앞선 식의 두 번째 정적분은 1입니다. 이 식은 말 그대로 $\int_0^1 (-1)\,dx$ 이 $f(x)=1$ 그래프 아래 면적의 -1배라는 뜻입니다. 이런 이유로 $\int_0^1 (-1)\,dx$ 를 '음의 면적(negative area)'이라 부르기도 합니다. 하지만 그러한 것은 존재하지 않습니다. 따라서 여기서는 $\int_0^1 (-1)\,dx$ 를 'x축 아래 1단위의 면적'으로 해석하겠습니다(**그림 5.6** 참고).

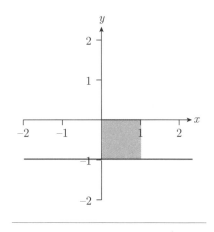

그림 5.6 $f(x) = -1$과 $\int_0^1 (-1)\,dx$
(색칠한 면적의 음의 값)

지금까지 살펴본 내용은 손쉽게 일반화할 수 있습니다. 즉, $f(x)$가 구간 $[a, b]$에서 양과 음의 값을 모두 가지고 있다면, 다음 식이 성립합니다.

$$\int_a^b f(x)\,dx = A_+ - A_- \qquad \text{5.18}$$

여기서 A_+는 x축 위의 모든 면적의 합이고, A_-는 x축 아래의 모든 면적의 합입니다. 따라서 일반적으로 정적분은 부호가 있는 순수 면적의 합을 결과로 얻습니다. '순수'라는 말은 식 **5.18**에서 빼기로 표현된 부분을 일컫습니다. '부호가 있는'이라는 말은 전에는 곡선 아래의 면적이라고 여겼던 결과가 음수가 될 가능성을 나타냅니다.

예 제 5.15 따름정리와 식 **5.18**을 이용하여 $\int_0^2 (x-1)\,dx$를 구하라.

해답 정리 5.5 차의 법칙과 식 **5.16**, 따름정리를 이용한다.

$$\int_0^2 (x-1)\,dx = \int_0^2 x\,dx - \int_0^2 1\,dx = \left.\frac{x^2}{2}\right|_0^2 - \left. x\right|_0^2 = 2 - 2 = 0$$

그림 5.7에 이러한 답을 나타냈다. x축 아래 영역(진한 색)의 면적은 1/2이므로 $A_-=1/2$이다. x축 위 밝은 색 영역의 면적도 1/2이므로 $A_+=1/2$이다. 따라서 식 **5.18**로부터 다음을 얻는다.

$$\int_0^2 (x-1)\,dx = A_+ - A_- = \frac{1}{2} - \frac{1}{2} = 0$$

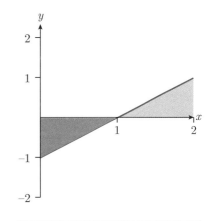

그림 5.7 함수 $f(x)=x-1$에서 f와 x축, 구간 [0, 1]로 둘러 쌓인 진한 색 영역과 f와 x축, 구간 [1, 2]로 둘러 쌓인 밝은 색 영역

이제 기본적인 적분에 대해서는 모든 것을 알아보았습니다. 다음 섹션에서는 지금까지 배운 내용을 초월 함수에 적용해 보겠습니다. 하지만 초월 함수 부분을 건너뛰고 싶다면 바로 섹션 5.9로 이동하기 바랍니다. 섹션 5.9에서는 'u-치환'이라 부르는 연쇄 법칙에서 나온 매우 유용한 적분 기법을 살펴볼 것입니다.

5.8 (선택 사항) 초월 함수의 적분

지수 함수를 적분하는 공식부터 시작합시다. 정리 3.8로 돌아가서 식 **5.15**의 관점으로 바라보면, 다음과 같은 적분 공식을 바로 얻을 수 있습니다.

정리 5.7

$$\int b^x \, dx = \frac{b^x}{\ln b} + C, \quad \int e^x \, dx = e^x + C \qquad \textbf{5.19}$$

이제 같은 접근 방식을 $1/x$의 적분을 계산하는 데도 적용해 봅시다(이 함수의 적분은 식 **5.16**에서 다루지 않았습니다). 여기서는 다음과 같은 정리 3.9를 약간 일반화한 식이 필요합니다(유도 과정은 연습문제 48번 참고).

$$\frac{d}{dx}\big(\ln \mid x \mid\big) = \frac{1}{x} \qquad \textbf{5.20}$$

식 **5.15**에 이를 사용하면 다음과 같은 적분 공식을 얻습니다.

정리 5.8

$$\int \frac{1}{x} dx = \ln \mid x \mid + C \qquad \textbf{5.21}$$

몇 가지 예를 통해 앞선 두 가지 정리를 살펴봅시다.

예제 5.16 $\int 3e^x \, dx$를 구하라.

해답

$$\int 3e^x \, dx = 3 \int e^x \, dx \qquad \text{정리 5.5 상수배의 법칙}$$

$$= 3e^x + C \qquad \text{식 } \boxed{5.19} \text{ 사용}$$

예 제 5.17

$\int (x^2 + 2^x)\,dx$ 를 구하라.

해답

$$\int (x^2 + 2^x)\,dx = \int x^2\,dx + \int 2^x\,dx \qquad \text{정리 5.5 합의 법칙}$$

$$= \frac{1}{3}x^3 + \frac{2^x}{\ln 2} + C \qquad \text{식 } \boxed{5.16}\text{과 식 } \boxed{5.19} \text{ 사용}$$

예 제 5.18

$\int \dfrac{x^2 + 1}{2x}\,dx$ 를 구하라.

해답 먼저 $f(x)$의 형태를 정리한다. $f(x) = \frac{x^2+1}{2x} = \frac{x}{2} + \frac{1}{2x}$

$$\int \frac{x^2 + 1}{2x}\,dx = \frac{1}{2}\int x\,dx + \frac{1}{2}\int \frac{1}{x}\,dx \qquad \text{정리 5.5 합과 상수배의 법칙}$$

$$= \frac{x^2}{2} + \frac{1}{2}\ln|x| + C \qquad \text{식 } \boxed{5.16}\text{과 식 } \boxed{5.21} \text{ 사용}$$

연관 문제	42-43, 52

이제 삼각 함수의 적분으로 주제를 옮겨 봅시다. 식 $\boxed{3.15}$와 식 $\boxed{3.23}$에 식 $\boxed{5.15}$를 적용하면 다음 정리를 얻을 수 있습니다.

정리 5.9

$$\int \cos x\,dx = \sin x + C, \quad \int \sin x\,dx = -\cos x + C, \quad \int \sec^2 x\,dx = \tan x + C$$

여기에 더해 예제 3.41과 3장 연습문제 77번의 결과에 식 $\boxed{5.15}$를 적용하면 삼각 함수의 역수 함수와 관련된 다음 공식을 얻을 수 있습니다.

$$\int \sec x \tan x \, dx = \sec x + C, \quad \int \csc^2 x \, dx = -\cot x + C, \quad \int \csc x \cot x \, dx = -\csc x + C$$

예제 5.19 $\displaystyle\int_0^\pi (\sin x + \cos x)\, dx$를 구하라.

해답 먼저 $f(x) = \sin x + \cos x$의 원시함수를 구한다.

$$\int (\sin x + \cos x)\, dx = \int \sin x \, dx + \int \cos x \, dx \qquad \text{정리 5.5 합의 법칙}$$

$$= -\cos x + \sin x + C \qquad \text{정리 5.9 사용}$$

그러고 나서 따름정리를 이용한다.

$$\int_0^\pi (\sin x + \cos x)\, dx = \big[-\cos x + \sin x\big]_0^\pi$$

$$= (-\cos \pi + \sin \pi) - (-\cos 0 + \sin 0) = 1 - (-1) = 2$$

연관 문제 | 54-55, 59-60

5.9 치환 적분

지금까지 함수들의 합과 차, 상수배를 적분하는 공식을 살펴보았습니다. 이때 식 **5.16**과 같이 몇 가지 특별한 함수를 적분하는 공식도 함께 살펴봤습니다. 이는 3장에서 미분 공식을 개발할 때와 비슷합니다. 이러한 과정을 계속하면 미분에서 곱의 법칙과 유사한 적분 공식을 개발할 수 있습니다. 이를 부분 적분이라 부릅니다. 하지만 부분 적분은 보통 미적분 심화 과정에서 다루므로 나중에 관련 도서나 문헌을 참고하여 공부하기 바랍니다. 지금껏 배운 내용을 잘 따라왔다면 더 깊은 내용도 어렵지 않게 이해할 수 있을 겁니다. 이 과정은 생략하고 대신 여기서는 연쇄 법칙과 유사한 적분 공식을 살펴보겠습니다.

먼저 정리 3.6의 연쇄 법칙에 식 **5.15**를 적용해 봅시다.

$$\frac{d}{dx}[F(g(x))] = F'(g(x))g'(x) \quad \Leftrightarrow \quad \int F'(g(x))g'(x)\,dx = F(g(x)) + C \qquad \textbf{5.22}$$

(여기서 f가 아닌 F를 사용한 이유는 곧 알게 됩니다.) 이때 오른쪽 식에서 피적분 함수는 꽤 복잡합니다. 따라서 $u = g(x)$로 치환하여 좀 더 간단히 만들어 보면 다음과 같습니다.

$$\int F'(g(x))g'(x)\,dx = \int F'(u)g'(x)\,dx \qquad \textbf{5.23}$$

이제 식 **5.3**을 떠올려보면, 같은 방식으로 다음과 같은 식을 얻을 수 있습니다.

$$du = g'(x)\,dx$$

이를 식 **5.23**에 대입하면 다음과 같습니다.

$$\int F'(g(x))g'(x)\,dx = \int F'(u)\,du$$

마지막으로 $F' = f$로 놓으면 다음 정리를 얻을 수 있습니다.

정리 5.11 🤔 **치환 법칙**

f가 구간 I에서 연속이고, $g(x)$가 미분 가능하며 치역 I를 갖는다고 가정하자. 그러면 $u = g(x)$에 대해 다음 식이 성립한다.

$$\int f(g(x))g'(x)\,dx = \int f(u)\,du \qquad \textbf{5.24}$$

종종 이러한 기법을 'u-치환'이라고도 부릅니다. 예제를 살펴봅시다.

예제 5.20 $\displaystyle\int 2x(x^2+1)^{100}\,dx$ 를 구하라.

해답 피적분 함수에 합성 함수 $(x^2+1)^{100}$이 포함되어 있다. 이러한 합성 함수의 '내함수'는 x^2+1이다. 따라서 $u = g(x)$를 다음과 같이 설정한다.

$$u = x^2 + 1 \quad \Rightarrow \quad du = 2x dx$$

이를 이용하여 적분을 치환하면 다음과 같다.

$$\int 2x(x^2+1)^{100} \, dx = \int u^{100} \, du$$

식 **5.16**에 $n = 100$을 사용하면 이러한 적분은 $\frac{u^{101}}{101} + C$이다. 하지만 여기서 끝이 아니다. 처음 시작했던 것과 같은 변수로 함수를 치환해야 한다. 따라서 $u = x^2 + 1$로 다시 치환하면 다음을 얻는다.

$$\int 2x(x^2+1)^{100} \, dx = \frac{(x^2+1)^{101}}{101} + C$$

예제 5.21 $\int_0^2 x(x^2+4)^3 \, dx$를 구하라.

해답 여기서는 $u = x^2 + 4$로 놓는게 합리적인 선택이다(합성 함수 $(x^2+4)^3$의 '내함수'). 그러면 $du = 2x \, dx$이고 양변을 2로 나누면 $\frac{1}{2} du = x \, dx$가 된다. 이제 식 **5.24**와 식 **5.16**을 이용하면 다음과 같다.

$$\int x(x^2+4)^3 \, dx = \int u^3 \left(\frac{1}{2} du \right) = \frac{1}{2} \int u^3 \, du = \frac{u^4}{8} + C = \frac{(x^2+4)^4}{8} + C \qquad \textbf{5.25}$$

이제 $x(x^2+4)^3$의 원시함수를 구했다. 여기에 따름정리를 적용하면 다음과 같다.

$$\int_0^2 x(x^2+4)^3 \, dx = \left. \frac{(x^2+4)^4}{8} \right|_0^2 = 480$$

예제 5.22 $\int \frac{x}{\sqrt{1+x^2}} \, dx$를 구하라.

해답 앞선 예제에서와 비슷한 이유로 여기서는 $u = x^2 + 1$을 선택한다. 그러면

$du = 2x\,dx$이고 양변을 2로 나누면 $\frac{1}{2}du = x\,dx$가 된다. 이제 식 **5.24**와 식 **5.16**을 이용하면 다음과 같다.

$$\int \frac{x}{\sqrt{1+x^2}}\,dx = \frac{1}{2}\int u^{-1/2}\,du = u^{1/2} + C = \sqrt{1+x^2} + C$$

예제 5.23 $\int \sqrt{x+1}\,dx$ 를 구하라.

해답 여기서 선택할 수 있는 u는 $x+1$뿐이다. $u = x+1$로 놓으면 $du = 1dx$이고 식 **5.24**를 이용하면 다음과 같다.

$$\int \sqrt{x+1}\,dx = \int 1 \cdot \sqrt{x+1}\,dx = \int \sqrt{u}\,du = \frac{2u^{3/2}}{3} + C = \frac{2(x+1)^{3/2}}{3} + C$$

예제 5.24 $\int x^5\sqrt{1+x^2}\,dx$ 를 구하라.

해답 이 문제는 지금까지 예제 중에서 가장 어려운 편이다. 하지만 직관적으로 $u = 1+x^2$으로 놓으면 해결할 수 있다. 그러면 $du = 2x\,dx$이고 $\frac{1}{2}du = x\,dx$가 된다. 이를 이용해서 식을 치환하면 다음과 같다.

$$\frac{1}{2}\int x^4\sqrt{u}\,du$$

(여기서 x^5의 x 하나는 $x\,dx = \frac{1}{2}du$에 사용했다.) 이제 x를 u로 완벽히 치환할 관계가 필요하다. 그런데 $u = 1+x^2$이므로 $x^2 = u-1$이고, 따라서 $x^4 = (u-1)^2$이 된다.

$$\frac{1}{2}\int x^4\sqrt{u}\,du = \frac{1}{2}\int \sqrt{u}(u-1)^2\,du = \frac{1}{2}\int \sqrt{u}(u^2 - 2u + 1)\,du$$
$$= \frac{1}{2}\int [u^{5/2} - 2u^{3/2} + u^{1/2})\,du$$

여기에 정리 5.5의 적분 속성과 식 **5.16**을 이용하면 다음과 같다.

$$\frac{1}{2}\int [u^{5/2} - 2u^{3/2} + u^{1/2})\,du = \frac{1}{2}\left(\frac{2u^{7/2}}{7} - \frac{4u^{5/2}}{5} + \frac{2u^{3/2}}{3}\right) + C$$

이때 각 적분마다 임의의 상수가 생기지만, 이는 앞선 식에 있는 또 다른 하나의 상수 C로 합칠 수 있다. 다시 $u = 1 + x^2$으로 치환하면 마지막으로 다음 식을 얻는다.

$$\int x^5\sqrt{1+x^2}\,dx = \frac{(1+x^2)^{7/2}}{7} - \frac{2(1+x^2)^{5/2}}{5} + \frac{(1+x^2)^{3/2}}{3} + C$$

연관 문제 23-26, 30-31

| 초월 함수 이야기 |

예제 5.25 다음 적분을 구하라.

(a) $\displaystyle\int_0^1 2xe^{x^2}\,dx$ (b) $\displaystyle\int \frac{1}{x+1}\,dx$ (c) $\displaystyle\int \frac{x^2 + 2x + 1}{x^2 + 1}\,dx$

해답

(a) $u = x^2$으로 놓으면 $du = 2x\,dx$이다. 식 **5.24**와 식 **5.19**을 이용하면 다음과 같다.

$$\int 2xe^{x^2}\,dx = \int e^u\,du = e^u + C = e^{x^2} + C$$

따라서

$$\int_0^1 2xe^{x^2}\,dx = e^{x^2}\bigg|_0^1 = e - 1$$

(b) $u = x+1$로 놓으면 $du = dx$이다. 식 **5.24**와 식 **5.21**을 이용하면 다음과 같다.

$$\int \frac{1}{x+1}\,dx = \int \frac{1}{u}\,du = \ln|u| + C = \ln|x+1| + C$$

(c) 먼저 함수의 형태를 간단하게 정리한다.

$$\frac{x^2 + 2x + 1}{x^2 + 1} = 1 + \frac{2x}{x^2 + 1}$$

그리고 나서 정리 5.5 합의 법칙을 적용하면 다음과 같다.

$$\int \frac{x^2 + 2x + 1}{x^2 + 1} dx = \int 1 \, dx + \int \frac{2x}{x^2 + 1} dx$$

첫 번째 적분은 $x + C_1$이다. 두 번째 적분을 계산하고자 $u = x^2 + 1$로 놓으면 $du = 2x \, dx$이다. 식 5.24와 식 5.21을 이용하면 다음과 같다.

$$\int \frac{2x}{x^2 + 1} dx = \int \frac{1}{u} du = \ln |u| + C_2 = \ln |x^2 + 1| + C_2$$

따라서 결과는 다음과 같다.

$$\int \frac{x^2 + 2x + 1}{x^2 + 1} dx = x + \ln(x^2 + 1) + C$$

여기서 $x^2 + 1$은 항상 양이므로 절댓값 기호를 붙일 필요가 없다. 또한 C_1과 C_2를 합쳐 C로 나타냈다.

예제 5.26 다음 적분을 구하라.

$$\text{(a)} \int \tan x \, dx \qquad \text{(b)} \int \cot x \, dx$$

해답

(a) $\tan x = \frac{\sin x}{\cos x}$ 이므로 $u = \cos x$로 놓으면 $du = -\sin x \, dx$이다. 따라서 식 5.24를 이용하면 다음과 같다.

$$\int \tan x \, dx = \int \frac{\sin x}{\cos x} dx = -\int \frac{1}{u} du$$

여기서 식 5.21을 적용하면 다음과 같다.

$$\int \tan x \, dx = -\ln |\cos x| + C = \ln |\sec x| + C$$

(b) $\cot x = \frac{\cos x}{\sin x}$ 이므로 $u = \sin x$로 놓으면 $du = \cos x \, dx$이다. 따라서 식 5.24를 이용하면 다음과 같다.

$$\int \cot x \, dx = \int \frac{\cos x}{\sin x} dx = \int \frac{1}{u} du$$

여기서 다시 식 5.21을 적용하면 다음과 같다.

$$\int \cot x \, dx = \ln|\sin x| + C$$

연관 문제   44-46, 51, 53

예제 5.27 다음 적분을 구하라.

$$\textbf{(a)} \int x^2 \cos(x^3)\,dx \qquad \textbf{(b)} \int \sec^2(2x)\,dx \qquad \textbf{(c)} \int_0^{\pi/4} \cos(2x)\,dx$$

해답

(a) $u = x^3$으로 놓으면 $du = 3x^2\,dx$이다. 식 **5.24**와 함께 정리 5.9를 이용하면 다음과 같다.

$$\int x^2 \cos(x^3)\,dx = \frac{1}{3}\int \cos u\,du = \frac{1}{3}\sin u + C = \frac{1}{3}\sin(x^3) + C$$

(b) $u = 2x$로 놓으면 $du = 2\,dx$이다. 식 **5.24**와 함께 정리 5.10을 이용하면 다음과 같다.

$$\int \sec^2(2x)\,dx = \frac{1}{2}\int \sec^2 u\,du = \frac{1}{2}\tan u + C = \frac{1}{2}\tan(2x) + C$$

(c) $u = 2x$, $du = 2\,dx$로 치환하면 다음과 같다.

$$\int \cos(2x)\,dx = \frac{1}{2}\sin(2x) + C$$

$C = 0$으로 놓고 식 **5.13**을 적용하면 다음과 같다.

$$\int_0^{\pi/4} \cos(2x)\,dx = \frac{1}{2}\sin(2x)\Big|_0^{\pi/4} = \frac{1}{2}\left(\sin\frac{\pi}{2} - 0\right) = \frac{1}{2}$$

연관 문제   56-58, 62-63

| 팁과 아이디어, 핵심 |

- u-치환 기법은 피적분 함수가 $f(g(x))g'(x)$ 형태일 때에만 유용하다. 이러한 피적분 함수에는 합성 함수 $f(g(x))$에 '내함수'의 미분인 $g'(x)$를 곱한 형태를 포함하고

있다. 따라서 첫 번째 핵심은 'u-치환은 피적분 함수가 합성 함수일 때만 사용해야 한다.' 는 점이다. (이는 이 기법이 연쇄 법칙에 기원을 두고 있는 것에서 유래한다. 연쇄 법칙은 합성 함수를 미분할 때만 사용한다.) 피적분 함수가 합성 함수라면 '내함수' 를 $u = g(x)$로 치환하여 문제를 해결할 수 있다.

- $u = g(x)$로 치환하면 $f(g(x))$를 $f(u)$로 바꾸게 된다. 여기에는 어려울 것이 없다. 하지만 적분의 남은 부분, 즉 $g'(x)dx$ 또한 du 형태로 바꿔야 한다. 따라서 완벽한 치환 식은 다음과 같다.

$$u = g(x), \qquad du = g'(x)dx$$

- 적분을 u와 관련된 식으로 변환해서 결과를 구했다면, 반드시 변수를 다시 x로 되돌리는 것을 잊어서는 안 된다($u = g(x)$를 사용하여).

u-치환에 대해 한 가지 더 언급하겠습니다. 지금까지 대부분 이 기법을 부정적분을 구하는 데 사용했지만, 정적분을 구할 때도 사용할 수 있습니다. 예제 5.21로 다시 돌아가 살펴보자면, 예제에서 $u = x^2 + 4$이므로 정적분의 상한 $x = 2$는 $u = 8$이 되고, 하한 $x = 0$은 $u = 4$가 됩니다. 따라서 다음 식이 성립합니다.

$$\int_0^2 x(x^2 + 4)^3 \, dx = \frac{1}{2} \int_4^8 u^3 \, du = \frac{1}{2} \left[\frac{u^4}{4} \right]_4^8 = 480$$

이렇게 얻은 답은 앞선 답과 같습니다. 이러한 치환 기법은 다음 연관 문제에서 좀 더 살펴 볼 수 있습니다.

연관 문제   37-40, 61

지금까지 적분에 대해 많은 것을 배웠습니다. 물론 추가적인 적분 기법과 이론도 있지만 이 책에서는 적분을 실제 세계라는 맥락에서 탐험하는 것이 목적이므로 이 정도로도 충분합니다. 이제 다시 실제 세계에서 적분이 어떻게 응용되는지 좀 더 살펴봅시다.

5.10 적분의 응용

적분의 간단한 응용 두 가지를 논의하면서 이번 장을 마치겠습니다. 미적분 심화 과정에서는 회전체의 부피와 같은 좀 더 광범위한 적분의 응용을 다루지만 이 책에서는 생략합니다. 다음과 같은 두 가지 예를 통해 이러한 응용 예를 소개하겠습니다.

앤더슨 체력 검사(Andersen Fitness Test)를 단순화한 버전에서는 사람이 거리가 떨어진 두 지점 A와 B 사이를 앞뒤로 2분 동안 왕복한다. 이때 각 끝 지점에서는 마루에 손을 짚어야 한다. (이 검사의 목적은 최대 왕복 거리를 측정하는 것이다.) 에밀리아의 속도가 다음과 같은 함수로 주어졌다고 가정하자.

$$v(t) = 80(t-1)^3 - 80(t-1)$$

여기서 단위는 ft/s이고 $0 \leq t \leq 2$이다(**그림 5.8** 참고).

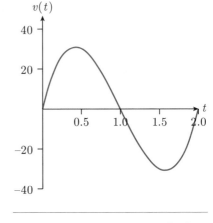

그림 5.8 구간 [0, 2]에서 $v(t) = 80(t-1)^3 - 80(t-1)$의 그래프

(a) 에밀리아가 움직이지 않는 시각은 언제인가? 에밀리아가 오른쪽으로 움직일 때와 왼쪽으로 움직일 때는 언제인가?

(b) 에밀리아가 A 지점에서 출발한다고 가정하자. 이때 A 지점으로부터 에밀리아의 **위치 함수** $s(t)$를 구하라.

(c) B 지점은 A 지점으로부터 얼마나 떨어져 있는가?

(d) $\int_0^2 v(t)\,dt$ 를 구하라. 그리고 이 값이 에밀리아의 2분에 걸친 **변위**(displacement), 즉 $s(2) - s(0)$과 어떤 관계가 있는가?

(a) $v(t)=0$을 풀면 된다. 양변을 인수분해하면 다음과 같다.

$$80(t-1)[(t-1)^2-1]=0 \qquad \Rightarrow \qquad t=0, 1, 2$$

따라서 검사를 시작할 때($t=0$)와 검사가 끝났을 때($t=2$), 그리고 중간에 한 번 ($t=1$) 움직이지 않는다.

에밀리아가 오른쪽으로 움직일 때는 위치 함수 $s(t)$가 증가하므로(에밀리아가 A 지점으로부터 멀어질 때), $s'(t)=v(t)>0$이다. **그림 5.8**에서 볼 수 있듯이 $v(t)>0$ 인 구간은 $(0, 1)$이다. 따라서 첫 1분 동안 에밀리아는 오른쪽으로 움직임을 알 수 있다. 또한 $v(t)<0$인 구간은 $(1, 2)$이므로 그녀가 움직이는 2분 중 마지막 1분 동 안 왼쪽으로 움직임을 알 수 있다.

(b) $s'(t)=v(t)$이므로 적분의 속성을 이용하면 다음 식을 얻는다.

$$s(t) = \int v(t)\,dt = \int [80(t-1)^3 - 80(t-1)]\,dt$$
$$= 80\int (t-1)^3\,dt - 80\int t\,dt + 80\int 1\,dt$$

이제 u-치환을 이용하면 $u=t-1$, $du=dt$가 되어 첫 번째 적분을 구할 수 있다.

$$\int (t-1)^3\,dt = \int u^3\,du = \frac{u^4}{4}+C = \frac{(t-1)^4}{4}+C$$

$s(t)$에 있는 두 번째와 세 번째 적분은 식 **5.16**과 식 **5.17**을 통해 쉽게 구할 수 있 다. 따라서 다음과 같다.

$$s(t) = 80\left(\frac{(t-1)^4}{4}\right) - 80\left(\frac{t^2}{2}\right) + 80t + C$$
$$= 20(t-1)^4 - 40t^2 + 80t + C$$

이때 에밀리아는 A 지점에서 출발하므로 $s(0)=0$이다. 따라서 $C=-20$임을 알 수 있다. 그러므로 다음과 같다.

$$s(t) = 20(t-1)^4 - 40t^2 + 80t - 20$$

(c) 규칙에 따라 에밀리아는 B 지점에서 마루에 손을 짚어야 한다. 그 순간 에밀리아의 속도는 0이다. (a)번에서 $t=0, 1, 2$일 때 $v(t)=0$임을 확인했다. 에밀리아는 $t=0$에서 검사를 시작하고 오른쪽으로 움직이며 $1 < t < 2$에서 왼쪽으로 움직이므로, $t=1$에서 멈춘 순간에 B 지점에 있게 된다. 이때 $s(1)=20$이므로 B 지점까지의 거리는 20ft이다.

(d) $v(t)$는 연속이므로 식 **5.13**으로부터 다음을 얻는다.

$$\int_0^2 v(t)\,dt = s(2) - s(0) = 0$$

여기서 알 수 있듯이 (b)번에서 얻은 $s(t)$ 공식을 이용하면 $s(2)=s(0)=0$이다. 따라서 검사를 하는 동안 에밀리아의 변위는 0임을 알 수 있다.

이번 예제의 (d)번은 피적분 함수가 $v(t)$와 같은 비율일 때, 앞선 따름정리의 보다 일반적인 해석을 나타낸 것입니다. 즉, 비율을 적분하면 근본 함수의 순 변화량(net change)이 됩니다(앞선 예제에서 근본 함수는 $s(t)$). 이것이 바로 식 **5.13**에서 피적분 함수가 도함수일 때 식 **5.13**을 종종 '**순 변화량 정리**(net change theorem)'라고 부르는 이유입니다. 이러한 경우 정적분에 대한 물리적 해석은 곡선 아래의 '부호가 있는 순수 면적의 합'이라는 기하학적 해석을 보완합니다 (식 **5.18** 참고). 다음 연관 문제에서는 이러한 새로운 해석을 좀 더 살펴봅니다.

연관 문제	5, 16, 32, 34-35

응용 예제 5.29 수많은 국가에서 소득은 국가의 임금 소득자들 사이에 고르지 않게 분배된다. 예를 들어, 2013년에 미국의 하위 99% 임금 소득자는 미국 세전 소득의 약 80%만을 받았다. 경제학자들은 로렌츠(Lorenz) 곡선 $L(x)$를 사용하여 이러한 소득 분배의 불평등을 정량화한다. 이는 가정의 하위 $x\%$가 벌어들인 국가 소득의 백분율로 정의된다

(여기서 x와 $L(x)$는 모두 소수 형식).[4] 한 국가의 로렌츠 곡선이 주어질 때 지니 계수 (Gini coefficient) G는 다음과 같이 정의된다.

$$G = \int_0^1 [2x - 2L(x)]dx \qquad \boxed{5.26}$$

이때 지니 계수는 해당 국가의 소득 분배 불평등을 측정하는 데 사용한다. 여기서 G 의 범위는 $0 \le G \le 1$이며 값이 클수록 불평등이 심하다는 뜻이다.

로렌츠 곡선 $L(x) = x^2$일 때 해당 국가의 지니 계수를 구하라.

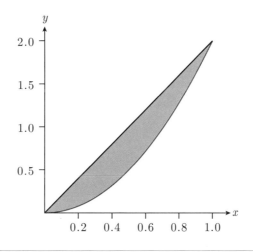

그림 5.9 구간 $0 \le x \le 1$에서 $y = x^2$(회색), $y = 2x$(검은색), 두 그래프 사이의 영역(파란색)

해답 식 $\boxed{5.26}$으로부터 다음을 얻는다.

$$G = \int_0^1 [2x - 2x^2]dx \qquad \boxed{5.27}$$

이러한 양은 **그림 5.9**의 파란색 영역의 면적이다. 이 면적은 $f(x) = 2x$ 그래프(검은색)

---

4 예를 들어 2013년 미국 데이터에 따르면 $L(0.99) = 0.8$이 된다.

아래의 면적과 $f(x)=x^2$ 그래프(회색) 아래의 면적의 차다. 이번 장에서 배운 내용을 이용하면 다음과 같다.

$$G = \int_0^1 [2x - 2x^2]\,dx = 2\int_0^1 x\,dx - 2\int_0^1 x^2\,dx \qquad \text{정리 5.5, 차와 상수배의 법칙}$$

$$= 2\left[\frac{x^2}{2}\right]_0^1 - 2\left[\frac{x^3}{3}\right]_0^1 \qquad \text{식 } \boxed{5.16}\text{과 정리 5.2 사용}$$

$$= 1 - \frac{2}{3} = \frac{1}{3} \qquad \text{정리}$$

따라서 이 국가의 지니 계수 $G=1/3$이다.

연관 문제   15

이제 마지막으로 이 모든 것이 시작된 곳으로 다시 돌아가 보겠습니다. 바로 **그림 1.4**의 떨어지는 사과 문제입니다. 이번에는 문제를 조금 더 일반화해서 공기 중에 던져진 충분히 무거운 물체의 위치 함수를 구해보겠습니다. 이때 공기 저항은 무시합니다.

 높이 h로부터 하늘 위로 똑바로 초기 속도 v_y(ft/s)로 던져 올린 물체를 가정하자. 그리고 이 물체의 가속도 함수를 $a(t) = -g$라고 하자. 여기서 $g \approx 32\text{ft/s}^2$이며 중력에 의한 가속도다. 이때, 물체의 수직 위치 함수 $y(t)$를 구하라.

해답

$a(t)=v'(t)$이므로 식 $\boxed{5.15}$를 이용하면 물체의 속도 공식을 얻는다. 적분의 속성과 식 $\boxed{5.17}$을 이용한다.

$$v(t) = \int a(t)\,dt = \int -g\,dt = -g\int 1\,dt = -gt + C$$

$v(0)=v_y$를 이용하면 $C=v_y$이므로 다음과 같다.

$$v(t) = v_y - gt$$

이제 $v(t) = y'(t)$이므로 다시 식 **5.15**를 이용하면 다음과 같다.

$$y(t) = \int v(t)\, dt = \int (v_y - gt)\, dt = v_y \int 1\, dt - g \int t\, dt = v_y t - \frac{gt^2}{2} + D$$

이때 $y(0) = h$이므로 $D = h$이다. 따라서 다음과 같다.

$$y(t) = h + v_y t - \frac{1}{2}gt^2 \qquad \textbf{5.28}$$

(이 식은 물체가 땅에 떨어지기 전까지만 유효하다.)

식 **5.28**은 상당한 성과입니다. 중력이 물체를 일정한 비율로 가속한다고(갈릴레오에 의해 밝혀짐) 가정할 때, 공중 물체의 일반적인 (수직) 위치 함수를 나타냅니다. 특히 $v_y = 0$인 경우에는(즉, 물체가 정지 상태의 높이 h에서 떨어짐) 식 **5.28**은 $y(t) = h - d(t)$가 됩니다. 여기서 $d(t)$는 3장에서 다룬 식 **3.2**의 거리 함수이며, 이것이 바로 뉴턴과 동시대 사람들이 미적분을 발명하도록 이끌었습니다. 참고로 연습문제 33번에서는 식 **5.28**을 이용하여 충분히 무거운 물체(예를 들어 공)를 공중에 던졌을 때 포물선 궤적을 따르는 이유를 설명합니다.

5.11 끝으로

이제 이번 장의 마지막에 다다랐습니다. 사실은 이 책의 마지막입니다. 지난 다섯 개의 장에 걸쳐 미적분의 핵심 개념인 극한, 미분, 적분을 살펴보았습니다. 지금까지 잘 따라온 여러분이 자랑스럽습니다. 보통의 미적분 과정에는 이 책에서 다룬 것보다 더 많은 주제가 있습니다. 하지만 그러한 내용 역시 궁극적으로는 지금까지 배운 극한과 미분, 적분에 의존합니다. 따라서 제가 아는 한, 이러한 다섯 개의 장을 이해했다면 미적분을 배웠다고 말할 수 있습니다. 여러분이 지수, 로그, 삼각 함수라는 선택적 주제를 아직 다루지 않았더라도 마찬가지입니다. 왜냐하면 궁극적으로 그러한 주제 역시 다른 함수에 대해 배운 극한과 미분, 적분 개념을 단지 응용하는 것뿐이기 때문입니다. 하지만 시간이 있다면 이들 함수도 다뤄보기를 권합니다. 초월 함수는 폭넓게 적용할 수 있으며 여러분이 수학(또는 과학)을 계속 공부하려 한다면 지속적으로 만나게 되기 때문입니다.

또한 우리는 이 책에서 미적분 개념을 다양한 곳에 응용하는 예를 탐험했습니다. 이 책 끝부분에 있는 '응용 예제 찾아보기'를 살펴보길 권합니다. 이 책에 있는 모든 응용 예제를 정리해 두었으므로 다섯 개의 장을 읽는 동안 놓쳤을지 모르는 응용 사례를 찾아보는 데 도움이 됩니다.

여러분이 이러한 미적분 모험을 제대로 즐겼기를 바랍니다. 에필로그에 다시 이 책을 마친 소회를 밝히겠지만, 여기서 한 번 더 말하겠습니다. 여러분이 미적분을 배운 것을 정말로 축하합니다. 수학에서 여러분의 앞길에 축복이 가득하기를 빕니다.

연습문제

→ 정답 328쪽

1-3: 물체의 속도 함수 $v(t)$가 다음과 같이 주어질 때, 면적의 함수 $A(t)$를 구하시오.

1. $v(x) = 10$

2. $v(x) = 1 - x,\ 0 \le x \le 1$

3. 다음과 같은 $v(x)$의 그래프

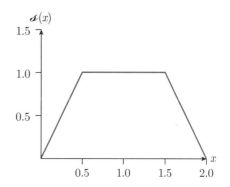

4. 앞선 그래프가 어떤 물체의 순간 속도 함수 $v(x)$라고 하자. 이를 이용하여 다음 구간에서 물체의 거리의 변화량을 구하시오.

    (a) $[0,\ 0.5]$ (b) $[0,\ 1]$ (c) $[0.5,\ 2]$

5. 어떤 물체의 속도 그래프가 다음 그림과 같다.

    (a) 물체가 왼쪽으로 움직이는 구간과 오른쪽으로 움직이는 구간을 구하시오.

    (b) $\displaystyle\int_0^1 v(x)\,dx$와 $\displaystyle\int_0^3 v(x)\,dx$를 구하고 결과를 해석하시오.

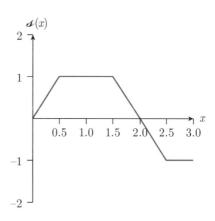

6. 구간 $0 \le t \le 1$에서 면적 함수를 $A(t) = \int_0^t \sqrt{1 + x^2}\, dx$ 라 하자.

    (a) 면적으로서 $A(t)$의 그래프를 그리시오.

    (b) $A'(t)$를 구하고 $[0, 1]$에서 $A(t)$가 증가하는 구간을 구하시오.

    (c) $A''(t)$를 구하고 $[0, 1]$에서 $A(t)$가 아래로 볼록인 구간을 구하시오.

7. $A(t) = \int_0^t x\, dx$ 라 하자.

    (a) $A'(t)$를 구하시오.

    (b) $g(t) = A(t^2)$이라 하자. $g'(t)$를 구하시오.

8. 면적을 이용하여 $\int_{-1}^{1} \sqrt{1 - x^2}\, dx$ 를 계산하시오.

힌트: 먼저 피적분 함수의 그래프를 그린다.

9. 미분 가능한 함수 f가 모든 t에 대해 다음 식을 만족한다.

$$\int_0^t f(x)\, dx = [f(t)]^2$$

가능한 f의 식을 구하시오.

10-12: 다음 주어진 함수에 대해 $F'(x) = f(x)$임을 검증하고, 주어진 a와 b값에 대해 정리 5.2 를 이용하여 $\int_a^b f(x)\, dx$ 를 구하시오.

---

10. $F(x) = (x + 1)^2$, $f(x) = 2(x + 1)$, $a = 0$, $b = 1$

11. $F(x) = -\frac{1}{x}$, $f(x) = \frac{1}{x^2}$, $a = 1$, $b = 2$

12. $F(x) = \sqrt{x}$, $f(x) = \frac{1}{2\sqrt{x}}$, $a = 1$, $b = 9$

13. 이번 문제는 정리 5.5 합의 법칙의 증명을 안내한다.

(a) 먼저 다음과 같이 정의한다.

$$A_{f+g}(t) = \int_a^t [f(x) + g(x)]\, dx$$

$$A_f(t) = \int_a^t f(x)\, dx$$

$$A_g(t) = \int_a^t g(x)\, dx \qquad \boxed{\text{5.29}}$$

어떤 정리를 사용해야 $[A_{f+g}(t)]' = f(t) + g(t),\, A_f'(t) = f(t),\, A_g'(t) = g(t)$ 가 성립함을 보일 수 있는가?

(b) (a)번에 따르면 다음 식이 성립한다.

$$[A_{f+g}(t)]' = A_f'(t) + A_g'(t)$$
$$= [A_f(t) + A_g(t)]'$$

여기서 마지막 등식은 어떤 정리를 사용해서 얻을 수 있는가?

(c) 어떤 정리를 사용해야 $[A_{f+g}(t)]' = [A_f(t) + A_g(t)]'$ 으로부터

$A_{f+g}(t) = A_f(t) + A_g(t) + C$ 가 성립함을 보일 수 있는가?

(d) 어째서 $t = a$로 놓으면 결과적으로 정리 5.5 합의 법칙이 나오는가?

14. 식 **5.1**로 돌아가보자. 식 **5.1**은 $A'(t) = d'(t)$와 같다.

   (a) $A'(t) = d'(t)$가 $d(t)$와 $A(t)$의 그래프에 대해 무엇을 알려주는지 설명하시오.

   (b) 이제 $g(t) = A(t) - d(t)$를 생각해보자. $g'(t)$에 대해 말할 수 있는 것은 무엇이며 어째서 그러한가?

   (c) 마지막으로 $g'(t) = 0$이 $A(t) = d(t) + C$를 의미하는 이유를 설명하시오.

15. 소득 분배의 불평등: 응용 예제 5.29로 돌아가보자.

   (a) 어째서 $L(0) = 0,\, L(a) = 1$인지 설명하시오. 또한 어째서 x와 $L(x)$ 모두 0과 1 사이의 수인지 설명하시오.

(b) 모든 가정의 소득이 같은 어떤 국가의 로렌츠 곡선은 $L(x) = x$인 이유를 설명하시오. 이러한 경우 $G = 0$임을 보이시오(소득 분배의 불평등이 없다).

(c) 실제로 모든 국가의 로렌츠 곡선은 $L(x) < x$를 만족한다. 이러한 사실의 의미를 설명하시오.

(d) $L(x) < x$가 $G > 0$을 의미함을 보이시오(소득 분배의 불평등이 존재한다).

16. 심박출량(Cardiac Output): 사람 심장의 심박출량 F는 심장이 1초당 펌프질하는 혈액의 양(리터 단위)이다. 심장전문의는 일정량 A(mg 단위)만큼의 염료를 심장의 우심방에 주입하고 심장이 펌프질할 때 대동맥 내 염료의 농도 $c(t)$(mg/L 단위)를 모니터링하여 F를 측정한다. T 시간이 지나면 주입한 모든 염료가 모니터링 검침기를 통해 흐르게 된다. 이때 F가 일정하다고 가정하면, 다음과 같음을 보일 수 있다.

$$F = \frac{A}{\int_0^T c(t)\, dt}$$

$c(t)$가 다음 그림과 같이 주어졌을 때, 색칠한 영역의 면적을 추측하여 F를 추정하시오.

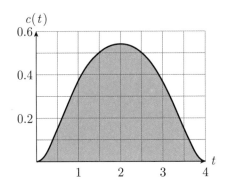

17-26: 다음 적분을 구하시오.

17. $\displaystyle\int_{-1}^{1} 4\, dx$

18. $\displaystyle\int_{0}^{2} (x^2 - 1)\, dx$

19. $\displaystyle\int_{0}^{2} \sqrt[3]{x}\, dx$

20. $\displaystyle\int_0^1 x(1+x^3)\,dx$ **21.** $\displaystyle\int \frac{x-2}{\sqrt{x}}\,dx$ **22.** $\displaystyle\int (y-1)(y-2)\,dy$

23. $\displaystyle\int_0^1 (1+3z^2)\,dz$ **24.** $\displaystyle\int_1^2 x\sqrt{x-1}\,dx$ **25.** $\displaystyle\int \frac{t^2}{\sqrt{1-t}}\,dt$

26. $\displaystyle\int_0^a x\sqrt{x^2+a^2}\,dx \quad (a>0)$

27. 다음 계산에서 틀린 점은 무엇인가?

$$\int_{-1}^1 x^{-2}\,dx = \left.\frac{x^{-1}}{-1}\right|_{-1}^1 = -2 \,?$$

> **28-31**: $\displaystyle\int_0^1 f(x)\,dx = 1$과 $\displaystyle\int_0^1 g(x)\,dx = 2$라는 사실을 이용하여 다음 적분을 구하시오.

28. $\displaystyle\int_0^1 7f(x)\,dx$ **29.** $\displaystyle\int_0^1 (2f(x)+3g(x))\,dx$ **30.** $\displaystyle\int_{-1}^0 g(-x)\,dx$

31. $\displaystyle\int_0^1 xf(x^2)\,dx$

32. 세계 석유 소비량: 2017년 이후 연당 배럴로 측정한 세계 석유 소비량의 순간 변화율을 $r(t)$라고 하자. 이때 $\displaystyle\int_0^{10} r(t)\,dt$가 나타내는 바를 설명하시오. 여러분은 이러한 양이 양수나 음수, 0 중에 어떤 값이 될 것으로 예상하는가? 이유를 간단히 설명하시오.

33. 포물선 궤적: 공기 중에 수직이 아닌 각도로 충분히 무거운 물체를 던지면 궤적은 포물선 형태를 띈다(공기 저항은 무시). 이유를 살펴보자.

(a) 물체의 수평 위치(즉, 물체를 던진 사람과의 수평 거리)를 $x(t)$라 표기하자. 공기 저항을 무시하고 v_x를 물체의 초기 수평 속도라 할 때, $x(t) = v_x t$가 되는 이유를 설명하시오.

(b) 물체의 수직 위치(즉, 땅으로부터 수직 거리)를 $y(t)$라 표기하자. (a)번과 식 **5.28**을 이

용하여 $y(x) = Ax^2 + Bx + C(A < 0)$임을 보이시오. (따라서 $y(x)$의 그래프는 위로 볼록한 포물선이다.) 상수 A와 B, C를 구하고 B와 C의 물리적 의미를 설명하시오.

34. 물시계: 이번 문제에서는 적분을 이용하여 '물시계'를 만드는 방법을 다룬다. 물시계는 물의 흐름을 통해 시간의 흐름을 측정하는 고대 시간 기록 장치다. 높이가 Hft이고 단면의 면적이 Aft^{2}인 원기둥 모양의 탱크를 생각해보자. 탱크에 깊이 $d(d \leq H)$까지 물이 가득 차 있고 바닥에 단면적 $A_h$ft^{2}인 작은 원형 구멍이 뚫려 있다고 하자. 탱크 속 물의 수위를 h라고 하면 **토리첼리의 법칙**(Torricelli's Law)으로 알려진 결과를 이용하여 다음 식이 성립함을 보일 수 있다.

$$h'(t) = \frac{8A_h}{A}\left(\frac{4A_h}{A}t - \sqrt{d}\right)$$

여기서 t는 물이 탱크 바닥의 구멍에서 쏟아지기 시작한 이후 흐른 시간이다.

(a) $A = \pi$, $d = 2$인 경우 바닥의 구멍이 1/16인치일 때(A_h를 계산하기 전에 인치를 피트로 바꿔야 함, 1피트 $=$ 12인치), 식 $h'(t)$를 적분한 결과는 다음과 같음을 보이시오.

$$h(t) = \left(\sqrt{2} - \frac{t}{4(96)^2}\right)^2$$

(b) 1시간(3,600초)의 경과를 나타내는 표식을 탱크 측면에 나타내려 할 때, 이 표식은 탱크 바닥으로부터 얼마의 높이에 있는가? 2시간(7,200초)이라면 어떻게 되는가?

35. 경험 곡선(The Experience Curve): 회사에서는 보통 시간이 지남에 따라 제품을 더욱 효율적으로 생산하므로 생산 비용이 감소한다. 연구에 따르면 이러한 효과를 **경험 곡선**으로 정량화할 수 있다고 한다. n번째 제품을 생산하는 데 드는 비용($ 단위)을 $P(n)$이라 하면 $P'(n)$에 대한 수학적 모델은 다음과 같다.

$$P'(n) = -aP(1)n^{-a-1}$$

여기서 $n \geq 1$이고 $a > 0$이다. 이번 문제에서는 이를 경험 곡선의 인기 있는 모델과 연결해본다. 먼저 문제를 간단히 하고자 $a = 0.23$, $P(1) = 100$으로 가정하자.

(a) $P'(100)$을 구하고 해석하시오.

(b) $P(n)$을 구하시오. (이렇게 얻은 함수는 **헨더슨 법칙**(Henderson's Law)의 특별한 형태다.)

(c) 생산하는 단위 수를 두 배로 늘릴 때마다 생산 비용이 약 15% 감소함을 보이시오. (즉, 회사가 제품 생산 경험을 더 많이 얻을수록 생산 비용이 감소하므로 $P(n)$에 '경험 곡선'이라는 이름이 붙었다.)

36. 이번 문제에서는 식 **5.8**의 보다 공식적인 증명을 안내한다.

(a) 식 **5.8**에서 f가 연속이라고 가정했던 점을 떠올려보자. 따라서 함수 f는 구간 $[t, t + \Delta t]$에서도 연속이다. 4장에서 배운 정리 중에 구간 $[t, t + \Delta t]$의 어떤 x값에서 f가 최댓값과 최솟값을 가짐을 보장하는 것은 무엇인가?

(b) 앞선 구간에서 f의 최솟값을 $f(m)$, 최댓값을 $f(M)$이라 적자. 그러면 m과 M은 구간 $[t, t + \Delta t]$에 있는 x값이며, 구간 $[t, t + \Delta t]$의 모든 x에 대해 $f(m) \leq f(x) \leq f(M)$이 성립한다. 이때 다음 식이 성립함을 설명하시오.

$$\int_t^{t+\Delta t} f(m)\,dx \leq \int_t^{t+\Delta t} f(x)\,dx \leq \int_t^{t+\Delta t} f(M)\,dx$$

(c) (b)의 결과가 어째서 다음 식과 같은 의미인지 설명하시오.

$$f(m) \leq \frac{1}{\Delta t} \int_t^{t+\Delta t} f(x)\,dx \leq f(M)$$

(d) 식 **5.5**를 이용하여 (c)의 결과를 다음과 같이 다시 적을 수 있다.

$$f(m) \leq \frac{\Delta A}{\Delta t} \leq f(M)$$

마지막으로 $\Delta t \to 0$일 때 어째서 앞선 부등식이 다음 식과 같은 의미인지 설명하시오 (이로써 식 **5.8**을 다시 만들어냈다).

$$\lim_{\Delta t \to 0} \frac{\Delta A}{\Delta t} = f(t)$$

37. f가 어디서나 연속이고 $c \in \mathbb{R}$일 때 다음을 증명하시오.

$$\int_{ca}^{cb} f(x)\,dx = c\int_a^b f(cx)\,dx$$

38. f가 어디서나 연속이고 $c \in \mathbb{R}$일 때 다음을 증명하시오.

$$\int_a^b f(x+c)\,dx = \int_{a+c}^{b+c} f(x)\,dx$$

39. f가 구간 $[0, a]$에서 연속이라고 가정하자.

    (a) $f(-x) = f(x)$일 때(이러한 함수를 **우함수**라 부름), 다음을 증명하시오.

$$\int_{-a}^a f(x)\,dx = 2\int_0^a f(x)\,dx$$

    (b) $f(-x) = -f(x)$일 때(이러한 함수를 **기함수**라 부름), 다음을 증명하시오.

$$\int_{-a}^a f(x)\,dx = 0$$

40. f'이 구간 $[a, b]$에서 연속이라고 가정하자. 다음을 증명하시오.

$$2\int_a^b f(x)f'(x)\,dx = [f(b)]^2 - [f(a)]^2$$

41. 정의역 $[a, b]$에서 연속 함수 f의 **평균값**은 다음과 같이 정의된다.

$$f_{\mathrm{av}} = \frac{1}{b-a}\int_a^b f(x)\,dx$$

구간 $[0, 2]$에서 $f(x) = \sqrt{x}$의 평균값을 구하시오.

지수 함수와 로그 함수 관련 연습문제

42-47: 다음 적분을 구하시오.

42. $\displaystyle\int 3e^{3x}\,dx$ **43.** $\displaystyle\int 5^x\,dx$ **44.** $\displaystyle\int_0^1 e^t\sqrt{1+e^t}\,dt$

45. $\displaystyle\int_e^{e^2} \frac{1}{z\ln z}\,dz$ **46.** $\displaystyle\int \frac{e^x}{\pi + e^x}\,dx$ **47.** $\displaystyle\int_1^e \frac{(\ln\theta)^2}{\theta}\,d\theta$

48. $x<0$이라고 가정하자. 연쇄 법칙을 이용하여 $\frac{d}{dx}[\ln(-x)]=\frac{1}{x}$임을 보이시오. 이를 정리 3.9와 함께 이용하면 식 **5.20**을 얻는다.

49. 정리 5.6의 마지막 속성과 $x>0$에 대해 $e^x \geq 1$이라는 사실을 이용하여 다음을 증명하시오.

$$x \geq 0\text{에 대해 } e^x \geq 1+x$$

그리고 나서 이 결과를 이용하여 다음을 증명하시오.

$$x \geq 0\text{에 대해 } e^x \geq 1+x+\frac{x^2}{2}$$

50. 식 **5.15**를 이용하여 $a \neq 0$에 대해 다음이 성립함을 검증하시오.

$$\int te^{-at}\,dt = -\frac{e^{-at}(1+at)}{a^2}+C$$

51. **쌍곡 사인** 함수(hyperbolic sine)와 **쌍곡 코사인** 함수(hyperbolic cosine)는 각각 $\sinh(x)$, $\cosh(x)$로 적으며 다음과 같이 정의된다.

$$\sinh(x)=\frac{e^x-e^{-x}}{2}, \quad \cosh(x)=\frac{e^x+e^{-x}}{2}$$

이때 다음을 보이시오.

$$\int \sinh(x)\,dx = \cosh(x)+C, \quad \int \cosh(x)\,dx = \sinh(x)+C$$

52. **소수 정리**(prime number theorem)에 따르면 양의 실수 x보다 작거나 같은 소수의 개수(함수 $p(x)$로 표시)는 x가 충분히 클 때 다음 식으로 근사할 수 있다고 한다.

$$p(x) \approx \int_2^x \frac{1}{\ln t}\,dt$$

(a) 앞선 식에서 $\approx$를 $=$로 취급하고 $p'(x)$를 구하시오. $p'(x)>0$임을 확인하고 결과를 해석하시오.

(b) 역시 앞선 식에서 $\approx$를 $=$로 취급하고 $p''(x)$를 구하시오. $p''(x)<0$임을 확인하고 결과를 해석하시오.

53. 인구 밀도: $p(r)$은 도심에서 r마일 떨어진 거리에 거주하는 제곱마일당 사람 수(천 명 단위), 즉 인구 밀도를 나타낸다. 이때 도심으로부터 x마일 안에 사는 총 인구는 다음과 같이 주어진다.

$$P(x) = \int_0^x 2\pi r p(r) \, dr$$

(a) p가 연속이라고 가정할 때, 미적분의 기본 정리와 4장에 있는 식 **4.10**을 이용하여 x의 작은 변화량 Δx에 대한 ΔP를 근사하시오. 그리고 $\Delta x > 0$에 대해 이 결과를 해석하시오.

(b) $p(r) = 6e^{-\pi r^2/100}$ 이라 가정하자. $P(x)$와 $\lim\limits_{x \to \infty} P(x)$를 구하시오. 그리고 $\lim\limits_{x \to \infty} P(x)$의 결과를 해석하시오.

삼각 함수 관련 연습문제

54-59: 다음 적분을 구하시오.

54. $\int (t^3 - \cos t) \, dt$

55. $\int (\csc^2 x - \sin x) \, dx$

56. $\int 2\sqrt{\cot t} \csc^2 t \, dt$

57. $\int_0^{\pi/4} \sin(3z) \, dz$

58. $\int_0^{\pi/4} \frac{\sin x}{\cos^2 x} \, dx$

59. $\int (1 + \tan\theta) \, d\theta$

60. 연습문제 41번을 참조하여 구간 $[0, \pi]$에서 $f(x) = \sin x$의 평균값을 구하시오.

61. 다음과 같은 적분을 생각해보자.

$$\int_{\pi/3}^{\pi/2} \sin\theta \sqrt{1 - 4\cos^2\theta} \, d\theta$$

(a) $u = 2\cos\theta$로 치환하면 다음과 같은 적분으로 변환됨을 보이시오.

$$\frac{1}{2} \int_0^1 \sqrt{1 - u^2} \, du$$

(b) (a)번의 적분을 기하학의 면적
공식을 이용하여 계산하시오.

힌트

관심 영역의 그래프를 그린다. 그러면 $0 \le x \le 1$에서 $y = \sqrt{1 - x^2}$ 그래프 아래의 면적이 된다.

62. 폐활량: 휴식 중인 사람의 한 번의 호흡 주기 동안에 폐로 흐르는 공기의 속도를 v라고 하자 (v는 초당 리터로 측정한다). v에 대한 합리적인 모델은 다음과 같다.

$$v(t) = a\sin(bt)$$

여기서 a와 b는 양의 상수이고 t는 호흡 주기를 시작한 이후 흐른 시간(초 단위)이다.

(a) 공기 흐름의 최대 속도는 얼마인가? (답은 a에 달렸다.)

(b) 한 번의 호흡 주기는 얼마나 긴가? (답은 b에 달렸다.)

(c) t^*를 (b)에서 구한 수의 절반이라고 하자. 이때 다음을 구하고, 이것이 무엇을 나타내는지 설명하시오.

$$\int_0^{t^*} v(t)\,dt$$

63. 평균 온도: 가정용 온도 조절기는 정해진 실내 온도를 유지하기 위해 전원을 켜고 끈다. 더운 여름날 여러분 집의 온도 조절기가 집안 온도를 다음과 같은 함수에 따라 조절한다고 가정해보자.

$$T(t) = a + b\sin(ct)$$

여기서 $T(t)$는 시간 t(자정부터 측정한 시간 단위)에서의 온도(℉)이고 a, b, c는 양의 실수다.

(a) 여러분이 최고 온도를 76℉, 최저 온도를 72℉로 하고 싶다고 하자. 이때 a와 b를 구하시오.

(b) (a)에서 구한 a와 b값과 연습문제 41번의 식을 이용하여 24시간 주기에 걸친 평균 온도 T_{av}가 다음과 같음을 보이시오.

$$T_{av} = 74 + \frac{1}{12c}[1 - \cos(24c)]$$

(c) $T_{av} = 74$℉로 만드는 0이 아닌 가장 작은 c값을 구하시오.

에필로그

먼저 이 책을 마친 것을 축하합니다. 미적분은 많은 사람이 어렵고 추상적이며 접근하기 어렵다고 여기는 주제입니다. 하지만 이 책이 여러분에게 색다른 경험을 주었으면 좋겠습니다. 이 책에 포함된 많은 응용 예제와 연습문제를 통해 미적분을 실제 세계의 현상에 어떻게 적용할 수 있는지 폭넓게 이해할 수 있었을 겁니다. 이러한 응용 사례 중 일부는 제가 언급했듯이 미적분의 발전을 이끌었습니다. 따라서 물리와 생명과학, 사회과학 등 수많은 분야에 미적분이 숨어 있다는 사실은 그리 놀라운 일이 아닙니다.

여러분 미래에 어디서, 어떻게 미적분이 나타날지 모르지만, 저는 여러분이 이 책으로부터 미적분의 핵심을 얻고 기억하기를 바랍니다. 그중에 가장 중요한 것은 제가 1장에서 언급했던 "미적분이 무엇인가?"라는 질문에 대한 답입니다.

미적분은 사고 방식, 즉 동적(dynamics) 사고 방식이다. 내용적으로
미적분은 무한소(infnitesimal)의 변화를 다루는 수학이다.

이제 여러분은 제가 한 말의 의미를 훨씬 깊게 이해할 수 있을 겁니다. 우리는 미적분의 세 기둥(극한, 미분, 적분)을 살펴보는 데 이러한 동적 사고 방식을 거듭해서 사용했습니다. 이들 세 기둥 각각은 미적분의 본질인 '무한소의 변화'를 구현하고 있으며, 이 책에서는 장 제목을 통해 이러한 세부적인 특징을 기억하는 데 도움을 주려 노력했습니다.

250 미적분에 빠진 하루

- 극한: 한없이 다가가는 방법(하지만 결코 도달하지 않는)
- 미분: 변화와 정량화
- 적분: 변화를 더하다

우리는 이 책에서 많은 내용을 다뤘습니다. 하지만 배워야 할 수학은 항상 더 많이 있습니다. 여러분이 앞으로 결국 어떤 전공 분야를 선택하느냐에 따라, 관심 분야를 이해하는 데 이 책에서 다룬 미적분의 기본 이상이 필요할 수 있습니다. 그래서 저는 여러분이 수학을 계속 공부하기를 강력히 권합니다. 수학은 결과가 영원히 참인 유일한 과목입니다. 예를 들어 기하학에서 다양한 관계에 대한 유클리드의 증명은 천 년 전과 마찬가지로 오늘날에도 참이며, 앞으로 수천 년이 지나도 마찬가지일 겁니다. 여러분이 세계 어디에 살든, 어떤 언어를 쓰든, 수학은 우리의 세계와 우주, 삶을 이해할 수 있는 통일된 언어를 제공합니다.

여러분이 이 책을 재미 있게 읽었기를 바랍니다. 그리고 꼭 수학 공부를 계속하기를 바랍니다.

감사의 말

책이 나오기까지는 정말 많은 작업이 필요합니다. 저는 책에 얼마나 많은 사람이 참여하는지 항상 놀라곤 합니다. 책을 쓸 때마다 저는 책을 쓰는 사람이 단지 저자뿐만은 아니라는 사실을 깨닫곤 합니다. 원고에 제안을 해주는 리뷰어, 글 쓰는 동안 저자를 지지해주는 가족, 책을 제작하는 출판팀, 모두 완제품을 만드는 데 중요한 역할을 합니다. 여기 나열하는 사람들은 제가 하고 싶은 말을 여러분에게 전달하는 데 도움을 준 사람들 중 몇 명일뿐입니다. 프린스턴 대학 출판부의 편집자 비키 커언과 출판 마케팅팀에게 감사드립니다. 조라이다, 에밀리아, 알리시아, 마리아, 그리고 다른 가족 모두의 지속적인 지지와 격려에 감사드립니다. 시간을 내어 이 책의 초고를 읽고 귀중한 피드백을 준 리뷰어와 학생, 교수진 모두에게 감사드립니다. 특히 초고를 세심하게 읽고 도움되는 조언을 해준 그웬 엔큐브에게 감사드립니다. 그리고 마지막으로 여러분에게 감사드립니다. 궁극적으로 이 모든 사람의 시간과 에너지는 바로 여러분이 미적분을 배우는 데 도움을 주겠다는 하나의 통일된 목표를 향한 것이었습니다. 제가 여러분 모험의 길잡이가 될 수 있게 해줘서 정말 감사합니다.

부록 A

함수 알아보기

미적분에서 다루는 작업은 거의 모두가 함수에 대한 것입니다. 함수에 극한을 취하고(2장), 함수를 미분하고(3장), 함수를 적분합니다(5장). 하지만 어째서 그럴까요? 함수가 미적분의 중심인 이유가 무얼까요? 그렇다면 함수란 무엇인가요? 단지 수학 전문 용어일까요, 아니면 함수에 실제 세계에 응용할 수 있는 무언가가 있는 걸까요? 이번 부록에서는 이러한 질문의 답을 살펴보겠습니다.

A.1 변수란 무엇인가? (팬케이크 문제)

미적분의 주요 파트는 변화를 탐구하는 것입니다. 수학에서 우리는 **변수**(변하는 양)를 도입하여 변화를 정량화합니다. 예를 들어 다음과 같습니다.

- 집 안의 온도 T는 변수다.
- 은행 계좌의 잔액 M은 변수다.
- 팬케이크의 면적 A는 변수다.

(수학에서는 변수를 이탤릭체로 표시하고 해당하는 양의 의미를 상기시키는 문자를 선택하는 경우가 많습니다.) 종종 우리가 관심 있는 변수는 방정식으로 다른 변수와 관계를 맺습니다. 팬케이크 문제를 살펴봅시다. 반지름 r인 원형 팬케이크의 면적을 A라고 합시다. 그러면 다음과 같은 관계가 있습니다.

$$A = \pi r^2$$

여기서 π는 유명한 수로서 무리수이며 $\pi \approx 3.14$입니다. 이 방정식은 r값을 제곱하고 π를 곱하면 면적 A를 계산할 수 있다는 뜻입니다. 이때 A값은 r값에 따라 달라지므로 A를 **종속 변수**, r을 **독립 변수**라고 부릅니다. 또한 독립 변수의 특정한 값을 **입력**(input)이라 하고 종속 변수의 특정한 결괏값을 **출력**(output)이라고 합니다. 예를 들어 입력 $r=2$(팬케이크의 반지름 2)일 때, 출력은 $A = \pi(2^2) = 4\pi$(팬케이크의 면적은 12.6)가 됩니다.

여기 $A = \pi r^2$이라는 공식에는 아직 눈치 채지 못한 특별함이 있습니다. 즉, 각각의 입력에 대해 출력은 정확히 하나라는 점입니다. 따라서 같은 r값에 대해 두 개 이상의 A값을 얻을 수는 없습니다. 예를 들어 반지름이 2cm인 완벽한 원형 팬케이크의 면적을 구한다면 답은 $4\pi \text{cm}^2$ 단 하나입니다. 하지만 입력과 출력에 관계된 모든 방정식에 이러한 속성이 있는 것은 아닙니다. 예를 들어 방정식 $x^2 + y^2 = 1$(원점이 중심인 단위 원의 방정식)에서는 $x=0$일 때 $y^2=1$이 되고, 이때 답은 $y=-1$과 $y=1$이 됩니다. 따라서 입력 $x=0$에 대해 두 가지 서로 다른 출력이 나옵니다. 이때는 '각각의 입력에 대해 출력은 정확히 하나'라는 규칙을 따르는 2변수 방정식으로 이러한 문제를 방지할 수 있습니다. 이 점이 미적분의 기초가 되는 개념인 '함수'에 대한 모티브가 됩니다.

A.2 함수란 무엇인가?

다음은 우리가 다룰 함수의 일반적인 정의입니다.

정의 A.1

변하는 양 y의 값이 전적으로 또 다른 변하는 양인 x의 값에 의존한다고 가정하자. 이때 각각의 입력 x에 대해 정확히 하나의 출력 y가 있다면 이러한 관계를 (**단일 변수**) **함수**라고 부른다. 그리고 이를 다음과 같이 적는다.

$$y = f(x)$$

이를 'y는 x의 함수'라고 말하며 f를 함수라고 부른다.

'$f(x)$' 표기에는 두 가지 목적이 있습니다. 첫째, 이는 우리가 함수를 다룬다는 것을 상기시 킵니다(따라서 출력의 모호성에 대해 걱정할 필요가 없습니다). 둘째, 특정한 입력에 대한 결과로 나오는 출력을 추적하는 데 도움이 됩니다. 즉, x가 입력이면 $f(x)$가 출력입니다($y = f(x)$를 떠올립시다). 함수에 x값을 입력하는 것을 '함수를 계산한다'라고 합니다. 예를 들어 '$x = 2$에서 $f(x) = x^2$을 계산하라'는 말은 'x에 2를 대입하라'는 뜻이므로 결과는 $f(2) = 4$가 됩니다.

연관 문제　1-2(a)

A.3 함수의 정의역

정의 A.1에는 '각각의 입력에 대해'라는 표현이 있습니다. 하지만 함수에 어떤 입력값을 넣을 수 있는지 어떻게 알 수 있을까요? 이는 바로 함수의 **정의역**(domain), 즉 가능한 입력값의 집합에 달렸습니다.

예제 A.1　다음 함수의 정의역을 구하라.

(a) $g(x) = \dfrac{1}{x}$ 　　　　　　　　　　**(b)** $f(x) = x + 4$

해답

(a) g의 정의역은 $x = 0$을 제외한 모든 실수다.[1]

(b) 정의역은 모든 실수다. 모든 실수는 집합 $\mathbb{R}$로 적으며 구간 $(-\infty, \infty)$와 같다.

1　0으로 나누는 것은 정의되지 않는다. 이유 중 하나는 다음과 같다. $1/0$을 어떤 숫자 a라고 하자. 이때 양변에 0을 곱하면 $1 = 0$이 되며 이는 거짓이다. 따라서 $1/0$은 어떠한 실수와도 같지 않다.

때로는 정의역을 결정하는 데 맥락과 관련된 지식이 필요합니다. 앞서 이야기한 '팬케이크 함수' $A = \pi r^2$을 통해 간단히 살펴봅시다. 수학적으로는 원하는 아무 값이나 r에 대입할 수 있습니다. 하지만 실제로는 팬케이크의 반지름이 $r \leq 0$일 수는 없습니다. 따라서 이러한 맥락에서 올바른 정의역은 $(0, \infty)$가 됩니다.

A.4 함수의 그래프와 치역

정의역 개념과 비슷하게, 정의역에 있는 값의 전체 집합을 이용하여 결과로 얻은 출력 집합을 함수의 **치역**(range)이라고 합니다. 함수의 치역을 구할 때는 종종 **그래프**(graph)를 이용합니다. 그래프는 f의 정의역에 있는 모든 x에 대해 입력과 출력을 나타내는 점 $(x, f(x))$의 집합입니다.

함수의 그래프를 그리려면 정의역을 알아야 합니다. 정의역을 알아내면 각각의 가능한 입력 x를 함수에 대입하여 관련된 출력 $f(x)$를 얻을 수 있고 점 $(x, f(x))$를 생성할 수 있습니다. 그런 다음 xy 평면에 이러한 모든 점을 그리면 함수의 그래프를 얻습니다.

예제 A.2 $f(x) = x^2$의 그래프를 그리고 치역을 구하라.

해답 f의 정의역은 $\mathbb{R}$이다. 따라서 x에 대해 어떠한 실수라도 대입할 수 있다. 이럴 때는 몇몇 값을 골라 $f(x)$값을 계산한다. 여기서는 이러한 값과 관련 점들을 모아 **그림 A.1 ⓐ**의 표에 나타냈다. 그리고 이러한 점들을 **그림 A.1 ⓑ**에 표시했다. 더 많은 점들을 표시하면 결국에는 그림의 파란색 포물선이 된다. 그림을 보면 치역이 $y \geq 0$을 만족하는 y값의 집합임을 알 수 있다. $y = x^2$은 음이 아니고 $f(0) = 0$이므로 치역은 실제로 $[0, \infty)$가 된다.

x	$f(x)$	$(x, f(x))$
0	0	$(0, 0)$
$\frac{1}{2}$	$\frac{1}{4}$	$\left(\frac{1}{2}, \frac{1}{4}\right)$
1	1	$(1, 1)$
-1	1	$(-1, 1)$
2	4	$(2, 4)$

ⓐ

ⓑ

그림 A.1 **ⓐ** $f(x) = x^2$의 값과 점들 **ⓑ** $-3 \leq x \leq 3$에서 $f(x) = x^2$의 그래프

 그림 A.1 ⓑ를 보면 알 수 있듯이, 함수의 그래프에 있는 모든 점에 대해 두 가지, 즉 x값과 그에 따른 f값을 알 수 있습니다. 또한 $f(x)$값은 해당 점이 x축으로부터 얼마나 떨어져 있는지 알려줍니다. 예를 들어 그림에서 점 $(2, 4)$는 x축으로부터 4단위만큼 위에 있습니다.

예제 A.3 **그림 A.2**에 그래프로 나타낸 함수를 살펴보자.

(a) $f(0)$, $f(2)$, $f(5)$를 구하라.

(b) f의 정의역을 구하라.

(c) f의 치역을 구하라.

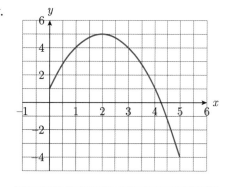

해답

(a) $f(0) = 1$, $f(2) = 5$, $f(5) = -4$

(b) f의 정의역은 $[0, 5]$ $(0 \leq x \leq 5)$

그림 A.2

(c) x값에 대해 -4와 5 사이(두 숫자 포함)의 모든 y값을 얻는다.

 따라서 치역은 $[-4, 5]$

연관 문제   2(b)-(c), 3-6

앞선 두 그림에 그래프로 나타낸 함수들은 다항식(polynomial)으로 알려진 함수의 특별한 예입니다. 이제 곧 일반적인 다항식을 살펴보겠습니다. 하지만 그전에 먼저 가장 단순한 다항식인 선형 함수부터 알아봅시다.

A.5 선형 함수와 응용

> **정의 A.2**
>
> 다음과 같은 방정식으로 적을 수 있는 함수 f를 **선형 함수**라 부른다.
>
> $$f(x) = mx + b \qquad \text{A.1}$$
>
> 여기서 m은 **기울기**, $(0, b)$는 y**절편**이라 부른다.

모든 선형 함수의 정의역은 $\mathbb{R}$ 입니다. 즉, 식 **A.1**에 x값으로 어떤 실수라도 입력할 수 있습니다. 그리고 치역도 $\mathbb{R}$ 입니다. 그리고 정의에 있는 마지막 문장을 이해하려면 기울기와 y절편에 대한 해석을 살펴보아야 합니다.

y절편의 해석은 간단합니다. 즉, 선형 함수가 y축을 가로지르는 점입니다. 반면에 기울기는 직선의 그래프가 얼마나 가파르냐를 측정합니다(선형 함수의 그래프는 직선입니다). 기울기와 가파름의 관계(slope – steepness connection)를 이해하려면 먼저 기울기를 계산하는 방법을 살펴보아야 합니다.

> **직선의 기울기를 구하는 방법**
> 직선 위의 서로 다른 두 점 (x_1, y_1)과 (x_2, y_2)가 주어질 때, 기울기 m은 다음과 같다.
>
> $$m = \frac{y_2 - y_1}{x_2 - x_1} \qquad \text{A.2}$$

종종 식 **A.2**는 두 점 사이의 y값과 x값의 변화량인 $\Delta y = y_2 - y_1$, $\Delta x = x_2 - x_1$이라는 용어로 표현하기도 합니다. (여기서 Δ는 그리스 문자 '델타'의 대문자로서 전형적으로 수학에서는 양의 변화를 나타냅니다.) 이를 이용해서 식 **A.2**를 표현하면 다음과 같습니다.

$$m = \frac{\Delta y}{\Delta x} \qquad \text{**A.3**}$$

이러한 'y의 변화량을 x의 변화량으로 나눈 값'이라는 정의에 따라 기울기는 때로 'x값의 증가에 따른 y값의 증가량'이라고 불리기도 합니다. 식 **A.3**의 양변에 Δx를 곱하면 다음 식을 얻습니다.

$$\Delta y = m \Delta x \qquad \text{**A.4**}$$

이 식을 통해 기울기와 가파름의 관계를 이해하려면 친구를 도와 트럭에 물건을 싣는 작업을 생각해봅시다(**그림 A.3** 참고).

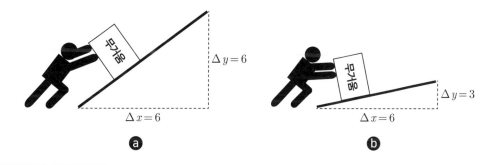

그림 A.3 비탈을 따라 무거운 물건을 옮길 때 **ⓐ** 기울기 1 **ⓑ** 기울기 0.5

그림의 두 가지 예에서 수평 거리는 $\Delta x = 6$으로 같습니다. 이때 식 **A.4**로부터 $\Delta y = 6m$임을 알 수 있습니다. 그리고 이 식이 의미하는 바에서 알 수 있듯이, 비탈이 가파를수록(그림 **ⓐ**) 기울기가 큽니다.

또한 식 **A.4**에는 직선과 기울기에 대한 유용한 정보가 많이 들어있습니다. 우선, 우리가 직선 그래프의 점 P에서 오른쪽을 1단위($\Delta x = 1$) 이동한다고 가정합시다. 그러면 식 **A.4**로부터

y값의 변화량 $\Delta y = m$임을 알 수 있습니다. 이때 $m > 0$이면 우리는 다음 점 Q에 다다를 때까지 위로 움직이므로 직선이 위로 기웁니다. $m = 0$이면 경사가 없으므로 수평으로 이동합니다. 그리고 $m < 0$이면 아래로 움직이므로 직선이 아래로 기웁니다. **그림 A.4**는 $m > 0$인 경우입니다.

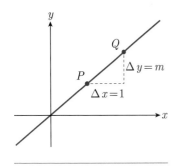

그림 A.4 기울기 $m > 0$인 선형 함수의 그래프. 점 P에서 오른쪽으로 1단위만큼 움직이면(즉, $\Delta x = 1$) y값의 변화량은 $\Delta y = m$이고 점 Q까지 위로 이동한다.

또한 **그림 A.4**를 보면 선형 함수의 그래프를 어떻게 그리는지 알 수 있습니다. 먼저 y절편 $(0, b)$를 표시합니다. 그러고 나서 오른쪽으로 1단위 이동하면서 똑바로 이동하거나 $(m = 0)$, m만큼 위로 이동하거나$(m > 0)$, m만큼 아래로 이동하면$(m < 0)$ 됩니다.

마지막으로 식 **A.4**는 직선의 방정식을 편리하게 구하는 데도 유용합니다. **그림 A.4**에서 P 점의 좌표를 (x_1, y_1), Q 점의 좌표를 (x, y)라고 하면, $\Delta y = y - y_1$, $\Delta x = x - x_1$이 됩니다. 이를 다시 식 **A.4**에 대입하면 기울기와 지나는 한 점을 알 때의 직선의 방정식을 얻을 수 있습니다.

기울기와 지나는 한 점을 알 때의 직선의 방정식

기울기가 m이고 점 (x_1, y_1)을 지나는 직선의 방정식은 다음과 같다.

$$y - y_1 = m(x - x_1) \qquad \text{A.5}$$

예제 A.4 다음 방정식을 구하라.

(a) 두 점 $(-1, 1)$과 $(1, 3)$을 지나는 직선

(b) 기울기가 -3이고 점 $(1, 6)$을 지나는 직선

해답

(a) 먼저 식 **A.2**를 이용하여 기울기를 계산한다.

$$m = \frac{3 - 1}{1 - (-1)} = 1$$

이제 이렇게 구한 기울기와 점 $(1, 3)$을 이용하여 식 **A.5**에 대입한다.

$$y - 3 = (1)(x - 1) \qquad \Rightarrow \qquad y = x + 2$$

(b) 한 점과 기울기가 주어졌으므로 식 **A.5**를 이용한다.

$$y - 6 = -3(x-1) \quad \Rightarrow \quad y = -3x + 9$$

연관 문제 7-11, 27

앞서 살펴본 물건을 옮기는 예뿐만 아니라, 선형 함수는 물리와 사회과학 등에 수없이 응용할 수 있습니다. 이제 이러한 응용 예를 살펴봅시다(이번 부록 끝의 연습문제에서 선형 함수의 더 많은 응용 사례를 확인할 수 있습니다).

선형 함수의 응용

종종 선형 함수는 실제 세계에서 두 변수 사이의 관계를 묘사하는 데 사용됩니다. 일반적으로 실제 세계의 문제를 '수학화'하는 것을 **수학적 모델링**(mathematical modeling)이라고 부릅니다(수학적 모델링은 4장에서 좀 더 자세히 다룹니다). 선형 함수가 출현하는 맥락을 보면, 기울기와 y절편이 종종 실제 세계를 해석하는 데 유용합니다. 다음 예제를 통해 살펴봅시다.

 여러분이 미국으로부터 유럽으로 여행을 하고 있다고 하자. 미국에서는 온도를 화씨 단위(F라고 표기)로 나타내지만 유럽에서는 섭씨 단위(C라고 표기)로 나타낸다. 다행히도 섭씨를 화씨로 되돌리는 방법은 다음과 같은 선형 함수로 주어진다.

$$F(C) = \frac{9}{5}C + 32 \qquad \textbf{A.6}$$

(a) y절편과 기울기를 식별하고 함수의 그래프를 그려라.

(b) y절편과 기울기를 해석하라.

해답

(a) 식 **A.6**을 식 **A.1**과 비교해보면 기울기는 $9/5 = 1.8$, y절편은 $(0, 32)$다. 그래프를 그리려면 먼저 y절편 $(0, 32)$를 표시한다. 그러고 나서 오른쪽으로 한 단위, 위로 1.8단위(기울기) 움직이고 점을 표시한다. 이 두 점을 이으면 직선의 그래프가 된

다(**그림 A.5**).

(**b**) y절편은 해석하기 쉽다. 0℃가 32℉로 전환된다는 뜻이다. 기울기를 해석할 때는 식 **A.4**에 기울기를 대입한다.

$$\Delta F = 1.8 \Delta C$$

여기서 $\Delta C = 1$이면 $\Delta F = 1.8$(기울기)이 된다. 따라서 섭씨로 1도 변할 때마다 화씨로는 1.8도 변하는 것과 같다는 의미다.

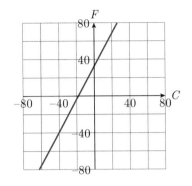

그림 A.5 섭씨를 화씨로 전환하는 방정식 $F(C) = \frac{9}{5}C + 32$의 그래프

실제 세계라는 맥락에서 기울기의 마지막 유용함은 바로 기울기의 단위입니다. 식 **A.3** 으로부터 기울기 m의 단위는 출력 y의 단위를 입력 x의 단위로 나눈 것이라는 점을 알 수 있습니다. 예를 들어 앞선 예제에서 1.8의 기울기는 화씨 온도를 섭씨 온도로 나눈 단위입니다. 이렇게 기울기의 단위가 곧 출력과 입력 단위의 비율이기 때문에, 기울기는 **변화율**(rate of change)의 한 가지 예가 됩니다. 이는 미적분의 주요 개념 중 하나인 미분의 기초가 되는 중요한 사실입니다. 이러한 아이디어의 또 다른 예를 살펴보겠습니다.

 친구가 오늘 100m 달리기 경주에 참여한다. 여러분은 경주로와 같은 방향으로 200m 떨어져서 친구를 응원한다. 정오에 달리기가 시작된다. 이때 여러분으로부터 친구와의 거리 d(미터 단위)가 다음과 같은 시간의 함수로 주어졌다.

$$d(t) = 200 - 3.9t$$

여기서 t는 정오부터 흐른 초 단위의 시간이다.

(**a**) 기울기와 y절편을 식별하라.

(**b**) $d(t)$의 그래프를 그려라.

(**c**) 이 문제의 맥락에서 (a)번의 답을 해석하라.

(**d**) 친구가 경주를 마친 시간은 언제인가?

해답

(a) 기울기는 -3.9, y절편은 $(0, 200)$

(b) $d(t)$를 그리려면 먼저 y절편 $(0, 200)$을 표시한다. 기울기가 -3.9이므로 오른쪽으로 한 단위 이동할 때 3.9단위만큼 아래루 이동한다. 이들 두 점을 이으면 **그림 A.6**과 같은 그래프를 얻는다.

(c) y절편은 정오에 친구가 여러분과 200m 떨어져 있다는 뜻이다. 기울기를 해석할 때는 식 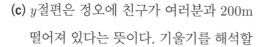를 이용한다. $\Delta d = -3.9\Delta t$이므로 매 초가 지날 때마다($\Delta t = 1$) 여러분과 친구 사이의 거리는 3.9m 감소한다(기울기가 음이므로). 게다가 출력 d는 미터 단위, 입력 t는 초 단위이므로, 기울기 -3.9의 단위는 m/s, 즉 속도가 된다. 따라서 이 문제에서 기울기는 친구가 여러분을 향해 달려오는 속도이다.

(d) 친구는 100m를 달리고 경주를 마친다. 이때 여러분과의 거리는 100m 떨어져 있다. 따라서 $d(t) = 100$이다.

$$100 = 200 - 3.9t \quad \Rightarrow \quad t = \frac{100}{3.9} \approx 25.6초 \qquad \text{(기호 } \approx \text{는 근삿값을 나타낸다.)}$$

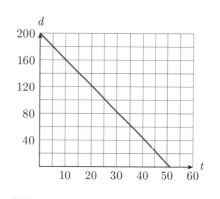

그림 A.6 $d(t) = 200 - 3.9t$의 그래프

연관 문제   18, 24, 27

A.6 그밖의 대수 함수

선형 함수는 **대수 함수**(algebraic function)의 예입니다. 대수 함수란 유한한 개수의 합과 차, 곱, 몫, 거듭제곱, 제곱근으로 구성된 함수입니다. 일반적으로 미적분에는 대수 함수와 비대수 함수(초월 함수)가 등장합니다. 여기서는 일단 대수 함수를 살펴보겠습니다(초월 함수는 선

택 사항이며 이번 부록의 마지막 두 섹션에서 다룹니다).

다항식

가장 단순한 대수 함수는 다항식입니다. 이들 함수는 ax^n 형태를 띈 항들의 유한 합입니다. 여기서 a는 실수이고 n은 음이 아닌 정수입니다. 일반적인 정의는 다음과 같습니다.

정의 A.3

함수 f가 다음과 같은 형식이면 **다항식**이라 부른다.

$$f(x) = a_n x^n + a_{n-1}x^{n-1} + \cdots + a_2 x^2 + a_1 x + a_0$$

이때 $n≥0$은 정수, $a_0, a_1, ..., a_n$은 실수이며 **계수**라 부른다. x의 최고차항의 차수를 다항식의 **차수** (dgree)라고 한다.

상수인 다항식($n=0$, $f(x)=a_0$)과 선형 다항식($n=1$, $f(x)=a_1 x + a_0$)은 직선입니다. 그 밖에 다른 다항식의 그래프는 곡선입니다. **그림 A.7 ⓐ**에 몇 가지 대표적인 예를 나타냈습니다. 이들 그래프에서 알 수 있듯이 모든 다항식의 정의역은 $\mathbb{R}$입니다.

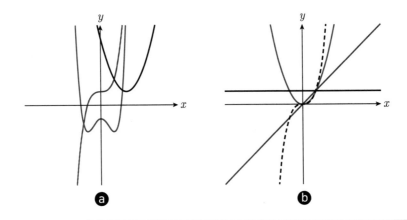

그림 A.7 ⓐ $f(x)=x^2-4x+5$ (검은색), $g(x)=x^3+1$ (회색), $h(x)=x^4-2x^2-1$ (파란색)
ⓑ $f(x)=1$ (검은색), $f(x)=x$ (회색), $f(x)=x^2$ (파란색), $f(x)=x^3$ (점선)

거듭제곱 함수

다항식은 x^n 형태를 띈 항들의 합입니다. 이제 여기서 n을 모든 실수까지 확장하면 다음과 같은 새로운 종류의 함수를 얻습니다.

> **정의 A.4**
>
> 함수 f가 다음과 같은 형식이면 **거듭제곱 함수**라 부른다.
>
> $$f(x) = ax^b$$
>
> 이때 a와 b는 실수다.

거듭제곱 함수의 그래프는 숫자 b의 유형에 많은 영향을 받습니다. 세 가지 흥미로운 경우를 간단히 살펴봅시다(간단히 하고자 $a = 1$로 설정).

Case 1: b가 음이 아닌 정수

이러한 경우 거듭제곱 함수는 1, x, x^2, x^3 등이 됩니다. **그림 A.7 ⓑ**에 이러한 함수 일부를 나타냈습니다. 이러한 모든 거듭제곱 함수의 정의역은 $\mathbb{R}$입니다.

Case 2: b가 양의 유리수

$b = \frac{m}{n}$이고 m과 n은 정수이며 $n \neq 0$, $m > 0$이라고 합시다. 그러면 이러한 거듭제곱 함수는 다음과 같은 형태가 됩니다.

$$f(x) = x^{\frac{m}{n}} = \sqrt[n]{x^m}$$

예를 들어 이러한 형태 중 하나로 $x^{\frac{1}{2}} = \sqrt[2]{x^1} = \sqrt{x}$가 있습니다. **그림 A.8 ⓐ**에 이들 함수 몇 가지를 나타냈습니다. 그래프를 보면 이들 함수의 정의역은 m과 n에 따라 달라집니다.

Case 3: b가 음의 정수

이러한 경우에는 b를 $b = -n$으로 놓으면 n은 양의 정수가 됩니다. 그러면 거듭제곱 함수는 다음과 같은 형태가 됩니다.

$$f(x) = x^{-n} = \frac{1}{x^n}$$

이들 함수의 그래프는 $n = 1$(즉, $b = -1$)인 경우인 $f(x) = \frac{1}{x}$의 그래프를 변형한 형태가 됩니다. **그림 A.8 ⓑ**에 그래프 일부를 나타냈습니다. 0으로 나눌 수는 없기 때문에 이들 함수에는 $x = 0$에 대응하는 y값이 없습니다($f(0)$은 정의되지 않는다고 말합니다). 그리고 이 때문에 이들 함수의 그래프는 수직선 $x = 0$(즉, y축)을 가로지르지 않습니다(그 외 다른 모든 x값에서는 함수가 정의되므로 정의역은 0이 아닌 모든 실수입니다). 따라서 수직선 $x = 0$이 실제로 모든 이들 함수의 **수직 점근선**입니다.[2] 이제 이러한 거듭제곱 함수의 흥미로운 응용 예를 살펴봅시다.

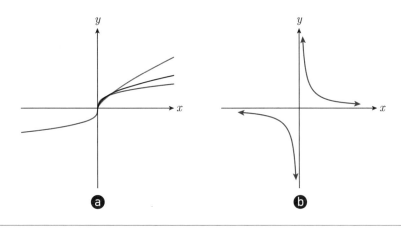

그림 A.8 ⓐ $f(x) = \sqrt{x}$ (검은색), $f(x) = \sqrt[4]{x^3}$ (회색), $f(x) = \sqrt[3]{x}$ (파란색) ⓑ $f(x) = \frac{1}{x}$

 응용 예제 A.7 유기체의 여러 생물학적 특성은 그램 단위로 측정한 유기체의 질량 x의 거듭제곱 법칙(power law) 함수를 따른다(이를 **상대성장 축적비**(allometric scaling law)라 부른

---

2 수직 점근선에 대한 자세한 내용은 2장에서 다룬다.

다). 예를 들어 포유류의 수명 L(년)과 심박수 H(분당 박동수)는 다음과 같은 거듭제곱 법칙 함수를 따른다.

$$L(x) = 2.33x^{0.21}, \quad H(x) = 1{,}180.32x^{-0.25}$$

다만 이 법칙에서 인간은 유일한 예외로 보인다.[3] 이들 함수를 이용하여 포유류의 심장이 일생 동안 약 15억 번 뜀을 보여라. (인간은 일생 동안 약 25억 번 심장이 박동한다.)

해답 1년은 525,600분이므로 $525{,}600H(x)$의 단위는 연당 심박수가 된다. 그러면 포유류의 일생 동안 총 심박수는 다음과 같다.

$$525{,}600H(x)L(x) = (1.45 \times 10^9)x^{-0.04}$$

이것은 또 다른 거듭제곱 법칙 함수다. 하지만 여기서 지수 $b = -0.04$는 거의 0에 가까우므로 $x^0 = 1$을 이용하면 다음과 같다.

$$525{,}600H(x)L(x) = (1.45 \times 10^9)^0 \approx 15억 \text{ (심박수)}$$

연관 문제 | 12-15, 19-22, 28

| 유리 함수 |

정의 A.5

함수 f가 다음과 같은 형식이면 **유리 함수**라 부른다.

$$f(x) = \frac{p(x)}{q(x)}$$

이때 p와 q는 다항식이고 $q(x) \neq 0$이다.

---

3 참고문헌 [4], [5]에서 각각 이 식이 유도되었다. 다른 상대성장 축적비에 대한 논의는 참고문헌 [3]에서 살펴볼 수 있다.

유리 함수의 정의역에서 $q(x) = 0$이 되는 x값은 모두 제외해야 한다. 때로는 그러한 값이 없을 수도 있고(**그림 A.9 ⓐ**), 때로는 그러한 값이 여러 개일 수도 있습니다(**그림 A.9 ⓑ**). **그림 A.9 ⓑ**의 그래프는 $x = \pm 1$에서 수직 점근선을 갖습니다. 이러한 x값이 분모 $x^2 - 1$을 0으로 만듭니다. 같은 현상이 $f(x) = \frac{1}{x}$에서도 발생합니다. 이러한 예들을 보고 여러분은 유리 함수는 분모가 0이 되는 x값에서 수직 점근선을 갖는다고 결론 내리려 할지도 모르겠습니다. 하지만 항상 그런 것은 아닙니다. 예를 들어 유리 함수 $f(x) = \frac{x}{x}$는 $x = 0$에서 수직 점근선을 갖지 않습니다. 실제로 수직 점근선을 정의하려면 극한이라는 미적분 개념이 필요합니다. 극한은 2장에서 다루며 거기서 수직 점근선의 정의도 논의합니다.

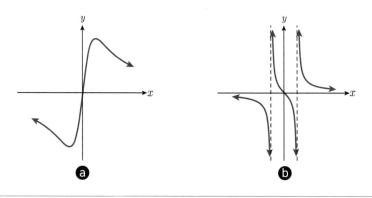

그림 A.9 ⓐ $f(x) = \frac{x}{x^2+1}$ ⓑ $g(x) = \frac{x}{x^2-1}$, 점선은 $x = \pm 1$의 수직 점근선

예제 A.8 다음 함수의 정의역을 구하라.

(a) $f(x) = \dfrac{x}{x-1}$

(b) $g(x) = \dfrac{x^3 + 2}{x^4 + x^3 - 4x^2 - 4x}$

해답

(a) 정의역은 $x = 1$을 제외한 모든 실수

(b) 먼저 분모를 인수분해한다.

$$x^4 + x^3 - 4x^2 - 4x = x(x^3 + x^2 - 4x - 4)$$
$$= x[x^2(x+1) - 4(x+1)]$$
$$= x(x+1)(x^2 - 4)$$

정의역에서 앞선 식의 마지막 부분을 0으로 만드는 모든 x값을 제외해야 한다. 따라서 정의역은 $x = -2, -1, 0, 2$를 제외한 모든 실수다.

연관 문제 16-17, 26, 29

A.7 대수 함수의 조합

지금까지 살펴본 함수를 조합하여 다른 함수를 만들 수 있습니다. 몇 가지 예를 살펴보면 다음과 같습니다.

$$f(x) = x^2 + \sqrt{x}, \quad g(x) = \frac{\sqrt{x}}{x^2 + 1}, \quad h(x) = \sqrt{x^2 + 1}$$

이들 함수는 다항식과 거듭제곱 함수의 합과 몫, 제곱근, 그리고 합성입니다. 아직 $h(x)$와 같은 합성 함수는 다루지 않았습니다. 지금부터 함수의 합성에 대해 살펴보겠습니다.

정의 A.6

f와 g를 함수라 하자. 그러면 $f \circ g$는 다음과 같이 정의된다.

$$(f \circ g)(x) = f(g(x))$$

이를 f와 g의 **합성 함수**라 부른다.

정의에 따르면 f와 g의 합성 함수는 $f(x)$의 x를 $g(x)$로 대체하면 얻을 수 있습니다.[4] 예를

---

4 때로는 이때 g를 '내함수', f를 '외함수'라 부르기도 한다.

들어, $f(x) = \sqrt{x}$ 에서 x를 $g(x) = x^2 + 1$로 대체하면 다음과 같은 합성 함수를 얻습니다.

$$f(g(x)) = \sqrt{g(x)} = \sqrt{x^2 + 1}$$

이것이 바로 이번 섹션 첫 부분에 나온 함수 $h(x)$입니다. 합성 함수를 발견하는 것은 매우 중요하므로 몇 가지 예제를 살펴보겠습니다.

예제 A.9 $f(x) = x - 1$이고 $g(x) = \dfrac{1}{1+x}$ 이라 하자. 이때 다음을 구하라.

(a) $f \circ g$ **(b)** $g \circ f$ **(c)** $f \circ f$

해답

(a) $f(x)$의 x를 $g(x)$로 대체하면 다음과 같다.

$$f(g(x)) = g(x) - 1 = \left(\frac{1}{1+x} \right) - 1 = \frac{1 - (1+x)}{1+x} = -\frac{x}{1+x}$$

(b) $g(x)$의 x를 $f(x)$로 대체하면 다음과 같다.

$$g(f(x)) = \frac{1}{1 + f(x)} = \frac{1}{1 + (x-1)} = \frac{1}{x}$$

(c) $f(x)$의 x를 $f(x)$로 대체하면 다음과 같다.

$$f(f(x)) = f(x) - 1 = (x - 1) - 1 = x - 2$$

앞선 예제를 통해 합성 함수에 대해 다음과 같은 두 가지 사실을 알 수 있습니다.

(1) $f \circ g$와 $g \circ f$는 일반적으로 같지 않다.

(2) $f \circ g$의 정의역은 f와 g의 정의역에 따라 달라질 수 있다.

연관 문제 | 23, 27

마지막으로 살펴볼 함수를 조합하는 방법은 '구간별로 결합'하는 방법입니다.

정의 A.7

함수 f가 각자 자신만의 정의역을 지닌 둘 이상의 다른 함수로 정의된다면, 이를 '**구간별로 정의된 함수**(piecewise function)'라고 부른다.

이러한 정의에 따르면 구간별로 정의된 함수는 다른 함수들의 조각들로 구성됩니다. 예를 들어 다음과 같습니다(**그림 A.10** 참고).

$$f(x) = \begin{cases} 2x, & 0 \leq x \leq 1 \\ 3x - 1, & 1 < x \leq 3 \end{cases}$$

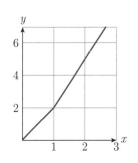

그림 A.10

구간별로 정의된 함수에서 주의할 점은 언제 어떤 함수를 사용할지 추적하는 것뿐입니다. 예를 들어 앞서 구간별로 정의된 함수에서 $f(1)$을 구하려면 f가 $2x$인 구간을 사용합니다. 왜냐하면 1은 첫 번째 정의역 $0 \leq x \leq 1$에 속하기 때문입니다. 따라서 $f(1) = 2$입니다. 하지만 $f(2)$를 구할 때는 $3x - 1$ 구간을 사용합니다. 이때는 2가 두 번째 정의역 $1 < x \leq 3$에 속하기 때문입니다. 따라서 $f(2) = 5$입니다.

A.8 지수 함수와 로그 함수

역사적으로 말하자면, 수학 문헌에는 지수 함수보다 로그 함수가 먼저 나타났습니다.[5] 하지만 이들 주제에 대한 현대적인 접근 방식에 따라 지수 함수에 대해 먼저 살펴보겠습니다.

---

5   수학자 네이피어(John Napier)가 1614년에 로그를 도입했다. 지수 함수는 1661년에서 1691년 사이에 수학자 호이겐스(Huygens)와 라이프니츠(Leibniz, 미적분의 공동 발명자)에 의해 처음 논의된 것으로 보인다.

지수 함수

흥미로운 문제를 하나 살펴봅시다. 요술 램프의 지니가 나타나 다음과 같은 두 가지 선택지를 준다고 합시다.

(A) 지금 당장 1,000만 달러($)를 받는다.

(B) 오늘 1달러로 시작해서 30일간 매일 전날 잔액의 두 배씩 증가시켜 30일 후에 받는다.

어떤 경우를 선택하겠습니까? '기다리는 자에게 복이 있나니'라는 말을 들은 적 있다면 더 좋은 선택을 할 수 있습니다. 수학적으로 설명하자면 선택지 (B)로부터 얻은 결과를 M 달러라고 표기하고 x를 오늘로부터 흐른 일 수라고 합시다. 그러면 다음과 같습니다.

$$M(0)=1, \qquad M(1)=2, \qquad M(2)=4, \qquad M(3)=8, \qquad \ldots$$

예측할 수 있듯이, 이들 수의 패턴을 나타내면 다음과 같습니다.

$$M(x)=2^x \qquad \textbf{A.7}$$

그리고 결과는 다음과 같습니다.

$$M(30)=2^{30}=\$1{,}000{,}737{,}418.23$$

와우! 십억 달러네요. 이제 지니한테 30일 후에 다시 오라고 합시다.

$M(x)$의 급속한 성장은 바로 지수 함수이기 때문입니다.

정의 A.8 **지수 함수**

a와 b가 실수이고 $a \neq 0$, $b>0$, $b \neq 1$이라고 하자. 그러면 다음과 같은 함수를 **밑**이 b이고 **초깃값**이 a인 **지수 함수**라 부른다. 또한, 이때 x를 **지수**라고 부른다.

$$f(x)=a\,b^x \qquad \textbf{A.8}$$

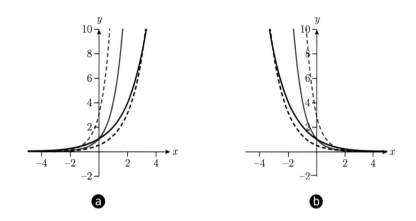

그림 A.11 **ⓐ** $f(x) = 2^x$ (파란색), $f(x) = 0.5(2.5)^x$ (파란 점선), $f(x) = 4^x$ (검은색), $f(x) = 3(5)^x$ (검은 점선)

ⓑ $f(x) = \left(\frac{1}{2}\right)^x$ (검은색), $f(x) = 0.5\left(\frac{2}{5}\right)^x$ (검은 점선), $f(x) = \left(\frac{1}{4}\right)^x$ (파란색), $f(x) = 3\left(\frac{1}{5}\right)^x$ (파란 점선)

이러한 정의에 대해 몇 가지 사항을 살펴보겠습니다.

- $f(0) = ab^0$이고 $b^0 = 1$이므로 $f(0) = a$가 된다. 따라서 $f(x) = ab^x$의 '첫' y값은 a이며, 이 때문에 a를 지수 함수의 초깃값이라 부른다.

- $f(x+1) = ab^{x+1} = ab^x b^1 = bf(x)$임을 확인하자(여기에는 지수 법칙을 사용했다). 따라서 x가 1단위 증가할 때마다 y값은 b배 증가한다. $b > 1$이면 y값은 점점 커지고 $0 < b < 1$이면 y값은 점점 작아진다. 즉, $b > 1$이면 지수 함수의 그래프는 증가하고 $b < 1$이면 감소함을 알 수 있다. 따라서 식 **A.10**에서 $b > 1$이고 $a > 0$이면 **지수적 성장**(exponential growth), $0 < b < 1$이고 $a > 0$이면 **지수적 붕괴**(exponential decay)라고 부른다. **그림 A.11 ⓐ**와 **ⓑ**에 이러한 예를 몇 가지 나타냈다.

- 지수 함수는 실제로 함수이다(정의 A.1을 만족한다). 게다가 모든 지수 함수의 정의역은 모든 실수다. 치역은 $a > 0$이면 $(0, \infty)$이고 $a < 0$이면 $(-\infty, 0)$이다. 중요한 점은 $f(x) = ab^x$은 절대 0이 되지 않는다는 점이다. (실제로 $y = 0$은 모든 지수 함수의 수평 점근선이며, 2장에서 미적분의 극한 개념을 통해 수평 점근선을 살펴본다.)

식 **A.7**의 $M(x)$ 함수에서 알 수 있듯이, 지수 함수는 돈과 관련된 문제로부터 자연스럽게 나타납니다. 다른 예제를 살펴봅시다.

 응용 예제 A.10 여러분이 매년 이자 $r\%$를 지급하는 은행 계좌를 개설하고 초기 예금 $100를 넣었다고 가정하자. 이때 t년 후의 예금 총액을 $M(t)$라 한다.

(a) $M(t) = 100(1 + r)^t$임을 보이시오(이때 r은 소수 표현).

(b) $r = 5\%$라 할 때, 10년 후 예금 총액은 얼마인가?

해답

(a) 1년이 지난 연말의 예금 총액은 다음과 같다.

$$M(1) = 100 + 100r = 100(1 + r)$$

이때 $M(1)$은 초기 예금 $100에 $100의 이자를 더한 것과 같다. 2년 후 연말의 예금 총액은 다음과 같다.

$$M(2) = M(1) + rM(1) = 100(1 + r)^2$$

따라서 t년 후 연말의 예금 총액은 다음과 같다.

$$M(t) = 100(1 + r)^t$$

(b) 10년 후 예금 총액은 다음과 같다.

$$M(10) = 100(1 + 0.05)^{10} \approx \$162.89$$

10년간 대략 63% 이익을 얻는다. 이는 단순하게 가정한 50% 이익(10년 동안 매년 5% 이익)보다 크다. **복리** 효과로 인해 더 큰 이익을 얻게 된다(예금 $100에 대해 얻는 이자에도 이자가 붙는다).

연관 문제   30-32, 41-44

지수 함수는 또한 경제면에서도 자주 출현합니다. 특히 **인플레이션**(inflation)을 이해하는 데 도움됩니다. 인플레이션이란 '경제에서 상품과 서비스의 전반적인 가격 수준이 일반적으로 증가하는 것'입니다(자세한 내용은 참고문헌 [6]과 [7] 참조).

그리고 지수 함수의 특정 밑(base)이 수학과 과학 전반에 걸쳐 나타남을 확인할 수 있습니다. 이러한 밑은 바로 오일러의 수, e로서 이 무리수는 대략 2.718이며 극한이라는 미적분 개념으로 정의됩니다(2장 온라인 부록 섹션 A2.3과 A2.6 참고).

이러한 e를 이용하여 다음과 같이 b를 밑으로 하는 임의의 지수 함수를 밑이 e인 지수 함수로 표현할 수 있습니다.

$$a\,b^x \quad \Leftrightarrow \quad a\,e^{rx} \qquad \text{A.9}$$

여기서 이 등식을 만족하게 하는 r은 $r = \ln b$, 즉 b의 **자연 로그**입니다. 이는 보다 일반적인 로그 함수의 특별한 경우입니다. 이제부터 로그 함수에 대해 살펴봅시다.

로그 함수

식 A.7로 돌아가 지니의 두 가지 선택지를 살펴보며 로그를 소개하겠습니다. 다음과 같은 질문 하나를 생각해 봅시다. '전날 잔액의 두배'라는 선택이 1천만 달러를 선택한 경우와 일치하는 데 며칠이 걸릴까요? 이 질문에 답하려면 다음과 같은 방정식을 풀어야 합니다.

$$2^x = 10{,}000{,}000 \qquad \text{A.10}$$

그러려면 '지수에 대해 풀어' $x = $ 얼마라는 형태의 방정식을 얻어야 합니다. 이것이 바로 로그가 하는 일입니다.

$$2^x = 10{,}000{,}000 \quad \Leftrightarrow \quad x = \log_2 (10{,}000{,}000) \approx 23.3 \qquad \text{A.11}$$

따라서 24일이 지나면 지니의 두 번째 선택지는 이미 1천만 달러를 넘어섭니다.

지금까지 살펴본 '$\log_2$' 표기는 단지 $2^x = 10{,}000{,}000$인 숫자 x에 대한 표기법입니다. 유사한 분석을 통해 예를 들어 $2^x = 15$인 숫자 x를 계산할 수 있습니다(그러면 $\log_2 (15) \approx 3.9$가됩니다). 이제 이러한 계산의 출력을 y값으로, 입력을 x값으로 생각하면 $\log_2 x$의 그래프를 그릴 수 있습니다. 이 그래프는 수직선 테스트(Vertical Line Test, 연습문제 25번 참고)를 통과하므로 $\log_2 x$는 함수가 됩니다. 그리고 밑인 $b = 2$에는 특별할 것이 없으므로, 임의의 밑 $b(b > 0$, $b \neq$

1)에 대해 유사한 방식으로 함수 $\log_b x$를 만들 수 있습니다. 이것이 바로 다음과 같은 정의로 이어집니다.

정의 A.9 　로그 함수

b가 실수이고 $b > 0$, $b \neq 1$이라고 하자. 그러면 다음과 같은 함수를 밑이 b인 x의 **로그 함수**라 한다.

$$f(x) = \log_b x \qquad \textbf{A.12}$$

$b = 10$일 때는 $\log_{10} x$를 $\log x$라 적고 **상용 로그**라 한다. $b = e$일 때는 $\log_e x$를 $\ln x$라 적고 **자연 로그**라 한다.

이러한 식 **A.12**의 우변을 '밑이 b인 x의 로그'라고 소리내어 읽으며 확실히 익혀둡시다. 로그라는 개념을 알면 이제 지수 방정식 $b^x = c$를 지수에 대해 풀 수 있습니다.

$$b^x = c \qquad \Leftrightarrow \qquad x = \log_b c \qquad \textbf{A.13}$$

따라서 로그란 지수 함수와 관련된 방정식에서 지수에 해당하는 것입니다. 말 그대로 식 **A.13**은 $\log_b c = x$이므로 x는 방정식 $b^x = c$에 있는 지수라는 뜻입니다. 특히 식 **A.13**에서 $e^r = b$로 놓으면 $e^r = b \Leftrightarrow r = \ln b$이므로 식 **A.9**가 나옵니다.

식 **A.13**에는 이밖에도 더욱 많은 통찰이 들어있습니다. 먼저 식 **A.13**의 두 식을 서로 대입해 봅시다.

$$b^{\log_b c} = c, \qquad \log_b(b^x) = x \qquad \textbf{A.14}$$

첫 번째 식은 밑 b에 b를 밑으로 하는 로그 c를 거듭제곱하면 다시 c가 된다는 뜻입니다. 두 번째 식은 b의 x 거듭제곱에 b를 밑으로 하는 로그를 취하면 다시 x가 된다는 뜻입니다. 따라서 b^x와 $\log_b x$는 서로의 연산을 되돌립니다. 이럴 때 이러한 함수 쌍을 서로 **역함수**라고 부릅니다. 이러한 관계로부터 로그 함수의 정의역과 치역을 알 수 있습니다. 핵심은 다음과 같습니다.

- 앞서 살펴봤듯이 b^x의 치역은 $(0, \infty)$이다. 따라서 식 **A.14**의 왼쪽 식에서 $\log_b c$의 입력 c는 양수다. 그러므로 $\log_b x$의 정의역은 $(0, \infty)$이다.

- 앞서 살펴봤듯이 b^x의 치역은 모든 실수다. 따라서 식 **A.14**의 오른쪽 식에서 $\log_b x$의 출력은 실수다. 그러므로 $\log_b x$의 정의역은 모든 실수다.

- 이제 b^x와 $\log_b x$ 사이에 정의역과 치역이 뒤바뀜을 알았다. 따라서 그래프에서 점 (x, y)도 서로 좌표를 바꾸면 된다. 실제로 식 **A.13**으로부터 다음이 성립한다.

$$y = b^x \quad \Leftrightarrow \quad \log_b y = x$$

따라서 b^x 그래프 위의 점 (x, y)는 $\log_b x$ 그래프 위의 점 (y, x)가 된다. 이때 점 (y, x)는 점 (x, y)와 직선 $y = x$에 대해 대칭이므로, b^x의 그래프와 $\log_b x$의 그래프도 직선 $y = x$에 대해 서로 대칭이다. (그래서 또한 $x = 0$이 모든 로그 함수의 수직 점근선이 된다, 수직 점근선은 2장에서 자세히 다룬다.) **그림 A.12**는 밑 $b = 2$일 때 이러한 경우를 나타낸 것이다.

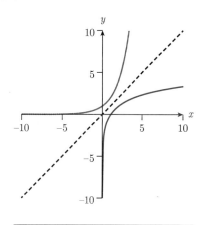

그림 A.12 $f(x) = 2^x$와 $f(x) = \log_2 x$의 그래프, 점선은 직선 $y = x$

이제 몇 가지 예제를 통해 로그 사용법을 살펴봅시다.

예제 A.11 다음 방정식을 x에 대해 풀어라.

(a) $3\log x = 1$ **(b)** $5^{2x+3} = 7$

(c) $\log_3 (2x + 1) = 1$ **(d)** $\log x + \log (x + 3) = 1$

해답

(a) 식 **A.13**을 사용한다. $\log x = \log_{10} x$이므로 다음과 같다.

$$\log_{10} x = \frac{1}{3} \quad \Rightarrow \quad x = 10^{\frac{1}{3}} = \sqrt[3]{10} \approx 2.15$$

(b) 식 **A.13** 을 사용한다.

$$5^{2x+3} = 7 \quad \Rightarrow \quad 2x+3 = \log_5 7$$

x에 대해 풀면 다음과 같다.

$$x = \frac{1}{2}[(\log_5 7) - 3] \approx -0.89$$

(c) 식 **A.13** 을 사용한다.

$$\log_3 (2x+1) = 1 \quad \Rightarrow \quad 2x+1 = 3^1 \quad \Rightarrow \quad x = 1$$

(d) 이번 식은 $\log = \log_{10}$과 관련된 식이므로, 양변을 10의 지수 형태로 만든다.

$$10^{\log x + \log (x+3)} = 10^1 \quad \Rightarrow \quad 10^{\log x} 10^{\log (x+3)} = 10^1$$

여기서는 지수 법칙, $10^{a+b} = 10^a 10^b$을 사용했다. 식 **A.14** 의 왼쪽 식을 통해 $10^{\log x} = x$, $10^{\log (x+3)} = x+3$임을 알 수 있다. 따라서 앞선 식은 다음 식과 같다.

$$x(x+3) = 10 \quad \Rightarrow \quad x^2 + 3x - 10 = 0$$

이 식을 인수분해하면 $(x+5)(x-2) = 0$이므로 해는 $x = -5$, $x = 2$이다. 하지만 원래 문제의 첫 번째 항을 살펴볼 때 $\log (-5)$는 정의되지 않으므로 답은 $x = 2$뿐 이다(로그 함수의 정의역은 $(0, \infty)$임에 주의하자).

이번 예제의 (d)번 문제는 함수의 정의역을 항상 염두에 둬야 함을 강조합니다. 또한 이 문 제는 로그를 계산할 때 지수 법칙이 어떻게 도움되는지도 보여줍니다. 실제로 로그의 다음 법 칙은 지수 법칙으로부터 유도할 수 있습니다.

정리 A.1 ❓ 💬 **로그의 법칙**

1. $\log_b (xy) = \log_b x + \log_b y$
2. $\log_b \left(\dfrac{x}{y} \right) = \log_b x - \log_b y$
3. $\log_b (x^r) = r \log_b x$

여기서 법칙 3을 이용하면 다음과 같은 **밑 변환 공식**을 유도할 수 있습니다(연습문제 47번 참고).

$$\log_b c = \frac{\log_a c}{\log_a b} \qquad \text{A.15}$$

(이 공식은 밑이 b인 로그를 밑이 a인 로그로 변환합니다.) 이러한 로그의 속성을 이용하는 예제를 살펴봅시다.

예제 A.12 라디오 스피커와 같이 진동하는 물체는 공기 분자를 압축하거나 희박하게 하여 우리 귀가 소리로 감지하는 '압력파'를 생성한다. 음파의 압력 p에 대한 소리의 크기 L은 다음과 같은 함수로 측정할 수 있다.

$$L(p) = \ln(50{,}000p)$$

여기서 p의 단위는 파스칼(Pa), L의 단위는 네퍼(Np, Naper)이다.[6]

(a) $L(p) = 0$을 풀어라. 그리고 나서 2×10^{-5}Pa이 인간 청력의 문턱값[7]에 가깝다는 사실을 이용하여 결과를 해석하라.

(b) 우리는 데시벨(dB)이라는 단위에 더 친숙하다. $1\ dB = 0.05\ln 10\ $Np로 주어질 때 다음을 보여라.

$$L(p) = 20\log(50{,}000p)\ dB$$

(ln이 log로 바뀜에 주의)

(c) (b)번의 답을 $L(p) = A\log p + B$ 형태로 다시 쓴다면 A와 B는 얼마인가? 또한 B가 물리적으로 나타내는 것은 무엇인가?

---

6 로그를 도입한 수학자인 네이피어(Napier)의 이름을 딴 것이다.

7 이는 대략 3미터 떨어진 곳에서 모기가 날개를 펄럭거리는 소리에 해당한다.

(a) 먼저 정의 A.9로부터 $\ln x = \log_e x$임을 떠올리자. 따라서 식 **A.13**을 이용하여 $L(p)=0$을 풀면 다음과 같다.

$$\log_e (50{,}000p)=0 \quad \Rightarrow \quad 50{,}000p = e^0$$

$e^0=1$이므로 $p = \frac{1}{50{,}000} = 2 \times 10^{-5}\,\text{Pa}$이다. 따라서 $L(2 \times 10^{-5})=0$이고, 이는 $L(p)$가 인간 청력 문턱값이 0 Np의 음량에 해당하도록 보정되었음을 알려준다.

(b) dB로 변환하려면 $L(p)$에 $1/(0.05\ln 10)$을 곱하면 된다.

$$\log_e(50{,}000p)\,\text{NP} \cdot \frac{1\,\text{dB}}{0.05\log_e 10\,\text{NP}} = \frac{\log_e(50{,}000p)}{(0.05)\log_e 10}\,\text{dB}$$
$$= 20\frac{\log_e(50{,}000p)}{\log_e 10}\,\text{dB}$$

이제 식 **A.15**를 사용한다.

$$\frac{\log_e(50{,}000p)}{\log_e 10} = \log_{10}(50{,}000p) = \log(50{,}000p)$$

그러면 다음과 같다.

$$L(p)=20\log(50{,}000p)\,\text{dB}$$

(c) 정리 A.1을 이용한다.

$$20\log(50{,}000p) = 20[\log(50{,}000)+\log p] = 20\log p + 20\log(50{,}000)$$

따라서 $L(p)=A\log p + B$에서 $A=20$, $B=20\log(50{,}000)$이다. $L(1)=B$임에 주의하자. 그러므로 B는 음파의 압력 $p=1\text{Pa}$에 해당하는 소리의 크기(dB 단위)다.

연관 문제 33-40, 45-46

A.9 삼각 함수

'삼각법(Trigonometry)'은 그리스어 trias(3)와 gonia(각도), metron(측정)에서 유래했습니다. 따라서 고대 그리스인에게 삼각법은 삼각형의 변과 각의 관계를 연구하는 것이었습니다. 그래서 기본 삼각 함수인 사인, 코사인, 탄젠트는 삼각형을 이용하여 정의합니다. 이제부터 삼각형과 각을 살펴봅시나.

삼각형과 각

그림 A.13은 반지름 r인 원을 나타냅니다. 이제 반지름 OA를 각 θ(**중심각**이라 부름)만큼 반시계방향으로 회전하는 모습을 상상해 봅시다(관례에 따라 각도는 반시계방향이면 양, 시계방향이면 음으로 측정합니다). 반지름 OA의 끝은 OA와 새로운 반지름 OB 사이에서 원의 일부 길이인 s(**호의 길이**라고 부름)를 따라갑니다. 이때 θ가 충분히 커지면, $s = r$인 지점이 생깁니다. 바로 이때의 중심각이 미적분에서 다루는 각도의 측정 단위인 '**라디안**(radian)'의 정의입니다.

정의 A.10 **라디안**

> 호의 길이가 원의 반지름 r과 같을 때 호의 중심각을 1라디안(rad)이라고 정의한다.

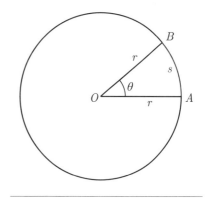

그림 A.13 반지름 r인 원에서 중심각 θ에 따른 호의 길이 s

다시 말해, 1rad은 반지름 r인 원에서 길이 r인 호의 중심각입니다.

이제 다시 **그림 A.13**으로 돌아가 OB를 반시계방향으로 계속 회전하여 원을 한 바퀴 돌아 다시 OA에 도달한다고 상상해 봅시다. 이를 원의 원주 C를 횡단했다고 말합니다. 고대 문명에서는 오래전부터 C와 d(원의 지름, 즉 $d = 2r$)의 비율이 일정하다는 사실을 알아차렸습니다. 오늘날 우리는 이러한 상수를 그리스 문자 'π(파이)'로 적습니다.

$$\frac{C}{d} = \pi \quad \Leftrightarrow \quad C = \pi d \quad \Leftrightarrow \quad C = 2\pi r \quad \text{A.16}$$

다시 정의 A.10의 용어를 살펴보면, 1rad은 반지름 r인 원에서 호의 길이가 r일 때의 중심각입니다. 그러면 2πrad은 반지름 r인 원에서 호의 길이가 $2\pi r$일 때의 중심각입니다. 그런데 이때 $2\pi r$은 원의 둘레의 길이(원주)이므로, 반지름 r인 원에 대한 중심각은 2πrad이라는 결론이 나옵니다.

여러분은 각도를 측정하는 다른 단위인 도(degree)에 익숙할 겁니다. 도 단위에서는 원의 둘레 한 바퀴를 회전하면 360°가 됩니다(이러한 단위의 기원은 적어도 고대 바빌로니아의 천문학자(BC 1900−1500경)로 거슬러 올라갑니다. 그는 태양이 황도를 구성하는 12개의 별자리 사이를 각각 이동하는 데 약 30일씩 걸린다는 것을 관찰했습니다. 30(12)=360이므로 이러한 1도 단위는 대략 황도대를 통과하는 태양의 하루 움직임에 해당합니다). 이제 우리는 한 바퀴 회전이 2πrad이라는 것을 알고 있으므로 다음과 같은 간단한 변환식을 얻을 수 있습니다.

$$\pi \text{ rad}=180° \quad \Rightarrow \quad 1 \text{ rad}=\frac{180°}{\pi} \approx 57.3° \quad \text{A.17}$$

이제 다시 **그림 A.13**으로 돌아가 다음과 같은 비례식을 세울 수 있습니다.

$$\frac{s}{2\pi r} = \frac{\theta}{2\pi} \quad \Leftrightarrow \quad s = r\theta \quad \text{A.18}$$

이 방정식을 통해 반지름 r인 원에서 중심각 θ만큼 휩쓸고 간 호의 길이 s를 구할 수 있습니다. 참고로 이 방정식($s = r\theta$)은 θ가 라디안으로 측정된 경우에만 사용해야 합니다.

| 예 제 A.13 | 반지름 4인 원을 생각해보자. 중심각 $\theta = 45°$일 때 호의 길이를 구하라. 이렇게 구한 호의 길이는 원주의 몇 분의 1인가? |

먼저 식 **A.17**을 이용하여 각도를 라디안으로 변환한다.

$$45° \cdot \left(\frac{\pi \text{ rad}}{180°} \right) = \frac{\pi}{4} \text{ rad}$$

이제 식 **A.18**을 이용한다.

$$s = 4 \left(\frac{\pi}{4} \right) = \pi$$

원주의 길이는 $C = 2\pi(4) = 8\pi$이므로, 호의 길이는 원주의 $\frac{\pi}{8\pi} = 0.125 \ (12.5\%)$이다.

방정식 **A.18**은 실제 세계에도 수없이 응용할 수 있습니다. 다음 예제를 살펴봅시다.

BC 250년경 살았던 그리스 수학자 에라스토스테네스는 아마도 지구의 반지름과 둘레의 길이를 정확하게 측정한 첫 번째 인물일 것이다(그는 지구를 구라고 가정했다). 그가 사용한 방법은 다음과 같다. 에라스토스테네스는 태양이 하지에 이집트 아스완(**그림 A.14**의 A 위치)에서는 바로 머리 위에서 비춘다는 사실을 알고 있었다. 같은 날 그는 알렉산드리아(**그림** B의 위치)에서 태양이 막대의 그림자 끝과 이루는 각도 θ를 측정했다. 이때 각도는 $\theta \approx 7.12°$였다.

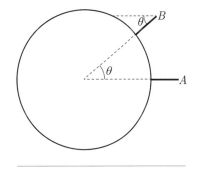

그림 A.14

(a) 태양 광선이 평행하다고 가정할 때, **그림 A.14**의 두 각도가 어째서 같은지 설명하라.

(b) 7.12°를 라디안으로 변환하라.

(c) 에라스토스테네스는 알렉산드리아와 아스완 사이의 거리가 5,000stadia라는 것을 알고 있었다. 'stadia'는 경기장의 길이로서, 1stadion을 그리스 기준으로는 약 185m로 변환할 수 있고 이집트 기준으로는 약 157.6m로 변환할 수 있다(두 곳의 경기장 길이가 다르다). 이들 각각의 기준으로 5,000stadia를 km로 변환하라.

(d) 5,000stadia의 거리를 호의 길이로 해석하여 지구의 반지름을 예상하라. 이때 식 **A.18**과 앞선 (b), (c)번의 결과를 이용한다. (참고로 오늘날 측정값은 6,378km 이다.)

해답

(a) 유클리드는 두 개의 평행선과 이를 가로지르는 직선이 만나 생기는 엇각이 동일 함을 증명했다. 태양 광선이 평행하다고 가정할 때 **그림 A.14**에서 지구 중심과 점 B를 잇는 직선은 평행선을 가로지르는 직선이다. 따라서 그림의 두 각도는 같다.

(b) 라디안으로 변환하면 다음과 같다.

$$\frac{7.12\pi}{180} \approx 0.124$$

(c) 그리스 기준으로 5,000stadia를 변환하면 다음과 같다.

$$5{,}000\text{stadia} \cdot \frac{185\text{m}}{1\text{stadion}} \cdot \frac{1\text{km}}{1{,}000\text{m}} = 925\text{km}$$

이집트 기준으로 5,000stadia를 변환하면 다음과 같다.

$$5{,}000\text{stadia} \cdot \frac{157.6\text{m}}{1\text{stadion}} \cdot \frac{1\text{km}}{1{,}000\text{m}} = 788\text{km}$$

(d) 식 **A.18**로부터 $r = \frac{s}{\theta}$ 이므로, 그리스 기준을 이용하면 다음과 같다.

$$r \approx \frac{925}{0.124} \approx 7{,}460\text{km}$$

이집트 기준을 이용하면 다음과 같다.

$$r \approx \frac{788}{0.124} \approx 6{,}355\text{km}$$

그리스 기준은 지구 반지름을 약 17% 과대 예측한다. 하지만 이집트 기준은 0.28% 과소 예측한다! 어쨌든 대략 BC 200년경의 예측이라니 놀라울 따름이다.

연관 문제 **48-52**

좋습니다. 이제부터는 세 개의 각을 지닌 형태인 삼각형에 대해 살펴봅시다.

고대 그리스 수학자 유클리드(기하학의 아버지라고 불림)는 BC 300년경 《원론(Elements)》이라는 기하학 논문에서 삼각형에 대해 많은 결과를 연구하고 증명했습니다. 이들 중에는 **직각 삼각형**(직각, 즉 90°를 포함하는 삼각형)의 속성도 있습니다. **그림 A.15**는 그러한 직각 삼각형의 하나입니다. 유클리드가 증명했듯이 삼각형의 내각의 합은 180°이므로 그림에서 θ <90°임을 알 수 있습니다(이러한 각도를 **예각**이라고 합니다).

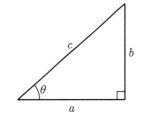

그림 A.15 밑변 a, 높이 b, 빗변 c이고 예각 θ인 직각 삼각형

또한 그림에서 삼각형의 세 변은 직각과 각도 θ에 대한 상대적인 위치에 따라 특별한 이름을 가지고 있습니다. 길이 c의 변은 **빗변**이라고 하고, 길이 a의 변은 **밑변**, 길이 b의 변은 **높이**라고 합니다. 유클리드는 《원론(Elements)》에서 다음 식을 증명했습니다.

$$a^2 + b^2 = c^2 \qquad \text{A.19}$$

이 식은 오늘날 **피타고라스의 정리**로 알려졌습니다. 피타고라스의 정리는 직각 삼각형에서 세 변의 제곱과만 관련이 있습니다. 나중에 그리스인들은 또한 a와 b, c의 관계를 연구하여 오늘날 우리가 세 가지 기본 삼각비라 부르는 다음과 같은 결과를 얻었습니다.

$$\sin\theta = \frac{높이}{빗변} = \frac{b}{c}, \quad \cos\theta = \frac{밑변}{빗변} = \frac{a}{c}, \quad \tan\theta = \frac{높이}{밑변} = \frac{b}{a} \qquad \text{A.20}$$

여기에 몇 가지 사항을 덧붙이자면 다음과 같습니다.

- 앞선 식에서 '빗변', '밑변', '높이'는 각각 **그림 A.15**와 같은 직각 삼각형에서 각도 θ에 대한 빗변과 밑변, 높이를 말한다.
- 표기법에 주의하자. 'sin θ'는 'sin 곱하기 θ'가 아니다. 실제로 'sin' 자체는 수학에서 의미가 없다.

- $\tan\theta = \frac{\sin\theta}{\cos\theta}$ 임을 확인하자.

예제
A.15 **그림 A.15를 참고하여 다음에 답하라.**

(a) $a = b = 1$일 때 $\sin\theta$와 $\cos\theta$를 구하라. 이때 θ는 얼마인가? (라디안과 도 표기로 모두 구하라.)

(b) $\sin 30° = \frac{1}{2}$로 주어질 때, $\cos 30°$와 $\tan 30°$를 구하라.

해답

(a) 식 **A.19**로부터 $c^2 = 1^2 + 1^2$이므로 $c = \sqrt{2}$를 얻는다(이때 $c = -\sqrt{2}$도 $c^2 = 2$의 해이지만 c는 거리이므로 제외한다). 이제 식 **A.20**에 따라 다음과 같이 구할 수 있다.

$$\sin\theta = \frac{1}{\sqrt{2}} = \frac{\sqrt{2}}{2}, \quad \cos\theta = \frac{\sqrt{2}}{2}, \quad \tan\theta = 1$$

$a = b$(이러한 삼각형을 이등변 삼각형이라 한다)이므로 삼각형에서 직각이 아닌 두 내각은 서로 같다(유클리드는 이등변 삼각형의 두 밑각의 크기가 같다는 것을 증명했다). 따라서 두 각의 합이 $90°$여야 하므로 $\theta = 45° = \frac{\pi}{4}$가 된다.

(b) 주어진 사인 값을 이용하면 $b = 1$이고 $c = 2$인 삼각형을 만들 수 있다. 이 삼각형이 $\sin\theta = \frac{1}{2}$을 만족하는 유일한 삼각형은 아니지만, 다른 삼각형은 이 삼각형과 '닮음'이다(한 쌍의 각이 같고 해당하는 변이 일정한 비율이면 두 삼각형을 '닮음'이라고 한다). 이제 식 **A.19**로부터 다음을 얻는다.

$$a^2 = c^2 - b^2 = 3$$

따라서 $a = \sqrt{3}$ 이다. 그러므로 식 **A.20**에 따라 다음과 같이 구할 수 있다.

$$\cos 30° = \frac{\sqrt{3}}{2}, \quad \tan 30° = \frac{\sqrt{3}}{3}$$

연관 문제 53, 58-60

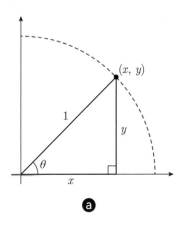

(x, y)	θ	$\cos\theta$	$\sin\theta$	$\tan\theta$
$(1, 0)$	$0\ (0°)$	1	0	0
$\left(\frac{\sqrt{3}}{2}, \frac{1}{2}\right)$	$\frac{\pi}{6}\ (30°)$	$\frac{\sqrt{3}}{2}$	$\frac{1}{2}$	$\frac{\sqrt{3}}{3}$
$\left(\frac{\sqrt{2}}{2}, \frac{\sqrt{2}}{2}\right)$	$\frac{\pi}{4}\ (45°)$	$\frac{\sqrt{2}}{2}$	$\frac{\sqrt{2}}{2}$	1
$\left(\frac{1}{2}, \frac{\sqrt{3}}{2}\right)$	$\frac{\pi}{3}\ (60°)$	$\frac{1}{2}$	$\frac{\sqrt{3}}{2}$	$\sqrt{3}$
$(0, 1)$	$\frac{\pi}{2}\ (90°)$	0	1	$\times$

ⓐ   ⓑ

그림 A.16 ⓐ 반지름 r인 원(파란 점선)에 내접하는 직각 삼각형 ⓑ 구간 $0 \leq \theta \leq \frac{\pi}{2}$에서 단위 원 위의 점 (x, y)와 $x = \sin\theta$, $y = \cos\theta$ 값, $\tan 90°$는 정의되지 않음에 주의($\cos 90° = 0$이므로)

앞선 예제에서 살펴봤듯이 유클리드 기하학을 사용하여 수많은 sin, cos, tan 값을 구할 수 있습니다. 게다가 **그림 A.15**의 삼각형을 원 안에 넣으면 모든 값을 추출할 수 있습니다. 방법은 다음과 같습니다.

먼저 **그림 A.15**의 직각 삼각형을 데카르트 평면에 놓고 $a = x$, $b = y$, $c = 1$로 설정합니다(**그림 A.16 ⓐ** 참고). 그러면 식 **A.20**은 다음과 같습니다.

$$\sin\theta = y, \quad \cos\theta = x, \quad \tan\theta = \frac{y}{x} \qquad \textbf{A.21}$$

이제 θ가 변한다고 상상하면 **그림 A.16 ⓐ**의 빗변은 반지름 1인 원을 생성합니다(**그림 A.16 ⓐ**의 파란 점선 곡선). 따라서 이 원의 모든 점 (x, y)는 식 **A.21**을 통해 특정 $\sin\theta$와 $\cos\theta$, $\tan\theta$ 값을 생성합니다.

여기서 중요한 점은 $\cos\theta$가 단위 원에 있는 점의 x 좌표이고 $\sin\theta$는 같은 점의 y 좌표라는 점입니다. 따라서 단위 원의 점을 $\sin\theta$와 $\cos\theta$ 값에 연결할 수 있습니다! **그림 A.16 ⓑ**의 표는 이러한 사실을 나타냅니다.

이제 2-4사분면에서 θ값에 대한 삼각비를 도출하는 방법을 살펴보겠습니다(각 사분면에 해당하는 각도 범위를 상기시키는 **그림 A.17 ⓐ** 참고). 먼저 단위 원 위의 각 점 (x, y)가 자연스럽게 다른 세 점과 관련이 있다는 것을 확인합시다.

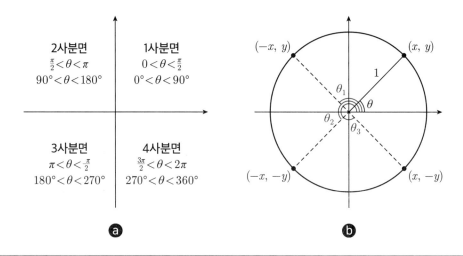

그림 A.17 ⓐ 각 사분면에 따른 각도 범위 ⓑ 단위 원에서 각 θ일 때 점 (x, y), 각 $\theta_1 = \theta + \frac{\pi}{2}$일 때 점 $(-x, y)$, 각 $\theta_2 = \theta + \pi$일 때 점 $(-x, -y)$, 각 $\theta_3 = \theta + \frac{3\pi}{2}$일 때 점 $(x, -y)$

(a) $(-x, y)$는 (x, y)와 수평으로 대칭

(b) $(-x, -y)$는 (x, y)와 원점 대칭이며 직선 $y = x$ 위에 있음

(c) $(x, -y)$는 (x, y)와 수직으로 대칭

그림 A.17 ⓑ는 이러한 세 가지 형제 점들을 나타냅니다. 그림 설명을 보면 알 수 있듯이, 나중 세 점 각각의 각도 측정값은 (x, y)의 각도 측정값에 $\pi/2$의 정수배를 더한 값입니다. 따라서 θ가 1사분면에서 $0°$에서 $90°$까지 변할 때 생성된 $\sin \theta$, $\cos \theta$, $\tan \theta$ 값을 2-4사분면에서 값을 생성할 때도 사용할 수 있습니다. 더욱이, **그림 A.17 ⓑ**의 대칭은 그림의 네 점에 해당하는 삼각비 사이의 관계를 암시합니다. 예를 들어 (x, y)와 $(-x, y)$는 y값이 같고 $\sin \theta$는 단위 원에서 y 좌표이므로 다음과 같습니다.

$$\sin \theta = \sin \theta_1$$

비슷한 방식으로 $\cos \theta = \cos \theta_3$이 성립합니다. 이제 곧 이러한 통찰을 이용하여 $\sin \theta$와

$\cos \theta$, $\tan \theta$ 함수의 특성을 이해하고 그래프를 그려보도록 하겠습니다.

그전에 우선 직각 삼각형을 단위 원에 넣을 때 얻을 수 있는 통찰 한 가지를 더 살펴보겠습니다. **그림 A.16**의 삼각형에 피타고라스의 정리를 적용하면 $x^2 + y^2 = 1$이 됩니다. 그리고 식 **A.21**을 이용하면 다음과 같습니다.

$$(\cos \theta)^2 + (\sin \theta)^2 = 1$$

관례에 따라 $(\sin \theta)^2$를 $\sin^2 \theta$로, $(\cos \theta)^2$를 $\cos^2 \theta$로 적으면 다음과 같은 삼각비의 속성이 됩니다.

$$\sin^2 \theta + \cos^2 \theta = 1 \qquad \textbf{A.22}$$

또한 다음 두 가지(3장에서 사용할)를 포함하여 다른 많은 삼각비의 속성을 단위 원에서 유도할 수 있습니다.

$$\sin(a + b) = \sin(a)\cos(b) + \sin(b)\cos(a) \qquad \textbf{A.23}$$

$$\cos(a + b) = \cos(a)\cos(b) - \sin(a)\sin(b) \qquad \textbf{A.24}$$

| 삼각 함수 |

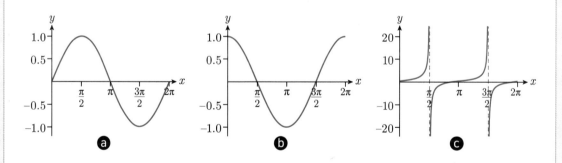

그림 A.18 구간 $0 \le \theta \le 2\pi$에 대한 그래프 ⓐ $f(\theta) = \sin \theta$ ⓑ $f(\theta) = \cos \theta$ ⓒ $f(\theta) = \tan \theta$

그림 A.16과 A.17로 돌아가 살펴보면 각 각도 θ에 대해 단위 원의 고유한 하나의 점 (x, y)가 있음이 분명합니다. 따라서 각 θ에 대해 고유한 $\cos \theta$값과 고유한 $\sin \theta$값이 있다는 결론을 내릴 수 있습니다. 그러므로 $\cos\theta$와 $\sin\theta$는 정의 A.1을 충족하므로 함수라고 정의할 수 있습니다. 그리고 $\tan\theta = \frac{\sin\theta}{\cos\theta}$ (식 **A.21**을 떠올립시다)이기 때문에, $\tan\theta$도 함수라는 결론을 내립니다. **그림 A.18 ⓐ – ⓒ**에 $0 \le \theta \le 2\pi$에 대한 $\sin\theta$, $\cos\theta$, $\tan\theta$의 그래프를 나타냈습니다. 이들의 특징을 몇 가지 언급하자면 다음과 같습니다.

- 이들 그래프는 구간 $0 \le \theta \le 2\pi$만 고려한 것이다. $\theta > 2\pi$가 되면 이미 원을 한 바퀴 돌았기 때문에 $\sin$, $\cos$, $\tan$ 값이 반복되기 시작한다(단위 원 위의 점과 이러한 삼각 함수 값 사이의 대응 관계를 떠올리자). 따라서 다음과 같은 결론을 내릴 수 있다.

$$\sin\theta = \sin(\theta + 2\pi), \quad \cos\theta = \cos(\theta + 2\pi), \quad \tan\theta = \tan(\theta + 2\pi) \qquad \textbf{A.25}$$

  모든 x와 어떤 상수 c에 대해 $f(x) = f(x + c)$인 함수 f를 **주기 함수**라 하고 c의 가장 작은 값을 **주기**라고 한다. 이러한 관점에서 식 **A.25**의 처음 두 식을 보면 $\sin$과 $\cos$이 주기가 2π인 주기 함수임을 알 수 있다. 마지막 식을 보면 또한 $\tan$가 주기 함수이며 실제로는 주기가 π라는 것을 알 수 있다(이는 모든 θ에 대해 $\tan\theta = \tan(\theta + \pi)$라는 사실에서 유래한다. 주기는 모든 x에 대해 $f(x) = f(x + c)$가 성립하는 가장 작은 c라는 것을 떠올리자). 따라서 $\sin$과 $\cos$, $\tan$의 그래프는 영원히 계속되며 길이 $2\pi(\sin, \cos$의 경우) 또는 $\pi(\tan$의 경우)인 어떤 구간에서든 동일하게 보인다.

- $\sin$과 $\cos$의 그래프를 보면 $-1 \le \sin\theta \le 1$이고 $-1 \le \cos\theta \le 1$임을 알 수 있다. 이러한 부등식은 함수를 식 **A.22**와 함께 단위 원에 있는 점의 x 좌표와 y 좌표 관점으로 해석한 것이다.

- $\tan\theta$ 함수는 $\theta = \frac{\pi}{2} = 90°$와 $\theta = \frac{3\pi}{2} = 270°$인 경우 정의되지 않는다. 바로 분모인 $\cos\theta$가 해당 θ값에서 0이기 때문이다. 또한 $\sin$, $\cos$과 달리 $\tan\theta$의 출력은 값이 제한되지 않는다.

지금까지는 x축에서 반시계방향으로 각도를 측정하는 방법에 대해서만 살펴봤습니다. 이제 시계방향으로 각도를 측정할 때는 어떻게 되는지 살펴보겠습니다.

부호를 붙이는 관례에 따르면 이는 음의 각도 값에 해당합니다. **그림 A.19**에 양의 각도(파란색)와 함께 단위 원 위의 삼각형을 나타냈습니다. 단위 원에서의 대칭은 두 삼각형 빗변의 끝 점이 동일한 x 좌표를 가지며 y 좌표가 서로 반대 부호임을 의미합니다. 이때 $\cos \theta$는 단위 원의 x 좌표이고 $\sin \theta$는 y 좌표라는 것을 다시 떠올려 보면 다음과 같은 결론을 내릴 수 있습니다.

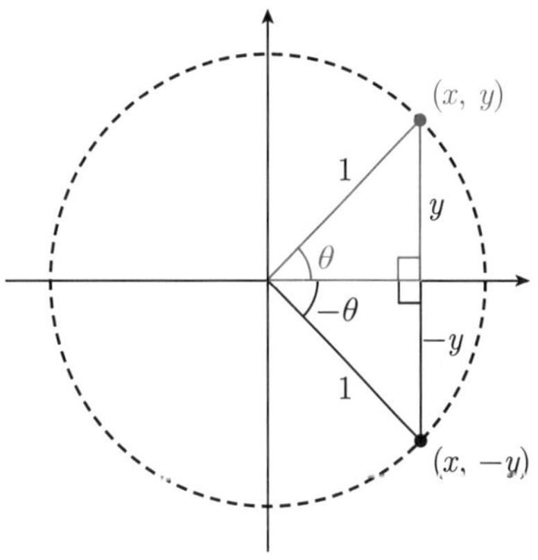

그림 A.19 단위 원에서 내각 θ로 서로 대칭인 두 직각 삼각형

$$\cos\,(-\theta)=\cos \theta, \quad \sin\,(-\theta)=-\sin \theta \qquad \boxed{\text{A.26}}$$

따라서 $\sin \theta$와 $\cos \theta$, $\tan \theta$의 그래프는 양방향으로 영원히 계속됩니다(**그림 A.20** 참고)!

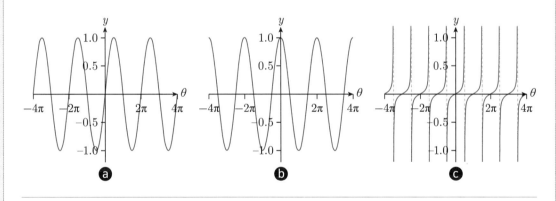

그림 A.20 구간 $-4\pi \leq \theta \leq 4\pi$에 대한 그래프 ⓐ $f(\theta)=\sin \theta$ ⓑ $f(\theta)=\cos \theta$ ⓒ $f(\theta)=\tan \theta$

처음 두 그래프에서 알 수 있듯이 sin과 cos 함수에는 최댓값과 최솟값이 있습니다. 삼각

함수의 방정식에서 이러한 값을 찾는 방법을 살펴보며 이번 섹션을 마치겠습니다. 먼저 다음과 같은 일반적인 삼각 함수를 생각해 봅시다.

$$f(\theta) = A \sin (B\theta) + C, \quad g(\theta) = A \cos (B\theta) + C \qquad \text{A.27}$$

이때 상수 A와 B, C는 다음과 같이 해석할 수 있습니다.

- C는 **정중선**(midline)이라 부르며 y값의 최댓값과 최솟값의 평균을 취하여 구한다. 직선 $y = C$는 함수의 최댓값과 최소값의 거리를 정확히 절반으로 나눈 수평선이다.

- $|A|$는 **진폭**(amplitude)이라고 한다. 이는 y값의 최댓값과 정중선 사이의 차이(또는 정중선과 y값의 최솟값 사이의 차이)와 같다. 따라서 $C + |A|$와 $C - |A|$가 각각 y값의 최댓값과 최솟값이다.

- B는 **각주파수**(또는 각진동수, angular frequency)라고 한다. 이는 길이 2π인 구간에서 완전한 진동의 횟수를 나타낸다. 이와 관련된 두 가지 개념으로 **주기**(period) $T = \frac{2\pi}{B}$와 **주파수**(frequency) $f = \frac{1}{T}$이 있다. 여기서 주기는 한 번의 완전한 진동을 완료하는 데 걸리는 거리(θ축 위에서)이며 주파수는 단위 구간(즉 길이 1인 구간)에서 완전한 진동의 횟수를 나타낸다. 따라서 주기와 주파수는 역수의 관계가 성립하며 $T = \frac{2\pi}{B}$로부터 $f = \frac{B}{2\pi}$가 된다.

예를 들어, **그림 A.18 ⓐ**를 다시 살펴보자면 직선 $y = 0$이 함수의 최댓값과 최솟값 사이의 절반이므로 정중선은 $C = 0$입니다. 또한 y값의 최댓값이 1이기 때문에, $1 - 0 = 1$이어서 진폭은 $A = 1$입니다. 또한 한 번의 완전한 진동은 θ의 단위로 2π만큼 걸리므로 주기는 $T = 2\pi$입니다. 따라서 각주파수는 $B = \frac{2\pi}{2\pi} = 1$입니다. 이러한 데이터를 식 **A.27**에 대입하면 **그림 A.18 ⓐ**에 그래프로 표시된 함수가 $f(\theta) = \sin \theta$ 또는 $g(\theta) = \cos \theta$라는 결론을 내릴 수 있습니다. 또한 점 $(0, 0)$은 **그림 A.18 ⓐ**에서 그래프의 한 점이므로 $f(\theta) = \sin \theta$의 그래프라는 최종 결론을 내릴 수 있습니다.

식 A.27의 상수를 둘러싼 용어는 물리적 현상의 수학적 모델을 개발하는 데 특히 유용합니다. 다음 예를 통해 살펴보겠습니다.

응용 예제 A.16 지난 수십 년 동안 뉴욕시의 평균 최저 기온은 그림 A.21 ⓐ의 곡선(데이터 출처: weather.com)을 거의 따르며 최소 화씨 23°F에서 최대 화씨 68°F 사이에서 진동한다. t는 1월 1일 이후 지난 개월 수를 나타내고 L은 해당하는 달의 뉴욕시 평균 최저 기온을 나타낸다. 지금까지 고려한 데이터를 통해 L에 대한 합리적인 모델을 유추하면 다음과 같다.

$$L(t) = A\cos(Bt) + C$$

(a) A와 B, C를 구하라.

(b) 뉴욕시의 평균 최저 기온이 영상인(화씨 32도 이상) 연중 시간대를 추정하라.

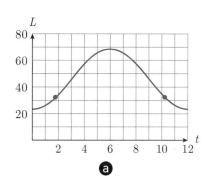
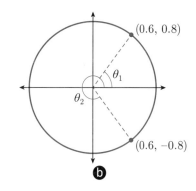

그림 A.21 ⓐ 1월 1일 이후 지난 개월 t에 따른 지난 수십 년간 뉴욕시 평균 최저 기온 L의 함수
ⓑ 단위 원에서 같은 x 좌표를 갖는 두 각도

해답

(a) 23과 68의 평균으로 C를 구하면 $C=45.5$가 된다. 그러면 최댓값이 68이므로 $|A|=68-45.5=22.5$이다(곧 $A=22.5$인지 $A=-22.5$인지 살펴본다). 마지막으로 날씨 패턴이 12개월마다 반복되고 t가 월 단위로 측정된다고 가정하므로 기간

$T=12$이다. 따라서 각주파수는 $B = \frac{2\pi}{12} = \frac{\pi}{6}$이고 $L(t)$는 다음 중 하나가 된다.

$$22.5\cos\left(\frac{\pi t}{6}\right) + 45.5, \quad -22.5\cos\left(\frac{\pi t}{6}\right) + 45.5$$

여기서 첫 번째 식은 제외해야 한다. $t=0$에서 68°F가 나오기 때문이다. 이는 확실히 뉴욕시의 1월 1일의 평균 최저 기온이 아니다. 따라서 $L(t) = -22.5\cos$ $(\pi t/6) + 45.5$라는 결론을 내릴 수 있다.

(b) $L(t) = 32$로 놓으면 다음과 같다.

$$-22.5\cos\left(\frac{\pi t}{6}\right) + 45.5 = 32, \quad \text{따라서} \quad \cos\left(\frac{\pi t}{6}\right) = 0.6$$

그림 A.21 ⓑ에서 볼 수 있듯이 0°와 360° 사이의 두 각도에 대해 $\cos\theta = 0.6$인 경우는 1사분면에서 $\theta_1 \approx 53.1° \approx 0.92\text{rad}$과 4사분면에서 $\theta_2 \approx 306.9° \approx 5.36\text{rad}$이다. 따라서 다음 식을 풀어야 한다.

$$\frac{\pi t}{6} = 0.92, \quad \text{그리고} \quad \frac{\pi t}{6} = 5.36$$

그러면 $t \approx 1.175$, $t \approx 10.25$를 얻는다(**그림 A.21 ⓐ**에서 왼쪽과 오른쪽에 표시한 파란 점). 첫 번째 해는 대략 2월의 2/3 지점이고, 두 번째 해는 11월의 1/4 지점이다. 따라서 대략 2월 말부터 11월 초까지 뉴욕시의 평균 최저 기온이 영상이라는 것을 알 수 있다.

연관 문제 | 54-56

실제로 반복(또는 진동)하는 모든 실제 현상은 삼각 함수로 모델링할 수 있습니다. 여기에는 소리, 빛(전자파), 전파, 심지어 인간의 수면 주기까지 포함됩니다(참고문헌 [1]의 1장 참조). 이어지는 연습문제에서는 이러한 응용 사례 중 몇 가지를 살펴보겠습니다.

1. 다음 명제의 참, 거짓을 논하시오:

$y = \pm\sqrt{1 - x^2}$ 은 함수로 정의할 수 있다.

2. 두 함수 f와 g의 그래프가 다음과 같다.

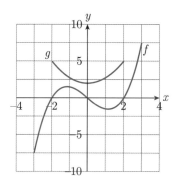

(a) $f(0)$, $f(2)$, $g(2)$를 구하시오.

(b) g의 정의역을 구하시오.

(c) f의 치역을 구하시오.

> **3-6:** 다음 함수의 정의역을 구하시오.

3. $f(x) = \sqrt{a - x^2}$

4. $g(x) = 1 + \sqrt[3]{x^2}$

5. $h(t) = t^2 - 5$

6. $m(s) = \sqrt{s} + \sqrt{2 - s}$

> **7-10:** 다음 각 직선의 기울기와 y절편을 식별하고, 그래프를 그리시오.

7. $y = 2x - 3$

8. $y = -5x + 4$

9. $3y = 6x + 9$

10. $2x + 4y = 0$

11. 두 직선의 기울기가 서로 음의 역수라면 두 직선은 **수직**이다. (예를 들어 직선 $y = 2x$ 와 $y = -\frac{1}{2}x$ 는 수직이다.) 이러한 사실을 이용하여 다음 방정식을 구하시오.

(a) $y = 5x + 4$와 수직인 모든 직선의 방정식

(b) $y = 5x + 4$와 수직이면서 점 $(1, 1)$을 지나는 직선의 방정식

(c) $y = x + 2$와 수직이면서 y절편이 3인 직선의 방정식

> **12-15:** 다음 함수를 다항 함수(가능하면 선형인지도 확인) 또는 거듭제곱 함수로 분류하시오.

12. $f(x) = 4$

13. $g(x) = (1 + x)(1 - x)$

14. $f(x) = 5\sqrt[3]{x^2}$

15. $h(t) = t^3 + 2t^2 + 1$

16-17: 다음 함수의 정의역을 구하시오.

---

16. $f(x) = \dfrac{1}{x^2 - x}$ **17.** $f(x) = \dfrac{x^2}{x - 1}$

18. 월별 휴대전화 요금 청구서: 조라이다는 이번 휴일에 휴대전화를 새로 장만했다. 초기에 \$20를 내고 개통하고 매달 \$50씩 요금이 발생한다.

(a) 총 서비스 요금 C를 개월 수 m의 함수로 나타내시오.

(b) 조라이다가 휴대전화 요금으로 \$500를 쓰는 데 몇 개월이 걸리는가?

19. 풋볼(Football): 6피트 키의 쿼터백이 수직으로 초기 속도 50ft/s로 공을 던져 올렸다. 공기 저항을 무시할 때 지면으로부터 공의 높이 y(ft 단위)는 다음 식을 따른다.

$$y(t) = 6 + 50t - 16t^2$$

여기서 t는 공을 던진 이후 흐른 시간(초)이다. 공이 땅에 떨어질 때는 언제인가?

20. 최대 심박수: 대략적으로 말해서 개인의 최대 심박수 M은 장시간 운동 중에 유지할 수 있는 가장 높은 심박수이다. 한 가지 유명한 공식은 $M_1(a) = 220 - a$이며 여기서 a는 나이(년)이다. 보다 정확한 다음과 같은 또 다른 공식은 참고문헌 [2]에서 개발되었다.

$$M_2(a) = 192 - 0.007a^2$$

(a) $M_1(20)$과 $M_2(20)$을 계산하고 결과를 해석하시오.

(b) $M_1(a) = M_2(a)$인 나이를 구하시오. 선형 공식이 (더 정확한) 이차 공식보다 과대 평가한 연령은 언제인가? 과소 평가한 연령은 언제인가?

21. 언어학: 미국의 언어학자인 조지 지프(George Zipf)는 책에서 가장 흔한 단어 목록을 만들면 목록의 r 번째 단어가 대략 다음과 같은 식을 따르는 빈도수 f로 책에 나타남을 발견했다.

$$f(r) = 0.1r^{-1}$$

예를 들어, 'the'라는 단어가 선택한 책에서

가장 흔한 단어인 경우 그 r값이 1이 되며 $f(1) = 0.1$이므로, 지프의 법칙을 따르면 책의 약 10%가 'the'라는 단어로 구성됨을 의미한다.

(a) $f(2)/f(1)$을 구하고 결과를 해석하시오.

(b) $f(r+1)/f(r)$의 공식을 구하고 앞선 작업을 이용하여 결과를 해석하시오.

22. 심장 건강: 동맥 내부의 단위 시간당 흐르는 혈액량을 **체적 유량**(volumetric flow rate)이라고 한다(Q로 표시). 동맥이 원통형 파이프를 닮을 만큼 충분히 직선 모양이면 **푸아죄유의 법칙**(Poiseuille's Law)을 사용하여 Q를 근사 할 수 있다.

$$Q(r) = aPr^4$$

여기서 a는 파이프 길이에 따라 달라지는 상수이고 P는 파이프 끝 사이의 압력 변화이며 r은 파이프 반지름이다.

(a) 동맥이 새로운 반경 r_n으로 좁아진다고 가정하자. 이제 동일한 체적 유량을 유지하려면 심장이 더 세게 펌프질을 해야 한다. 그 결과 새로운 압력 P_n은 다음과 같음을 보이시오.

$$P_n = P\left(\frac{r}{r_n}\right)^4$$

(b) 이 방정식은 동맥 반경의 작은 감소조차도 압력의 큰 변화로 이어진다는 것을 예측한다. 예를 들어, 동맥 반경이 16% 감소하면 압력이 두 배가 됨을 보이시오.

23. 지평선까지의 거리: 맑은 날에 지평선을 보고 있다고 가정해 보자. 지평선까지의 거리 d(마일 단위)는 해발 높이 h(피트 단위)의 함수다. 이때 이러한 함수의 근삿값은 $d(h) = \sqrt{1.5h}$ 이다.

(a) 이 함수는 $d(h) = f(g(h))$로 나타낼 수 있는 합성 함수다. 두 함수 f와 g를 식별하시오.

(b) 키가 5피트인 사람이 각각 다음 장소에 있을 때 d를 구하시오: (1) 해수면 높이의 해변에 서 있을 때 (2) 1,000피트 높이의 고층 빌딩 위에 있을 때

24. 우주의 나이 추정: 오늘날의 물리학자들은 **빅뱅 이론**(Big Bang Theory), 즉 우주가 모든 물질과 에너지가 존재하기 시작한 폭발로부터 시작되었다고 믿는다. 이를 뒷받침하는 증거 중 하나는 1929년에 에드윈 허블

(Edwin Hubble)이 발견한 사실이다. 바로 먼 은하가 우리와의 거리 d(단위는 메가파섹(megaparsec))와 다음과 같은 선형 관계가 있는 속도 v(km/s)로 우리에게서 멀어지고 있다는 점이다.

$$v(d) = Hd$$

여기서 $H \approx 67.8$(메가파섹당 km/s)은 **허블 상수**이다. 앞선 방정식은 이제 **허블의 법칙**으로 알려져 있다. 다음은 허블의 특정 데이터 집합에 대한 원본 그래프이다(참고문헌 [12]).

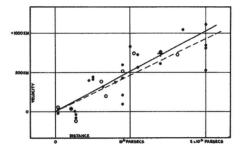

(a) 허블의 법칙의 기울기와 y절편을 식별하시오.

(b) 은하가 일정한 속도로 이동한다고 가정해 보자. 그러면 우리와의 거리는 $d = vt$이다. 여기서 t는 은하가 움직인 시간(초), 즉 우주의 나이이다. 이것과 허블의 법칙을 사용하여 $t = \frac{1}{H} \approx 0.0147$

km/s당 메가파섹임을 보이시오. 1메가파섹은 약 3.08×10^{19}이므로 $t \approx 4.55 \times 10^{17}$초 = 144억 년이다. (현재 우주의 나이 추정치는 약 138억 년이다.)

25. xy 평면에 곡선이 있다고 가정하자. 두 개 이상의 점에서 곡선과 교차하는 수직인 직선이 없는 경우 이러한 곡선은 함수의 그래프임을 증명하시오. (이를 **수직선 테스트** (Vertical Line Test)라고 한다.)

26. $f(x) = \dfrac{x^2 - 1}{x + 1}$, $g(x) = x - 1$이라 하자. $f(x) = g(x)$인가?

27. $f(x) = ax + c$, $g(x) = dx + e$라 하자. $f(g(x))$가 선형 함수임을 보이고 그 기울기를 구하시오.

28. 이차 방정식 $ax^2 + bx + c = 0 (a \neq 0)$의 두 해를 r_1과 r_2라 하자. $r_1 + r_2 = -\dfrac{b}{a}$와 $r_1 r_2 = \dfrac{c}{a}$임을 증명하시오.

29. $f(x) = \dfrac{1}{f(x)}$을 만족하는 유리 함수는 단지 $f(x) = 1$과 $f(x) = -1$뿐임을 증명하시오.

지수 함수와 로그 함수 관련 연습문제

30-32: 다음 지수 함수가 지수적 성장인지 지수적 붕괴인지 구하고, 초깃값과 밑을 식별하시오.

30. $f(x) = 10^x$ **31.** $h(t) = 4e^t$

32. $g(z) = 2^{-z}$

33-36: 다음의 정확한 값을 구하시오.

33. $e^{2 - \ln 4}$ **34.** $\ln\left(\frac{3}{e}\right)$

35. $\log_3\left(\frac{1}{9}\right)$ **36.** $\log_5 25$

37-38: 다음 표현을 하나의 로그로 결합하시오.

37. $\ln 2 + 3\ln 4$

38. $\ln(x - y) - \ln(x + y)$

39-40: 다음을 x에 대해 푸시오.

39. $e^{8 - 4x} = 4$

40. $\log x + \log(x - 1) = 2$

41. 점 $(1, 6)$과 점 $(3, 24)$를 지나는 지수 함수의 방정식을 구하시오.

42. 인구 증가: 2010년 이후 미국 인구는 매년 약 0.75%씩 증가하고 있다. 2010년 인구가 3억 930만 명이라는 점을 고려할 때 2010년 이후 t년의 함수로 인구 P(백만 단위)를 묘사하는 지수 함수를 구하시오. 또한 성장률이 동일하다고 가정할 때 2025년 인구를 추정하시오.

43. 빗방울의 종단 속도: 일반적으로 빗방울은 약 13,000피트에서 떨어지며 땅에 도달하는 데 약 3분이 걸린다. 빗방울은 떨어지면서 다른 빗방울과 결합하여 질량과 속도가 모두 늘어난다. 그러나 표면적이 증가할수록 공기 저항력도 더욱 커진다. 이러한 공기 저항은 결국 중력 가속도와 균형을 이루고 빗방울은 **종단 속도**(terminal velocity)에 도달한다. 빗방울이 떨어지기 시작한 이후 시간 t(초)의 함수로서 빗방울의 평균 속도 v(ft/s)의 현실적인 모델(참고문헌 [1]의 3장 참조)은 다음과 같다.

$$v(t) = 13.92(1 - e^{-2.3t})$$

(a) $v(0)$을 구하고 해석하시오.

(b) $v(t)$를 $c - ab^t$ 형태로 다시 적으시오.

(c) (b)번을 이용하여 어째서 $v(t)$가 증가하는지 설명하시오.

(d) $v(t)$의 그래프를 그리고 그래프로부터 종단 속도를 예측하시오. (종단 속도를 계산하는 방법은 2장 연습문제 48번에서 다룬다.)

44. 복리 효과를 이용한 퇴직 예금: 현재 예금 계좌에 $B(0)$ 달러가 있고 매년 $r\%$ 수익을 얻고 있으며 해당 계좌에 매년 추가로 s달러를 저축한다고 가정하자. 지금부터 t년 후 계좌의 잔액 B는 다음과 같음을 보일 수 있다(참고문헌 [1]의 4장 참조).

$$B(t) = \left(B(0) + \frac{s}{r}\right)e^{rt} - \frac{s}{r}$$

여기서 $B(0) = 0$, $r = 0.07$(7%는 20년 투자 기간 동안의 평균 주식 시장 수익률), $s = \$1,000$라고 가정한다.

(a) $B(t)$와 $B(40)$을 구하시오.

(b) t년 후 총 예금한 금액은 $D(t) = 1,000t$이다. 이러한 예금이 잔액에서 차지하는 비율은 $D(t)/B(t)$이다. 이러한 새로운 함수를 구하고 $1 \leq t \leq 40$에 대해 그래프를 그리고 해석하시오.

(c) 20년 후에는 매년 예금한 총 금액이 계좌 잔액의 약 46%를 차지하지만, 40년 후에는 매년 예금한 총 금액이 계좌 잔액의 18%에 불과하다는 것을 보이시오. **결론:** 조기 퇴직을 위한 저축을 시작하자. 투자 이익에 복리를 적용할 때는 시간이 더 많을수록 좋다.

45. 방사성 탄소 연대 측정법(Radiocarbon Dating): 모든 동물은 **방사성 탄소**(radiocarbon)를 지니고 있다. 방사성 탄소란 시간이 지남에 따라 방사성 붕괴를 겪는 탄소의 방사성 동위 원소를 말한다. N_0이 샘플의 초기 방사성 탄소 수이면 t년 후 샘플에 남은 양 N은 다음과 같은 식으로 주어진다.

$$N(t) = N_0 e^{-\lambda t}$$

여기서 $\lambda > 0$은 **붕괴 상수**이고 동위 원소의 **반감기**(초기 샘플의 절반이 붕괴하는 데 걸리는 시간) T와 관련이 있다.

(a) $T = \dfrac{\ln 2}{\lambda}$임을 보이시오.

(b) 방사성 탄소의 반감기 값은 $T = 5,730$년이다. (a)번과 이를 이용하여 붕괴 상수를 계산하시오.

(c) 동물의 유해에 있는 방사성 탄소가 초

깃값의 70%로 붕괴했다고 가정하자. 동물의 나이를 추정하시오. (이 기술을 방사성 탄소 연대 측정법이라고 한다.)

46. 대출 상환 기간 계산: 연이율 $r\%$로 $\$L$의 대출(예를 들어 학자금 대출)을 받았다고 가정해보자. 이때 매월 $\$M$를 지불하면 대출금을 갚는 데 다음과 같이 n개월이 걸린다는 것을 보일 수 있다(참고문헌 [7]의 3장 참조).

$$n = \frac{\log\left(\frac{M}{M - Lc}\right)}{\log(1 + c)}$$

여기서 $c = \frac{r}{12}$ 이고 r은 소수로 표현한다.

신용카드 대출 잔액이 $\$1,000$이고 최소 월별 지불액은 $\$20$이며 연간 이자율은 $r = 12\%$라고 가정하자.

(a) 대출금을 갚는 데 몇 개월이 걸리는가?

(b) 이제 M을 변수로 남겨두면 다음 식이 성립함을 보이시오.

$$n \approx 231.4 \log\left(\frac{M}{M - 10}\right)$$

(c) $20 \le M \le 50$에 대해 n의 그래프를 그리고 $n(40)$을 계산하시오. 매월 $\$40$씩 상환하면 매월 $\$20$에 비해 얼마나 빨리 대출금을 갚을 수 있는가?

47. 밑이 b인 로그를 사용하여 $b^x = c$를 푸시오. 그리고 나서 다시 밑이 a인 로그를 사용하여 $b^x = c$를 푸시오. 그리고 이러한 결과를 이용하여 밑 변환 공식 **A.15**를 증명하시오.

··············· **삼각 함수 관련 연습문제** ···············

48-51: 다음 각도를 도에서 라디안으로, 라디안에서 도로 변환하시오.

48. $120°$ **49.** $36°$ **50.** $\dfrac{7\pi}{2}$ **51.** $\dfrac{3\pi}{8}$

52. 반지름 2cm인 원에서 중심각 $20°$에 해당하는 호의 길이는 얼마인가?

53. 다음 삼각형에서 $\sin\theta$, $\cos\theta$, $\tan\theta$를 구하시오. (누락된 변의 길이를 구하려면 피타고라스 정리가 필요하다.)

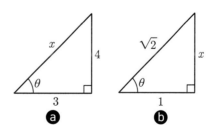

54. 색의 삼각법: 빛은 **전자기파**이며, 전파 방향에 수직으로 전기장과 자기장이 진동하는 파동(이러한 파동을 **횡파**라고 함)이다. 따라서 삼각 함수를 사용하여 빛을 모델링할 수 있다. 이때 400나노미터에서 700나노미터에 이르는 가시광선의 파장(주기) λ가 빛의 색상을 결정한다.

Color	Violet	Blue	Green
Wavelength(nm)	380-450	450-495	495-570
Color	Yellow	Orange	Red
Wavelength(nm)	570-590	590-620	620-750

각 색상은 다음과 같은 함수로 표현할 수 있다.

$$C(t) = \sin(Bt), \quad \lambda = \frac{2\pi}{B}$$

(a) 빨간색($\lambda = 700$)에 대한 $C(t)$ 함수를 찾으시오.

(b) 방정식 $C(t) = \sin(\pi t/200)$에 의해 모델링된 색은 무엇인가?

55. 음악의 삼각법: 응용 예제 A.12에서 소리는 압력파라고 했던 것을 떠올려 보자. 가장 간단한 음파는 다음과 같은 함수를 통해 모델링할 수 있다.

$$S(t) = \sin(2\pi f t)$$

여기서 f는 헤르츠(Hz) 단위로 측정된 주파수이다(이러한 소리를 **순음**(pure tone)이라고 한다). 예를 들어, 가온 도(Middle C) 위의 음표 A(라)는 440Hz의 주파수를 가진다. 서양 음악의 토대를 형성하는 **반음계**(chromatic scale)는 다음과 같은 2의 12제곱근 진행에 따라 음계에서 후속 음의 주파수를 결정한다.

$$440 \cdot 2^0, \ 440 \cdot 2^{\frac{1}{12}}, \ 440 \cdot 2^{\frac{2}{12}}, \cdots, \ 440 \cdot 2^{\frac{12}{12}} = 880$$

왼쪽에서 오른쪽으로 생성되는 음표는 A, A#('A sharp') 등으로 이어져 최대 A2(주파수 880Hz), 즉 A보다 한 옥타브 높은 음표까지 계속된다(시각적으로 이들 각각 음표는 A와 A2 사이의 피아노 건반 하나에 해당한다).

(a) 주파수가 $440\sqrt[4]{2}$ 인 순음 C 음표와 관련된 삼각 함수를 적으시오.

(b) $0 \leq x \leq 12$에 대해 $f(x) = 440 \cdot 2^{\frac{x}{12}}$ 라고 하자. $f(0)$은 무엇을 나타내는가? 그리고 $f(12) = 2f(0)$이라는 사실로부터 어떤 결론을 내릴 수 있는가?

56. 전류의 삼각법: 오늘날 전류는 교류(AC)로 전달된다(항상 그런 것은 아니며 이와 관련한 토머스 에디슨(Thomas Edison) 이

야기는 참고문헌 [1]의 1장 참조). AC 전류는 다음과 같은 함수에 따라 진동하는 전압 V(볼트로 측정)를 통해 전달된다.

$$V(t) = \sqrt{2}A\sin(Bt)$$

(a) 미국의 일반적인 벽면 콘센트는 $120\sqrt{2}$ V의 최대 전압을 제공한다. 이러한 정보를 이용하여 A를 구하시오.

(b) 미국의 표준 가정용 AC 전류는 60Hz의 주파수에서 진동한다. 이러한 정보를 이용하여 B를 구하시오.

57. 식 **A.23** 을 이용하여
$\sin\left(\theta + \frac{\pi}{2}\right) = \cos\theta$ 임을 증명하시오.

58. 다음 그림을 이용하여 바깥쪽 삼각형의 면적이 $A = \frac{1}{2}ab\sin\theta$ 임을 보이시오.

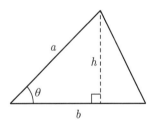

59. 삼각법은 직선의 기울기를 이해할 수 있는 좀 더 자연스러운 접근 방식을 제공한다. 방법을 확인하기 위해 **그림 A.4**로 돌아가보자. θ를 직선과 x축 사이의 각도($-\pi/2 < \theta$ $<\pi/2$)라고 하자. 이때 다음을 보이시오.

$$m = \tan\theta$$

따라서 직선의 기울기(m)는 직선의 경사각(θ)과 직접적인 관련이 있다.

60. 반지름 r인 원에 양 변이 r인 n개의 이등변 삼각형을 넣는다고 가정하자(다음 그림 참고).

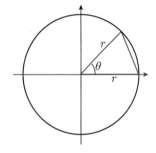

(a) 어째서 $\theta = \frac{2\pi}{n}$ 인지 설명하시오.

(b) $A(n)$을 n개의 내접 삼각형 면적의 합이라고 하자. 이때 다음을 보이시오.

$$A(n) = \frac{1}{2}nr^2\sin\left(\frac{2\pi}{n}\right)$$

(c) $A(4)$, $A(10)$, $A(100)$을 구하시오. 이를 통해 n이 커질수록 $A(n)$이 원의 면적에 더 가깝다는 것을 알 수 있다.

응용 예제 B.1 아인슈타인의 특수 상대성 이론은 우리가 속도와 무관하다고 생각한 특정 물리량이 사실은 그렇지 않다고 알려준다. 한 가지 예는 물체의 길이다. 예를 들어, 직선 궤도를 따라 움직이는 기차를 상상해보자. L_0을 정지한 열차의 길이라 할 때 아인슈타인은 속도 v로 이동할 때의 길이 L이 다음과 같다는 것을 발견했다.

$$L(v) = L_0 \sqrt{1 - \frac{v^2}{c^2}}$$

여기서 $c > 0$은 빛의 속도이다. **핵심**: 길이는 상대적이다.

(a) v가 0에서 0이 아닌 값으로 증가함에 따라 L에 어떤 일이 발생하는지 설명하시오. (이러한 현상을 **로렌츠 수축**(Lorentz contraction)이라고 한다.)

(b) v가 얻을 수 있는 가장 큰 값은 얼마이며 그 이유는 무엇인가?

(c) $\lim_{v \to c^-} L(v)$를 계산하고 결과를 해석하시오. 어째서 좌극한이 필요한지도 설명하시오.

해답

(a) 먼저 $L(0) = L_0$(즉, 열차의 정차 시 길이는 L_0)에 주의한다. v가 0에서 증가하면 v^2/c^2도 증가하고 $1 - v^2/c^2$은 1보다 작아지며 $\sqrt{1 - v^2/c^2}$도 1보다 작아진다. **결론**: $v > 0$에 대해 $L(v) < L_0$ (즉, 열차의 운동 시 길이가 정지 시 길이보다 작음.)

(b) 음수의 제곱근은 정의되지 않으므로 $1 - v^2/c^2 \geq 0$이어야 한다. 따라서 $v^2/c^2 \leq 1$이므로 $v^2 \leq c^2$이 된다. 이러한 부등식을 만족하는 가장 큰 속도 값은 $v = c$(즉, 빛의 속도)이다.

(c) $L(v) = f(g(v))$라 할 때 $f(x) = L_0 \sqrt{x}$, $g(v) = 1 - v^2/c^2$이다. 함수 g는 $v = c$에서

왼쪽으로부터 연속이고 $g(c) = 0$이다. $v \to c^-$일 때 $g(c) \to 0^+$이고 f는 $x = 0$에서 오른쪽으로부터 연속이므로 다음과 같은 결론을 얻는다.

$$\lim_{v \to c^-} L(v) = L_0 \sqrt{1 - c^2 / c^2} = 0$$

이것은 열차의 속도가 빛의 속도에 가까워지면 열차의 길이가 0으로 줄어든다는 것을 의미한다! 마지막으로, (b)번에서 논의했듯이 $L(v)$는 $v > c$에 대해 정의되지 않기 때문에 좌극한이 필요하다.

 아인슈타인의 특수 상대성 이론(응용 예제 B.1에서 소개)의 또 다른 결과는 $m_0 > 0$이 정지 상태에 있는 입자의 질량이라면 속도 v로 이동할 때의 질량 m은 다음과 같다는 것이다.

$$m(v) = \frac{m_0}{\sqrt{1 - v^2 / c^2}}$$

여기서 c는 빛의 속도이다. **핵심**: 질량은 상대적이다.

(a) $v = 0, 0.25c, 0.5c$ 각각에 대해 $m(v)$를 구하시오.

(b) $v = c$이면 어떻게 되는가?

(c) $v \to c^-$일 때의 극한을 구하고, 결과를 수학적으로 그리고 물리적으로 해석하시오.

해답

(a) $m(0) = m_0, \quad m(0.25c) = \dfrac{m_0}{\sqrt{\frac{15}{16}}} \approx 1.03 m_0, \quad m(0.5c) = \dfrac{m_0}{\sqrt{\frac{3}{4}}} \approx 1.15 m_0$

(b) $v = c$이면 $m(c)$는 정의되지 않는다($v = c$일 때 분모가 0이기 때문에).

(c) 응용 예제 B.1의 (c)번을 푸는 과정에서 다음 식이 성립함을 보였다.

$$\lim_{v \to c^-} \sqrt{1 - v^2 / c^2} = 0$$

이 식을 보면 $v \to c^-$일 때 $m(v)$의 분모가 매우 작은 양수에 접근하고 있음을 알 수 있다. 그런데 $m(v)$의 분자는 상수 m_0이므로 $v \to c^-$일 때 $m(v)$는 매우 큰 양수가 된다. **결론**: $v \to c^-$일 때 $m(v) \to \infty$가 된다. 수학적으로 이는 $m(v)$의 그래프가 $v = c$에서 수직 점근선을 가짐을 의미한다(정의 2.5 참고). 물리적으로 이 결과는 입자의 속도가 빛의 속도에 가까워질수록 질량이 한없이 커진다는 것을 의미한다!

 여러분과 파트너가 어떤 것의 총량 T(예를 들어 돈)를 나누는 방법을 결정해야 한다고 가정해 보자. 어떻게 $\$T$를 치우침없이 공정하게 나눌 수 있는가? 게임 이론을 발명한 것으로 유명하고 영화 〈뷰티풀 마인드〉에 소개된 수학자 존 내시(John Nash)는 이를 '협상 문제(bargaining problem)'로 여기고 이를 해결하는 절차를 고안했다. 내시의 해법에서는 개인의 효용 함수(utility function), 즉 각 당사자가 자신의 몫이 변경됨에 따라 갖는 선호도를 정량화해야 한다. 참고문헌 [7]의 6.2 절을 보면 내시의 접근 방식에서 '효용'을 '행복 수준'으로 대체하고 각 당사자의 행복 수준은 그들이 받는 돈이 증가함에 따라 선형적으로 증가하는 경우로 생각했다. 여기서는 그러한 결과로 나온 해답을 살펴본다.

행복이 0에서 10까지의 척도로 측정된다고 가정한다(10은 '행복'을 나타내고 0은 '불행'을 나타냄). M을 여러분이 돈을 모두 받을 때 여러분의 행복 수준이라 하고, N을 파트너가 돈을 모두 받을 때 파트너의 행복 수준이라 하자. 마지막으로 Y_d와 P_d를 여러분과 파트너가 각각 합의에 도달할 수 없는 경우 경험하게 될 행복 수준이라 하자.[1]

(a) x를 여러분이 받는 몫, z를 파트너가 받는 몫이라 하자. 이때 T를 모두 나누고 싶다고 가정한다면 어째서 다음 식이 성립하는지 이유를 설명하시오.

$$x + z = T, \qquad x \geq 0, \qquad z \geq 0$$

(b) $Y(x)$를 여러분이 x의 돈을 받을 때 여러분의 행복 수준이라 하고 $P(z)$를 z의 돈

---

1   M과 N, Y_d, P_d는 모두 0에서 10 사이의 숫자이다(행복 척도를 그렇게 채택했기 때문).

을 받을 때 파트너의 행복 수준이라 하자. 이때 다음과 같은 식을 가정한다.

$$Y(x) = \frac{M}{T}x, \quad P(z) = \frac{N}{T}z$$

이러한 함수가 의미하는 바를 해석하시오.

(c) **내시 곱**(Nash product) H는 다음과 같이 정의된다.

$$H = (Y - Y_d)(P - P_d) \quad \text{B.1}$$

H를 x의 함수로 표현할 때 다음과 같은 식이 됨을 보이시오.

$$H(x) = -\left(\frac{M}{T}x - Y_d\right)\left(\frac{N}{T}x - (N - P_d)\right) \quad \text{B.2}$$

(d) 내시 알고리즘은 $Y \geq Y_d$와 $P \geq P_d$를 만족하는 Y와 P의 가능한 모든 조합에 대해 H를 최대화하는 것이다. 이러한 두 가지 제약이 다음과 같은 제약을 생성함을 보이시오.

$$\frac{TY_d}{M} \leq x \leq T - \frac{TP_d}{N} \quad \text{B.3}$$

어째서 내시 알고리즘은 다음과 같은 경우에만 적용할 수 있는지 이유를 설명하시오.

$$\frac{Y_d}{M} + \frac{P_d}{N} \leq 1 \quad \text{B.4}$$

(e) 식 B.4가 성립한다고 가정하면 식 B.3의 구간에서 $H(x)$의 최댓값은 다음의 x값에서 발생함을 보시이시오.

$$x = \frac{T}{2}\left(1 + \frac{Y_d}{M} - \frac{P_d}{N}\right) \quad \text{B.5}$$

그렇다면 파트너와 관련된 몫은 다음과 같음을 보이시오.

$$z = \frac{T}{2}\left(1 + \frac{P_d}{N} - \frac{Y_d}{M}\right)$$

(a) $x + z$는 T라고 표시한 총 금액이므로 $x + z = T$이다. 또한 어떤 당사자도 $\$T$ 이상을 받을 수는 없기 때문에(총 $\$T$를 나눔), $x \leq T$와 $z \leq T$가 성립한다. 여기서 $x = T - z$, $z = T - x$로 각각 대체하면 $z \geq 0$, $x \geq 0$을 얻는다.

(b) Y는 기울기가 M/T인 선형 함수이다. 이는 $\$T$의 몫 x가 한 단위 증가할 때마다 여러분의 행복 수준이 M/T만큼 증가한다는 것을 의미한다. 또한 $Y(x)$의 y절편이 $(0, 0)$이기 때문에 돈을 전혀 받지 못한다면 행복 수준은 0이 된다. $P(z)$도 마찬가지로 해석하면 된다.

(c) $z = T - x$이므로 다음 식을 얻는다.

$$P(x) = \frac{N}{T}(T - x) - P_d = -\frac{N}{T}x + (N - P_d)$$

이를 $Y = \frac{M}{T}x$와 함께 식 **B.1**에 대입하면 다음을 얻는다.

$$H(x) = \left(\frac{M}{T}x - Y_d\right)\left(-\frac{N}{T}x + (N - P_d)\right)$$

두 번째 괄호 항에서 마이너스 부호를 빼내면 식 **B.2**가 된다.

(d) $Y = \frac{M}{T}x$이므로 $Y \geq Y_d$는 다음과 같이 나타낼 수 있다.

$$\frac{M}{T}x \geq Y_d \quad \Rightarrow \quad x \geq \frac{TY_d}{M}$$

$P = \frac{N}{T}z$이므로 $P \geq P_d$는 다음과 같이 나타낼 수 있다.

$$\frac{N}{T}(T - x) \geq P_d \quad \Rightarrow \quad x \leq \frac{T}{N}(N - P_d)$$

x에 대한 두 구간을 합치면 식 **B.3**이 된다. 내시 알고리즘의 제약 $Y \geq Y_d$와 $P \geq P_d$를 식 **B.3**으로 변환했으므로 식 **B.3** 구간 사이의 x값만 내시 알고리즘에서 고려하면 된다. 이러한 x값은 다음과 같이 구간의 왼쪽 끝 숫자가 오른쪽 끝 숫자보다 작거나 같은 경우에만 존재한다.

$$\frac{TY_d}{M} \leq \frac{T}{N}(N - P_d)$$

이는 식 **B.4**와 같다.

(e) 이제 닫힌 구간에서 연속 함수(이차 다항식)을 얻었으므로 박스 4.4의 절차를 따른다. 먼저 $H'(x)$로 시작한다. 약간 정리한 형태는 다음과 같다.

$$H'(x) = \frac{M}{T}(N - P_d) + \frac{N}{T}Y_d - \frac{2MN}{T^2}x$$

유일한 임곗값은 $H'(x) = 0$일 때 발생한다.

$$x = \frac{T^2}{2MN}\left[\frac{M}{T}(N - P_d) + \frac{N}{T}Y_d\right] = \frac{T}{2}\left[\frac{N - P_d}{N} + \frac{Y_d}{M}\right]$$

이를 정리하면 식 **B.5**가 된다. 이에 해당하는 z값은 $z = T - x$로부터 얻는다.

참고문헌 [7](6.2 절)에서는 내시 알고리즘이 어떻게 공정성과 치우침없음을 보존하는지 논의한다. 또한 〈타임지(TIME)〉와 협력하여 이러한 방정식을 재미있는 대화식 데모로 변환하여 식 **B.5** 내시 해법을 직접 사용해볼 수 있도록 했다. 관심이 있다면 참고문헌 [8]을 참조하라.

가치 V(\$ 단위)를 지닌 자산이 시간 t(년)에 따라 증가한다고 가정하자. $V(t)$에 대한 인기 있는 모델은 다음과 같다.

$$V(t) = V_0 e^{\sqrt{t}}, \quad V_0 > 0$$

이러한 자산의 **현재 가치**(present value) P는 현재의 돈으로 표현되는 미래의 돈 $V(t)$의 합계이며, 다음과 같이 모델링할 수 있다.

$$P(t) = V(t)e^{-rt} = V_0 e^{\sqrt{t} - rt}$$

여기서 여기서 $r > 0$은 소수로 표시한 일반적인 연간 이자율이다.

(a) 자산의 초기 가치는 얼마인가?

(b) 다음을 보이고 결과를 해석하시오.

$$\lim_{t \to \infty} P(t) = 0$$

(c) 자산을 매각할 최적의 시기는 언제인가? (경제학자들은 이를 **최적의 보유 기간**(optimal holding time)이라고 한다.)

(d) 자산이 집이라고 가정하자. $r = 3\%$라고 할 때 판매하기에 가장 좋은 시기는 언제인가?

해답

(a) $P(0) = V_0$

(b) $P(t)$를 다음과 같이 다시 적을 수 있다.

$$P(t) = V_0 e^{\sqrt{t}(1 - r\sqrt{t})}$$

t값이 충분히 큰 경우 $P(t)$의 지수는 음수이다.[2] $t \to \infty$일 때 $P(t)$는 0으로 감소한다. 이 말은 결국 자산의 현재 가치가 0에 가까워진다는 것을 의미한다. (이는 **돈의 시간 가치**를 보여주는 예시다. 간단히 말해서 현재의 $100가 지금부터 10년 후의 $100보다 훨씬 가치가 있다는 개념이다.)

(c) 구간 $[0, \infty)$에서 $P(t)$의 최댓값을 찾는 문제다. 하지만 앞서 $t > 1/r^2$에 대해 $P(t)$의 지수, $\sqrt{t}(1 - r\sqrt{t})$가 음수임을 보였다. 따라서 다음 식이 성립한다.

$$P(t) = V_0 e^{\sqrt{t}(1 - r\sqrt{t})} < V_0 e^0 = V_0$$

다시 말하면, 시간 $t^* = 1/r^2$ 이후에는 현재 가치가 초깃값 V_0보다 작다. 따라서 최댓값은 구간 $[0, t^*]$에서 찾는다. 먼저 $P'(t)$를 구한다.

$$P'(t) = V_0 e^{\sqrt{t} - rt} \left(\frac{1}{2\sqrt{t}} - r \right) = \left(\frac{1 - 2r\sqrt{t}}{2\sqrt{t}} \right) V_0 e^{\sqrt{t} - rt}$$

이 식에서 두 개의 임계수가 나온다. (1) $t = 0$($P(0)$이 정의되지 않으므로), (2) $t = \frac{1}{4r^2}$($P'(t) = 0$을 풀어서 구함). 다시 박스 4.4의 절차를 따른다.

$$P(0) = V_0, \quad P\left(\frac{1}{4r^2} \right) = V_0 e^{1/(4r)}, \quad P(t^*) = V_0 e^{\sqrt{t^*} - rt^*} = V_0$$

모든 r값에 대해 $e^{1/(4r)} > 1$이므로, $P(t)$는 $t = 1/(4r^2)$에서 최댓값을 갖는다. **참고:**

---

2 특히 $t > 1/r^2$이면 $1 - r\sqrt{t} < 0$이므로 $P(t)$의 지수는 음수이다.

이러한 답은 자산의 초기 가치인 V_0과 무관하다.

(d) (c)번에서 계산한 결과에 따르면 최적의 판매 시기는 다음과 같다.

$$t = \frac{1}{4(0.03)^2} \approx 278년 \text{ 후}$$

응용 예제 B.5 **그림 B.1**은 반지름 r의 큰 혈관이 반지름 r_2의 더 작은 혈관으로 각도 θ로 가지가 분리되는 것을 나타낸다. 이러한 분기는 더 작은 혈관으로의 혈액 흐름을 방해한다. 큰 혈관에서 더 작은 혈관을 향해 위로 흐르는 혈액의 저항 R에 대한 합리적인 모델은 다음과 같다.

$$R(\theta) = c\left(\frac{L - M\cot\theta}{r_1^4} + \frac{M\csc\theta}{r_2^4}\right), \quad 0 < \theta \le \frac{\pi}{2} \quad \text{B.6}$$

여기서 $c > 0$은 양의 상수다(이러한 식은 참고문헌 [1]의 식 (44)에서 유도했다).

(a) R의 임계수는 다음과 같은 경우에 발생함을 보이시오.

$$\cos\theta = \left(\frac{r_2}{r_1}\right)^4 \quad \text{B.7}$$

(b) 식 **B.7**이 고유한 θ값을 산출하는 이유와 R이 이러한 θ값에서 최솟값을 갖는 이유를 설명하시오.

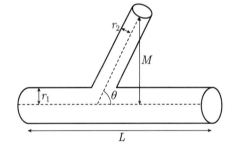

그림 B.1 더 작은 혈관으로 분기되는 큰 혈관의 모습

해답

(a) 미분 $R'(\theta)$는 다음과 같다.

$$R'(\theta) = c\left(\frac{M}{r_1^4}\csc^2\theta - \frac{M\csc\theta\cot\theta}{r_2^4}\right)$$

$$= \frac{cM}{r_1^4 r_2^4 \sin^2\theta}(r_2^4 - r_1^4\cos\theta) \quad \text{B.8}$$

$R'(\theta)$는 관심 구간 $(0, \pi/2)$에서 연속적이기 때문에 식 **B.8** 괄호 안의 식이 0일 때 유일한 임계수가 발생한다.

$$r_2^4 - r_1^4 \cos\theta = 0 \quad \Rightarrow \quad \cos\theta = \left(\frac{r_2}{r_1}\right)^4$$

(b) $r_2 < r_1$, $0 < r_2/r_1 < 1$이라고 가정하므로 식 **B.7**을 풀기 위해 $\cos\theta$ 그래프가 수평선 $y = (r_2/r_1)^4$과 교차하는 위치를 찾는다. **그림 A.18 ⓑ**를 간략히 다시 살펴보면 이는 $0 < \theta < \pi/2$ 구간에서 단 한 번만 발생함을 알 수 있다. 따라서 식 **B.7**이 구간 $(0, \pi/2)$에서 고유한 해를 갖는다는 결론을 내릴 수 있으므로 구간 $(0, \pi/2)$에서 R의 임계수는 하나뿐이다. 식 **B.7**을 풀어 얻은 고유한 θ값을 θ^*로 표기하자.

이제 식 **B.8**로 돌아가서 괄호 안이 양수, 즉 $r_2^4 - r_1^4 \cos\theta > 0$일 때 $R'(\theta) > 0$임을 확인한다. 괄호 안이 양수일 때를 정리하면 $\cos\theta < (r_2/r_1)^4$이 되며, 이는 곧 $\theta > \theta^*$일 때이다. 이때 $\cos\theta$는 $(0, \pi/2)$에서 감소하는 함수이므로(**그림 A.18 ⓑ** 참고) $\theta > \theta^*$이면 $\cos\theta < \cos\theta^* = (r_2/r_1)^4$이 성립한다. 마찬가지로 $\cos\theta > (r_2/r_1)^4$, 즉 $\theta < \theta^*$이면 $R'(\theta) < 0$이 된다. 또한 정리 4.2의 (b)번을 통해 R이 θ^*에서 극솟값을 가짐을 알 수 있다. 그리고 R은 $(0, \pi/2)$에서 연속이기 때문에 정리 4.4로부터 R은 θ^*에서 최솟값을 가짐을 알 수 있다.

응용 예제 B.6

미국 대선 후보가 대선에서 대중에게 받은 득표율이 $p\%$라고 가정해 보자. 정치학자들은 미국 하원에서 대통령이 속한 당이 차지하는 의석의 비율 $H(p)$를 '세제곱 법칙(cube rule)'으로 잘 근사할 수 있음을 발견했다.

$$H(p) = \frac{p^3}{p^3 + (1-p)^3}, \quad 0 \leq p \leq 1$$

그림 B.2에 $H(p)$의 그래프를 나타냈다.

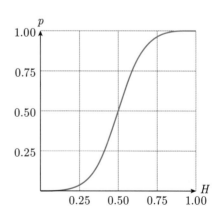

그림 B.2 $H(p)$의 그래프

(a) $H'(p)$와 $H''(p)$를 구하시오.

(b) 각각 다음을 이용하여 H가 아래로 볼록/위로 볼록한 구간을 구하시오.

     (1) 정의 4.5와 그림 B.2   (2) 정리 4.7

(c) H에 변곡점이 있는가?

해답

(a) 먼저 분모를 풀고 정리하여 함수를 다음과 같이 다시 적는다.

$$H(p) = \frac{p^3}{3p^2 - 3p + 1}$$

이제 몫의 법칙을 이용한다.

$$H'(p) = \frac{3p^2[3p^2 - 3p + 1] - p^3[6p - 3]}{(3p^2 - 3p + 1)^2} = \frac{3p^2(p-1)^2}{(3p^2 - 3p + 1)^2}$$

한 번 더 몫의 법칙을 이용하고 정리한다.

$$H''(p) = \frac{6p(2p^2 - 3p + 1)}{(3p^2 - 3p + 1)^3} \qquad \textbf{B.9}$$

(b) (1) 정의 4.5를 이용하고 **그림 B.2**를 참조하면 H 그래프의 접선이 $0 < p < 0.5$일 때 그래프 아래에 있고 $0.5 < p < 1$일 때 그래프 위에 있음을 알 수 있다. 따라서 H는 구간 $(0, 0.5)$에서 아래로 볼록하고 구간 $(0.5, 1)$에서 위로 볼록하다.

(2) 먼저 $H''(p)$가 정의되지 않는 p값을 찾는다. 이는 식 **B.9**의 분모가 0인 경우에 발생한다. 그러나 $3p^2 - 3p + 1$은 절대 0이 아니므로(방정식 $3p^2 - 3p + 1 = 0$의 해는 없음), $H''(p)$가 존재하지 않는 p값은 없다. 다음으로 $H''(p) = 0$인 p값을 찾는다.

$$H''(p) = 0 \quad \Rightarrow \quad 6p(2p^2 - 3p + 1) = 0$$

그러면 $p = 0$, $p = 0.5$, $p = 1$이 나온다. 그러나 $p = 0$과 $p = 1$은 $H(p)$가 정의되는 구간의 끝점이므로 이 점이 변곡점인지 알 수 없다(변곡점인지 확인하려면 $H''(p)$

의 부호가 바뀌는지 확인하기 위해 $p < 0$과 $p > 1$에 대한 $H''(p)$의 정보가 필요하다). 따라서 $p = 0.5$가 남는다. $p = 0.5$를 가로지를 때 H''의 부호가 바뀌는지 확인하기 위해 부호 차트를 만든다. 테스트할 점으로 $p = 0.25$와 $p = 0.75$를 선택하면 다음 부호 차트를 얻는다($H''(0.25) > 0$, $H''(0.75) < 0$).

$$H''(p) : \quad \xleftarrow{\; + \; + \; + \; + \; + \;} \Big| \xrightarrow{\; - \; - \; - \; - \; - \;}$$
$$0.5$$

정리 4.7로부터 H는 구간 $(0, 0.5)$에서 아래로 볼록하고 구간 $(0.5, 1)$에서 위로 볼록하다는 결론을 내릴 수 있다.

(c) H는 $p = 0.5$에서 요철이 변하므로 정의 4.6으로부터 H는 $p = 0.5$에서 변곡점을 갖는다.

실제로 세상의 수많은 현상에서 처음에는 거의 기하급수적으로(지수적으로) 증가한 다음, 다양한 이유로 인해 느린 성장을 경험하곤 한다. 이러한 대표적인 두 가지 사례는 인구 증가와 전염병의 확산이다. 이러한 현상은 다음과 같은 **로지스틱 함수**(logistic function)로 모델링할 수 있다.

$$q(t) = \frac{a q_0}{b q_0 + (a - b q_0) e^{-at}}$$

여기서 a와 b는 양의 상수이고, $q(t)$는 모델링하는 현상의 시간 $t \geq 0$에 따른 양을 나타내며, $q_0 > 0$은 현존하는 초기 양을 나타낸다. 이는 일반적으로 앞서 언급한 실제 현상의 경우이므로 $q_0 < \frac{a}{b}$로 가정한다. 이번 문제에서는 이러한 로지스틱 곡선의 형태를 탐구한다.

(a) $q(t)$가 모든 $t \geq 0$에 대해 증가하고 있음을 보이시오.

(b) q의 이차 도함수는 다음과 같다.

$$q''(t) = \frac{a^3 q_0 (a - b q_0) e^{at} [(a - b q_0) - b q_0 e^{at}]}{(b q_0 e^{at} + a - b q_0)^3}$$

다음과 같은 경우에만 $q(t)$가 변곡점을 가짐을 보이시오.
$$q_0 < \frac{a}{2b}$$

이러한 경우에 변곡점은 고유하며 이러한 변곡점에서 $q(t)$는 아래로 볼록에서 위로 볼록으로 바뀜을 보이시오.

(c) 다음 극한을 구하시오.
$$\lim_{t \to \infty} q(t)$$

이러한 결과를 모델링하는 현상의 **환경수용력**(carrying capacity)이라고 한다.

(d) $q(t)$를 1시간의 미적분 강의(t는 시간으로 측정)에서 감기에 걸린 사람 수를 나타낸다고 하자. 이때 다음과 같은 상황을 가정한다. (1) $q_0 = 5$, 즉 교실에 있는 5명이 이미 감기에 걸렸고, (2) $a = 0.4$, (3) 모두가 교실에 영원히 머무른다면 20명 모두가 감기에 걸린다. 이러한 상황에서 $q(t)$에 대한 방정식을 구하고 결과를 그래프로 나타내시오.

(e) (d)번에 이어서, 강의가 끝날 때 감기에 걸린 사람 수를 추정하시오.

해답

(a) 먼저 $q'(t)$를 구한다. 일단 $q(t)$를 다음과 같이 다시 적는다.
$$q(t) = a q_0 (b q_0 + (a - b q_0) e^{-at})^{-1}$$

그리고 나서 연쇄 법칙을 적용한다.
$$q'(t) = -a q_0 (b q_0 + (a - b q_0) e^{-at})^{-2} [-a(a - b q_0) e^{-at}]$$

이를 정리하면 다음과 같다.
$$\frac{a^2 q_0 (a - b q_0) e^{-at}}{(b q_0 + (a - b q_0) e^{-at})^2}$$

$q_0 < \frac{a}{b}$를 가정했으므로 분모는 항상 양수이다. 또한 이러한 가정은 $a - b q_0 > 0$을 의미한다. 따라서 분자도 항상 양수이다. 그러므로 모든 $t \geq 0$에 대해 $q(t) > 0$이라는 결론을 내릴 수 있다. 이제 정리 4.1로부터 $q(t)$는 모든 $t \geq 0$에 대해 증가하고 있음을 알 수 있다.

(b) $q''(t)$를 나타낸 식에서 유일하게 0이 가능한 식은 괄호 안의 식이다. 해당 식을 0으로 놓고 풀면 다음과 같이 고유한 해를 얻는다.

$$(a - bq_0) - bq_0 e^{at} = 0 \quad \Rightarrow \quad t = \frac{1}{a}\ln\left(\frac{a - bq_0}{bq_0}\right) \qquad \textbf{B.10}$$

$t \geq 0$이므로 괄호 안의 항은 1보다 커야 한다($x > 1$인 경우에만 $\ln x > 0$임을 떠올리자). 따라서 다음 식을 만족해야 한다.

$$\frac{a - bq_0}{bq_0} > 1 \quad \Rightarrow \quad a - bq_0 > bq_0$$

이는 $q_0 < \frac{a}{2b}$가 된다. 거슬러 올라가 보면 이 식이 참일 때 식 **B.10**의 맨 오른쪽 식은 $q''(t) = 0$에 대한 고유한 해를 생성한다. 이때의 t값을 t^*라고 하자. 또한 $(a - bq_0) - bq_0 e^{at}$은 $t < t^*$에 대해 양수이고 $t > t^*$에 대해 음수이므로 $q(t)$는 $(0, t^*)$에서 아래로 볼록하고 (t^*, ∞)에서 위로 볼록하다는 결론을 내릴 수 있다.

(c) $a > 0$이므로 $t \to \infty$일 때 $e^{-at} \to 0$ 이다. 따라서 다음과 같다.

$$\lim_{t \to \infty} q(t) = \frac{a}{b}$$

(d) (3)의 정보는 환경수용력과 동일하므로 $\frac{a}{b} = 20$이다. $a = 0.4 = \frac{2}{5}$로 주어졌으므로 $b = \frac{a}{20} = \frac{1}{50}$이 된다. 그리고 $q_0 = 5$이므로 다음 식을 얻는다.

$$q(t) = \frac{2}{\frac{1}{10} + \left(\frac{2}{5} - \frac{1}{10}\right)e^{-0.4t}} = \frac{20}{1 + 3e^{-0.4t}}$$

그림 B.3에 $q(t)$의 그래프를 나타냈다.

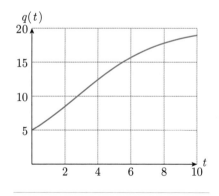

그림 B.3 응용 예제 B.7의 로지스틱 함수 그래프

(e) 1 시간 후 q를 구해보면 다음과 같다.

$$q(1) = \frac{20}{1 + 3e^{-0.4}} \approx 6.6$$

이는 강의가 끝날 때 거의 7명이 감기에 걸린다는 뜻이다.

응용 예제 B.8 제트 비행기가 활주로에 앉아 이륙을 기다리고 있다. 비행기가 정지 상태에서 시작하여 $16,876\text{mile/hr}^2$의 일정한 속도로 가속한다고 가정해 보자.

(a) 비행기의 거리 함수 $d(t)$를 구하시오.

(b) 비행기가 안전하게 이륙하려면 150mile/hr의 속도에 도달해야 한다고 한다. 이때 필요한 최소 활주로 길이는 얼마인가?

해답

(a) $d'(t) = 16,876$이므로 속도 함수 $d(t) = 16,876t$가 된다. 응용 예제 5.1의 풀이 방식을 따르면 다음과 같다.

$$d(t) = \frac{1}{2}(t)(16,876t) = 8,438t^2$$

(b) 비행기가 이륙에 필요한 속도에 도달하기까지는 $t = \frac{150}{16,876}$ 시간이 소요된다. 따라서 이러한 시간 동안 비행기의 이동 거리를 구하면 다음과 같다.

$$d\left(\frac{150}{16,876}\right) = 8,438\left(\frac{150}{16,876}\right)^2 \approx 0.67\,\text{miles}$$

그러므로 활주로의 길이는 최소 2/3마일이어야 한다. (일반적인 활주로 길이는 약 1.1마일에서 1.5마일이다.)

연습문제 해답

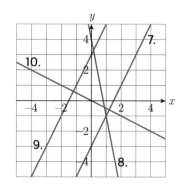

그림 B

┌─ **부록 A 연습문제** ││││││││││││││││││││││││││││││││││││ ─┐

1. 거짓. 수많은 x값에 대해 두 개의 y값이 있다(예를 들어 $x = 0$, $y = \pm 1$ 인 경우). 이를 확인하는 또 다른 방법은 $y = \pm\sqrt{1 - x^2}$ 을 그려보는 것이다. 그러면 얻는 것은 단위 원이다(**그림 A** 참고, 수많은 x 값에 대해 두 개의 y값이 있다는 것이 시각적으로 분명해진다).

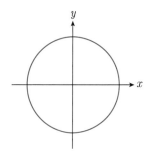

그림 A

2. (a) $f(0) = f(2) = 0$, $g(2) = 5$

   (b) $[-2, 2]$

   (c) $[-7.5, 7.5]$

3. $[-1, 1]$ **4.** $\mathbb{R}$ **5.** $\mathbb{R}$ **6.** $[0, 2]$

다음 **그림 B**에 연습문제 7-10의 그래프를 나타냈다.

7. $m = 2$, $b = -3$ **8.** $m = -5$, $b = 4$

9. $m = 2$, $b = 3$ **10.** $m = -1/2$, $b = 0$

11. (a) $y = -\frac{x}{5} + b$ (b) $y = -\frac{x}{5} + \frac{6}{5}$

      (c) $y = -x + 3$

12. (a) 상수인 다항식 (또한 $m = 0$인 선형 함수)

13. (이차) 다항식   **14.** 거듭제곱 함수 ($5x^{\frac{2}{3}}$)

15. (삼차) 다항식

16. $x = 0$과 $x = 1$을 제외한 모든 실수

17. $x = 1$을 제외한 모든 실수

18. (a) $C(m) = 20 + 50m$ (b) 9.6개월

19. 약 3.24초 후

20. (a) $M_1(20) = 200$, $M_2(20) = 189.2$. 이들이 각

각 주어진 선형 방정식과 이차 방정식을 이용하여 계산한 20세의 최대 심박수이다.

(b) 두 가지 답은 $a \approx 38.2$와 $a \approx 104.6$이다. M_1은 대략 $a < 38.2$와 $a > 104.6$에 대해 과대 평가한다. 또한 대략 $38.2 < a < 104.6$에 대해 과소 평가한다.

21. (a) 1/2, 두 번째로 흔한 단어는 가장 흔한 단어의 절반만큼 자주 나타난다.

(b) $\frac{r}{r+1}$, $r+1$ 번째로 가장 흔한 단어의 출현 빈도는 r 번째로 가장 흔한 단어 출현 빈도의 $\frac{r}{r+1}$ 배이다.

22. (a) r^n에 대해 $aP_n r_n^4 = aP r^4$ 을 풀면 공식이 나온다. (b) $r_n = 0.84r$을 P_n에 대입하면 $P_n \approx 2P$가 나온다.

23. (a) $f(x) = \sqrt{x}$, $g(h) = 1.5h$

(b) (1) 약 2.74마일 (2) 약 38.83마일

24. (a) 기울기: H, y절편: $(0, 0)$

(b) $v = Hvt$를 t에 대해 풀면 된다.

26. 아니오. $f(-1)$은 존재하지 않지만 $g(-1) = -2$

27. 기울기는 $m = ad$

30. 밑 10, 초깃값 1로 지수적 성장

31. 밑 e, 초깃값 4로 지수적 성장

32. 밑 2^{-1}, 초깃값 1로 지수적 붕괴

33. $\frac{e^2}{4}$ **34.** $\ln 3 - 1$ **35.** -2 **36.** 2

37. $\ln 128$ **38.** $\ln \frac{x-y}{x+y}$

39. $2 - \frac{1}{2}\ln 2$ **40.** $\frac{100}{99}$

41. $y = 3 \cdot 2^x$

42. $P(t) = 309.3(1.0075)^t$, $P(15) \approx 346\text{million}$

43. (a) $v(0) = 13.92$는 빗방울의 초기 속도 (b) $v(t) = 13.92 - 13.92(e^{-2.3})^t$ (c) $e^{-2.3} < 1$이므로 $13.92(e^{-2.3})^t$은 0으로 지수적 붕괴하여 t가 커질수록 $v(t)$가 커진다. (d) 그래프는 다음과 같다.

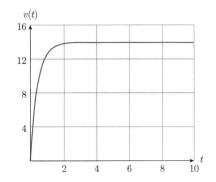

44. (a) $B(t) = \frac{100,000}{7}(e^{0.07t} - 1)$, $B(40) \approx \$220,638$

(b) $\frac{D(t)}{B(t)} = \frac{7t}{100(e^{0.07t}-1)}$, 그래프는 다음과 같다.

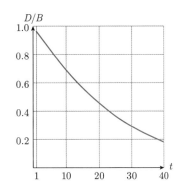

그래프를 보면 시간이 증가함에 따라 예금이 잔액

에서 더 작은 부분을 차지한다는 것을 알 수 있다 (즉, 잔액 증가의 대부분은 투자한 금액에 대한 수익에서 비롯된다).

(c) $\frac{D(20)}{B(20)} \approx 45.8\%$, $\frac{D(40)}{B(40)} \approx 18.1\%$

<u>45.</u> (b) $\lambda \approx 0.00012$ (c) $\approx 2{,}949$년

<u>46.</u> (a) 약 69.7개월 (c) 그래프는 다음과 같다.

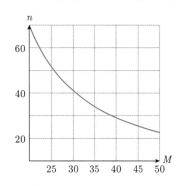

$n(40) \approx 28.9$이므로 대출금을 약 $69.7 - 28.9 = 40.8$개월 일찍 상환한다.

<u>48.</u> $\approx 2.09\text{rad}$ <u>49.</u> $\approx 0.63\text{rad}$

<u>50.</u> $630°$ <u>51.</u> $67.5°$ <u>52.</u> $\approx 0.7\text{cm}$

<u>53.</u> (a) $\sin\theta = \frac{4}{5}$, $\cos\theta = \frac{3}{5}$, $\tan\theta = \frac{4}{3}$
(b) $\sin\theta = \cos\theta = \frac{\sqrt{2}}{2}$, $\tan\theta = 1$

<u>54.</u> (a) $\lambda = 700$을 이용하면, $C(t) = \sin\left(\frac{\pi}{350}\right)$
(b) 보라색 ($\lambda = 400$)

<u>55.</u> (a) $S(t) = \sin(880\sqrt[4]{2}\pi t)$
(b) $f(0)$은 가온 도 위의 A 음표의 주파수(Hz 단위)이다. $f(12) = 2f(0)$은 A2의 주파수가 A 주파수의 두 배라는 것을 나타낸다.

<u>56.</u> (a) $A = 120$ (b) 120π

<u>60.</u> (a) n개의 내접 삼각형의 중심각 n개를 모두 더하면 2π여야 하므로 $n\theta = 2\pi$가 된다.

(c) $A(4) = 2r^2$, $A(10) \approx 2.9r^2$, $A(100) \approx 3.14r^2$

2장 연습문제

<u>1.</u> 극한이 같을 때, $x = c$ 근처에서 $y = f(x)$ 그래프의 왼쪽과 오른쪽 부분은 $x = c$에서 열린 구멍(**그림 2.3**의 $x = 1$에서 발생)이나 닫힌 구멍으로 연결된다. 극한이 같지 않으면 $x = c$를 가로지를 때 y값이 도약한다(**그림 2.3**의 $x = -1$에서 발생).

<u>2.</u> (a) (i) 1 (ii) -1 (iii) DNE (좌극한과 우극한이 다름) (iv) 2 (v) 2 (vi) 2

(b) $f(2)$가 DNE이므로 거짓

(c) 이 함수는 $(-1, 0)$, $(0, 2)$, $(2, 3)$ 구간 내의 모든 x값에 대해 연속

<u>3.</u> (a) (i) K (ii) K (iii) DNE ($x = c$의 바로 왼쪽 부분 그래프가 없음) (iv) DNE ($x = c$의 바로 오른쪽 부분 그래프가 없음) (v) N (vi) M (vii) K (viii) DNE (한쪽 극한들이 없음) (ix) DNE (한쪽 극한들이 있지만 서로 같지 않음)

(b) $f(2)$가 DNE이므로 거짓

<u>4.</u> (a) 3 (b) 2 (c) 2 (d) $\frac{1}{2}$
(e) 1 (f) -2

<u>5.</u> 1 <u>6.</u> 0 <u>7.</u> $\sqrt{2}$ <u>8.</u> -1

9. DNE   **10.** 0

11. 1   **12.** 1   **13.** $a = -1$

14. (a) $x \neq -1$ (b) $(-\infty, -1)$과 $(-1, \infty)$

15. (a) $[0, \infty)$ (b) $(0, \infty)$

16. (a) $[0, \infty)$ (b) $(0, \infty)$

17. (a) $[0, 1]$ (b) $(0, 1)$

18. $\mathbb{R}$

19. $(-\infty, 1)$과 $(1, \infty)$

20. $(-\infty, 0), (0, 1), (1, \infty)$ **21.** $-\infty$

22. $-\infty$ **23.** 0   **24.** -3

25. $\frac{\sqrt{3}}{3}$ **26.** 0   **27.** 0

28. 수직 점근선: $x = 3$, 수평 점근선: $y = 3$

29. 수직 점근선: $x = \pm 1$, 수평 점근선: $y = \frac{1}{2}$

31. (a) $\frac{1}{x}$은 결코 0과 같지 않다. 특히 0을 포함한 구간에서 $x \neq 0$인 모든 x에 대해 결코 0과 같지 않다.

32. (a) $T(0) = t$(열차가 정지되어 있을 때, 시간의 흐름은 여러분과 정거장에 있는 고정 관찰자에게 동일하게 측정된다). $T(0.5c) = \sqrt{\frac{4}{3}}\,t$ (기차는 $0.5c$의 속도로 움직이고 있다. 여러분 시계에 상대적으로 측정된 t초는 정거장에 있는 고정 관찰자에게는 대략 $1.15t$초로 측정된다(즉 15% 더 긴 시간).

(b) 기차의 속도가 빛의 속도에 가까워짐에 따라 여러분 시계에 상대적으로 측정된 t초는 정거장에

(c) $T(v)$는 $v > c$에 대해 정의되지 않는다.

33. (a) 연속   (b) 불연속   (c) 불연속

34. (a) 그래프는 다음과 같다.

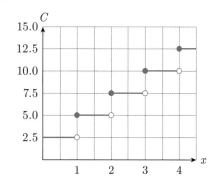

(b) 아니오, 추가로 1마일을 이동할 때마다 그순간 총 요금이 $2.50 올라간다.

(c) 도약이 있는 불연속, $C(x)$의 그래프는 4개의 불연속점 $x = 1, 2, 3, 4$를 통과할 때 y값이 다른 값으로 도약한다.

35. (a) r이 0에서 증가함에 따라 중력은 (선형으로) 증가한다. $r = R$(지구의 반지름)이면 최댓값에 도달한다. r이 R을 지나 증가함에 따라 중력은 감소한다.

(b) 두 극한은 다음과 같다. $\frac{GMm}{R^2}$

(c) 예, 좌극한과 우극한이 모두 존재하며 $F(R)$과 같다(이 모든 값은 실수).

(d) $[0, \infty)$

37. $\frac{1}{2}$ **38.** 1과 3   **39.** 1   **40.** $\frac{1}{1+\sqrt{2}}$

41. 16   **42.** 0   **43.** 0   **44.** DNE

(c) 그래프는 다음과 같다.

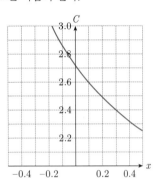

46. (e) $n = r/x$이므로 $x \to 0^+$는 $n \to \infty$를 의미한다. (e)의 결과는 1년의 복리를 적용하는 횟수가 무한대에 가까워짐에 따라(즉, 연속 복리) y년 말의 예금 잔액이 $M_0 e^{rt}$에 접근함을 나타낸다.

47. (b) 그래프는 다음과 같다.

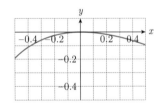

48. 13.92   **51.** 1   **52.** $\sqrt{2}$ **53.** 3

54. 0   **55.** $\frac{1}{3}$ **56.** $\frac{1}{2}$

57. $\sin\left(\frac{1}{x}\right)$의 진폭이 1이기 때문에 $-1 \le f(x) \le 1$이다. 따라서 $|f(x)| \le 1$이고 $|xf(x)| \le |x|$이 된다. 그러므로 $|x| \le d$면 $|xf(x)| \le d$가 성립한다.

58. $a = \pm\sqrt{2}$

59. (a) 그래프는 다음과 같다.

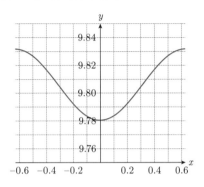

그래프를 보면 g가 위도 0도(적도)에서 가장 작고 위도 $\pm\frac{\pi}{2}$도(북극과 남극)에서 가장 크다는 것을 알 수 있다.

(b) 극한값은 a이며 적도에 가까워질 때 중력 가속도는 a에 접근한다.

3장 연습문제

1. 0   **2.** 1   **3.** 4   **4.** -2

5. -4 **6.** $\frac{1}{2}x^{-1/2}$ **7.** $f(x) = \sqrt{x}$, $a = 16$

8. 연습문제 1: $y = 0$ 연습문제 2: $y = x + 9/2$

9. $f(2) = 2$, $f(2) = 8$ **10.** (a) 16   (b) 16

11. (a) $v(a) = 0$ (거리 함수가 일정하므로 물체가 움직이지 않음)

(b) $v(a) = 2a$ (c) $v(a) = 3a^2$

12. (a) $v(a) = -2$ (선형 함수 $d(t)$의 기울기)

13. (a) $y = 220 - t$ (b) $y = 192.8 - 0.28t$

(c) $H(t)$는 연령에 관계없이 매년 1bpm의 지속적

인 감소를 예측한다. 그러나 보다 현실적인 모델은 개인이 나이를 먹을수록 MHR이 점점 더 크게 감소하는 것을 특징으로 한다. 이를 $M(t)$ 모델이 예측한다(이 그래프는 t가 증가함에 따라 접선 기울기가 더 큰 음수가 되는 위로 볼록한 이차 함수).

14. f는 해당 정의역에서 미분 가능

15. $x-0$, $x-2$

16. 그래프는 다음과 같다.

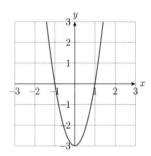

17. 그래프는 다음과 같다.

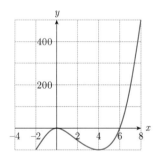

18. 그래프는 다음과 같다.

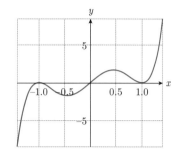

19. $f'(x) = 0$

20. $g'(x) = 50x^{49}$

21. $f'(t) = \frac{8}{\sqrt{t}}$

22. $h'(s) = 7s^6 - 6s^2$

23. $f'(x) = \frac{2}{\sqrt{x}} - \frac{10}{3\sqrt[3]{x^2}}$

24. $h'(s) = \frac{\sqrt{s}}{2}(3 + 5\sqrt{s})$

25. $g'(x) = -\frac{1}{(x+1)^2}$

26. $h'(t) = -\frac{1}{2\sqrt{1-t}}$

27. $g'(x) = 2x(\sqrt{x} - 14x) + (x^2 + 7)\left(\frac{1}{2\sqrt{x}} - 14\right)$

28. $f'(x) = \frac{1}{x^2}$

29. $h'(x) = \frac{2x(1+x^2)}{\sqrt{(1+x^2)^2+1}}$

30. $g'(t) = \pi t^{\pi-1}$

31. $h'(x) = \frac{1-x}{2\sqrt{x}(x+1)^2}$

32. $f'(x) = 3(x^3 + \frac{2}{x})^2\left(3x^2 - \frac{2}{x^2}\right)$

33. $f'(s) = -\frac{6}{(3s-7)^3}$

34. $g'(t) = 12t^{-1/5} - (3t^2 + 1)$

35. (a) $f'(1) = 3/2 = 1.5$

(b) $f'(2) = 1 + \frac{1}{2\sqrt{2}} \approx 1.35$ 이므로, f의 순간 변화율은 $x = 2$에서보다 $x = 1$에서 더 크다.

(c) $f(2) - f(1) = 1.414\ldots$이다. 이는 (b)의 추정치 1.5와 0.1 차이도 나지 않는다.

(d) $(1, 2)$에서 $f(x) = \sqrt{x} + x$의 그래프에 접하는 직선의 기울기는 1.5이다.

(e) $y = 1.5x + 0.5$

36. $f''(x) = 12x - 6$ **37.** $f''(x) = -6x$

38. $f''(x) = -(1/4)(x+3)^{-3/2}$

39. $f''(x) = \frac{3(x+4)}{4(x+3)^{3/2}}$

40. 미분 가능: $f'(x) = (4/3)x^{1/3}$,
따라서 $f'(0) = 0$. 두 번 미분은 불가능:
$f''(x) = (4/9)x^{-2/3}$, 따라서 $f''(0)$ DNE.

41. $f'(x) = 0$이면 f의 그래프에 대한 모든 접선은 수평이다. 더욱이 모든 x에 대해 $f'(x) = 0$이라는 말은 f가 모든 x에 대해 미분 가능이란 뜻이므로 모든 x에 대해 연속임을 의미한다. 결론: f는 상수 함수, 즉 $f(x) = c$, 이때 c는 실수이다. $f''(x) = 0$이면 앞선 해석에 따라 $f'(x) = c$, c는 실수가 된다. 이는 f의 그래프에 대한 모든 접선이 기울기 c를 갖는다는 뜻이다. 이때 $c = 0$이면 다시 상수 함수가 되고 $c \neq 0$이면 $f(x) = cx + d$, d는 실수가 된다. 결론: f는 선형 함수이거나 상수 함수이다.

42. $j(t) = 6$ mile/hr^3

43. (순간) 감소율은 $U'(t)$로 측정한다. $U'(t)$가 감소한다는 것은 $U'(t)$ 그래프의 접선이 아래쪽으로 기울어 $U''(t) < 0$라는 의미다.

44. (a) 5% 이자율 학자금 대출의 상환 총 비용은 $10,000$이다.

(b) 단위: 퍼센트 이자율당 $, 해석: 학자금 대출 이자율이 5%일 때 총 상환 비용은 퍼센트 이자율당 $1,000$의 순간 비율로 증가한다.

(c) 양수이다. r이 증가함에 따라 더 많은 이자가 부과되기 때문이다.

45. (a) $g(0) \approx 9.8 \mathrm{m/s}^2$

(b) $g'(h) = -\frac{2GM}{(R+h)^3}$,

$g'(0) = -\frac{2GM}{R^3} \approx -3.08 \times 10^{-6}$ (m/s^2)/m

46. (a) $T(9.81) \approx 2.006$초

(b) $g(T) = \frac{4\pi^2 l^2}{T^2} \mathrm{m/s}^2$, $g(2.006) \approx \frac{9.81}{l^2} \mathrm{m/s}^2$

(c) $T(g(h)) = \frac{2\pi\sqrt{l}}{\sqrt{GM}}(R+h)$

(d) $f'(0) = \frac{2\pi}{\sqrt{GM}} \approx 3.15 \times 10^{-7}$ s/m. $f'(0)$은 선형 함수 $f(h) = T(g(h))$의 기울기이므로 다음과 같이 해석할 수 있다. 즉, 위도가 1미터 증가할 때마다 1미터 길이의 진동 폭이 좁은 진자의 주기는 약 3.15×10^{-7}초 증가한다.

47. (a) $h(F) = s(C(F)) = 20.05\sqrt{\frac{5}{9}F + 255.37\overline{2}}$
(2 위의 막대는 순환 소수를 나타냄)

(b) $h(68) \approx 343.29 \mathrm{m/s}$, $\frac{c}{h(68)} \approx 873,300$, 빛이 소리보다 거의 874,000배 빠르다는 것을 나타낸다.

(c) $h'(68) = s'(C(68))C'(68) = \frac{5}{9}s'(20)$

$= \frac{5}{9}\left[\frac{20.05}{2\sqrt{20+273.15}}\right] \approx 0.32$ m/s per ℃℉

48. $f'(x) = \begin{cases} -1, & x < 0 \\ 1, & x > 0 \end{cases}$ ($f'(0)$은 존재하지 않는다.)

49. 모든 $x \neq 0$에 대해 $f'(x) = 0$이고 $f'(0)$은 존재하지 않는다.

51. $y = -2x$, $y = 2x$

52. $f'(x) = g(x^2) + 2x^2 g'(x^2)$

53. $f'(x) = 4e^{4x}$　　**54.** $f'(x) = -(2x)2^{-x^2}$

55. $g'(t) = 2(t^2 + t + 1)e^{2t}$

56. $h'(z) = \frac{e^z - e^{-z}}{2}$　　**57.** $f'(x) = \frac{2x}{x^2 + 5}$

58. $f'(z) = \frac{(1 - z\ln(3z))e^{-z}}{z}$　　**59.** $h'(t) = \frac{1 - t^2}{t^3 + t}$

60. $g'(t) = -\frac{2e^t}{e^{2t} - 1}$

63. (b) $T'(0) = -27.03$, 해석: 커피 잔을 막 탁자 위에 놓을 때 온도는 분당 $-27.03{}^\circ$F의 순간 비율로 감소한다.

(c) $T'(t) = -27.03e^{-0.318t}$　　(d) $T(t)$는 $y = 75{}^\circ$F 를 수평 점근선으로 갖는다. 해석: 결국 커피는 $y = 75{}^\circ$F(주변 온도)로 냉각된다.

64. (a) a, 해석: 장기적으로는 처음에 학습한 정보 의 a%만 유지된다.

(b) $R(t) = e^{(\ln 0.7)t} = (0.7)^t$

(c) $R'(1) = 0.7\ln 0.7 \approx -0.25$, 해석: 무언가 새로 운 것을 배우고 하루가 지나면(복습하지 않는다고 가정) 보유한 정보가 하루에 0.25(즉 25%)의 순간 비율로 감소하고 있다.

65. (b) 발전기 근처에서 속도 0m/s의 바람이 발생 할 확률의 순간 변화율은 a이다.

67. $f'(x) = 12x^2 - 3\cos x$

68. $f'(x) = \frac{\cos x - 2x\sin x}{2\sqrt{x}}$　**69.** $f'(x) = \frac{1 - \tan x + x\sec^2 x}{(1 - \tan x)^2}$

70. $f'(z) = \cos z - 1$

71. $g'(x) = -\sin x - 2\cot x \csc^2 x$

72. $h'(t) = \frac{t\cos t - \sin t}{t^2}$　　**73.** $g'(t) = -\frac{1}{1 + \sin t}$

74. $h'(z) = 2z^3 \sin z(2\sin z + z\cos z)$

78. $a = 0$일 때 $\theta = 0$, $a = \pm 1$일 때 $\theta \approx 71.6^\circ$, 해석: 접선은 $x = 0$에서 수평이고 $x = \pm 1$에서는 x축에 대해 약 71.6° 기울어진다.

79. (b) 결과는 0이다. 반지름 r의 원에 내접하는 부 록 A 연습문제 60번의 삼각형 개수가 임의로 커짐 에 따라 이러한 삼각형 면적 합계의 순간 변화율은 0에 가까워진다(간단히 말해서 '$n = \infty$'일 때 $A(n)$ 에는 더 이상 면적이 추가되지 않는다).

80. (a) 진폭: θ_0, 주기: $2\pi\sqrt{\frac{l}{g}}$

(b) $\theta(t) = \frac{\pi}{60}\cos(\sqrt{9.81}\,t)$

(c) $T = \frac{2\pi}{\sqrt{9.81}} \approx 2.00607$

(d) $T\left(\frac{\pi}{60}\right) = \frac{2\pi}{\sqrt{9.81}}\left[1 + \frac{1}{16}\left(\frac{\pi}{60}\right)^2\right] \approx 2.00641$

(e) $T'\left(\frac{\pi}{60}\right) = \frac{\pi}{4\sqrt{9.81}}\left(\frac{\pi}{60}\right) \approx 0.01$,

해석: 1미터 길이 진자의 초기 진폭이 3도일 때 주 기는 1도당 약 0.01초의 순간 비율로 증가한다.

> ### 4장 연습문제
>
> **1.** $L(x) = 0$　　　　　**2.** $L(x) = 1 + 1/2(x - 1)$
>
> **3.** $L(x) = 1 - (x - 1)$　**4.** $L(x) = 8 + 12(x - 2)$
>
> **5.** 실제 값은 $\sqrt{10} = 3.162\cdots$이다.
>
> $a = 9$에서 $f(x) = \sqrt{x}$를 이용하면

$\sqrt{10} \approx 3 + \frac{1}{6}(10-9) \approx 3.167$ 이다.

6. 실제 값은 $(1.01)^6 = 1.0615\cdots$ 이다. $a=1$ 에서 $f(x) = x^6$ 을 이용하면 $(1.01)^6 \approx 1 + 6(1.01 - 1)$ $= 1.06$ 이다.

7. 실제 값은 $\frac{1}{\sqrt{3}} = 0.57\cdots$ 이다.

$a=4$ 에서 $f(x) = x^{-1/2}$ 을 이용하면

$\frac{1}{\sqrt{3}} \approx \frac{1}{2} - \frac{1}{16}(3-4) \approx 0.4375$ 이다.

8. 실제 값은 $\sqrt[3]{2} = 1.25\cdots$ 이다.

$a=1$ 에서 $f(x) = x^{1/3}$ 을 이용하면

$\sqrt[3]{2} \approx 1 + \frac{1}{3}(2-1) \approx 1.33$ 이다.

9. (a) $(-\infty, -3)$과 $(2, \infty)$

(b) $(-3, 2)$ (c) $x = -3$과 $x = 2$

(d) $(-3, 81)$에서 극대, $(2, -44)$에서 극소

10. (a) $(-\infty, -1)$과 $(1, \infty)$

(b) $(-1, 0)$과 $(0, 1)$ (f는 $x=0$에서 정의되지 않음)

(c) $x=-1, x=0, x=1$

(d) $(-1, -2)$에서 극대, $(1, 2)$에서 극소

11. (a) $\left(\frac{1}{2} - \frac{\sqrt{5}}{2}, \frac{1}{2}\right)$과 $\left(\frac{1}{2} + \frac{\sqrt{5}}{2}, \infty\right)$

(b) $\left(-\infty, \frac{1}{2} - \frac{\sqrt{5}}{2}\right)$과 $\left(\frac{1}{2}, \frac{1}{2} + \frac{\sqrt{5}}{2}\right)$

(c) $x = 0.5, x = \frac{1}{2} \pm \frac{\sqrt{5}}{2}$ (d) $\left(\frac{1}{2}, \frac{9}{16}\right)$에서 극대,

$\left(\frac{1}{2} - \frac{\sqrt{5}}{2}, -1\right)$과 $\left(\frac{1}{2} + \frac{\sqrt{5}}{2}, -1\right)$에서 극소

12. (a) $(-\infty, -6)$과 $(0, \infty)$

(b) $(-6, -3)$과 $(-3, 0)$ (f는 $x=-3$에서 정의되지 않음)

(c) $x=-6, x=-3, x=0$

(d) $(-6, -12)$에서 극대, $(0, 0)$에서 극소

13. (a) $x=3$ (b) $x=1$

14. (a) $x=3$ (b) $x=\pm1$

15. (a) $x=1$ (b) $x=0$

16. (a) $x=1$ (b) $x=0$

17. (a) $(0.5, \infty)$ (b) $(-\infty, 0.5)$

(c) $x=0.5$에서 변곡점

18. (a) $(-\infty, 0)$ (b) $(0, \infty)$

(c) $x=0$에서 변곡점

19. (a) $(-\sqrt{3}/3, \sqrt{3}/3)$

(b) $(-\infty, -\sqrt{3}/3)$과 $(\sqrt{3}/3, \infty)$

(c) $x = \pm\sqrt{3}/3$에서 변곡점

20. (a) $(-\infty, \infty)$ (b) 없음   (c) 변곡점 없음

21. $2/3 \ \mathrm{cm}^3/\mathrm{min}$ **22.** $\frac{1}{16\pi} \ \mathrm{cm/s}$

23. $\frac{3}{1000\pi} \ \mathrm{L/s}$ **24.** $3\sqrt{5} \ \mathrm{ft/s}$

25. $\frac{20}{3\pi} \ \mathrm{cm/s}$ **26.** $\frac{5\sqrt{10}}{2} \ \mathrm{m/s}$

27. $50 \mathrm{mph}$ **28.** $2.5 \mathrm{ft/s}$

29. 시작 지점 정반대편에서 직선으로 동쪽

$\sqrt{2}/2 \approx 0.7$ 마일 지점

30. (a) $p(x) = 350 - \frac{x}{100}$

(b) $p(17,500) = \$175$

31. (a) $\overline{R}'(x) = \frac{xR'(x) - R(x)}{x^2}$

(b) $\overline{R}'(x)$ 는 $x=0$일 때 정의되지 않는다. 또한 $R'(x) = \frac{R(x)}{x} = \overline{R}(x)$ 일 때 $\overline{R}'(x) = 0$ 이다. 이 방정식을 만족하는 x값은 x단위를 팔 때 얻는 평균

수익이 x 번째 상품을 팔 때 얻는 수익과 같을 때이다.

33. 땅에 서 있을 때 고도가 1m 증가하면 중력 가속도가 약 3.08×10^{-6}m/s² 감소한다.

34. 최댓값은 2,500이다. 또한 두 수의 곱은 $x(100 - x) = -x^2 + 100x$이기 때문에 최솟값이 존재하지 않는다.

36. $\frac{25}{11}(3\sqrt{3} - 4)$

39. (a) $(-\infty, 1)$에서 증가, $(1, \infty)$에서 감소

(b) 1　　　　　　　(c) $x = 1$에서 극댓값

(d) $x = 2$에서 최솟값, $x = 1$에서 최댓값

(e) $(1, 2)$에서 위로 볼록, 구간 내에 변곡점 없음

40. (a) $(0, \infty)$에서 증가, $(-\infty, 0)$에서 감소

(b) 0　　　　　　　(c) $x = 0$에서 극솟값

(d) $x = 1$에서 최솟값, $x = 2$에서 최댓값

(e) $(1, 2)$에서 아래로 볼록, 구간 내에 변곡점 없음

41. (a) $(2, \infty)$에서 증가, $(0, 2)$에서 감소

(b) 2　　　　　　　(c) $x = 2$에서 극솟값

(d) $x = 2$에서 최솟값, $x = 1$에서 최댓값

(e) $(1, 2)$ 아래로 볼록, 구간 내에 변곡점 없음

42. (a) $(0, \sqrt{e})$에서 증가, $(\sqrt{e}, \infty)$에서 감소

(b) $\sqrt{e}$　　　　　　(c) $x = \sqrt{e}$에서 극댓값

(d) $x = 1$에서 최솟값, $x = \sqrt{e}$에서 최댓값

(e) $(1, 2)$에서 위로 볼록, 구간 내에 변곡점 없음

43. (a) $b > 1$이면 $\ln b > 0$이고 따라서 모든 x에 대해 $f'(x) > 0$이다. 이 말은 f가 모든 x에 대해 증가하

고(정리 4.1), 따라서 극값이 없음을 의미한다. $0 < b < 1$이면 $\ln b < 0$이고 따라서 모든 x에 대해 $f'(x) < 0$이다. 이 말은 f가 모든 x에 대해 감소하고(정리 4.1), 따라서 극값이 없음을 의미한다.

(b) 모든 x에 대해 $f''(x) > 0$이므로 정리 4.7을 통해 f가 모든 x에 대해 아래로 볼록하다는 것을 알 수 있다. 따라서 요철의 변화가 없다(즉, 변곡점 없음).

44. (a) $0 < b < 1$: $(0, \infty)$에서 감소. $b > 1$: $(0, \infty)$에서 증가. g'은 부호가 바뀌지 않으므로 g에는 극값이 없다.

(b) $0 < b < 1$: $(0, \infty)$에서 아래로 볼록. $b > 1$: $(0, \infty)$에서 위로 볼록. g''은 부호가 바뀌지 않으므로 g에는 변곡점이 없다.

46. (c) 그래프는 다음과 같다.

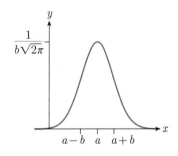

47. (a) $R'(\lambda) = \dfrac{e^{2/\lambda}(2 - 5\lambda) + 5\lambda}{\lambda^7 (e^{2/\lambda} - 1)^2}$

(b) $0 < \lambda < 0.4$(대략)에 대해 $R'(\lambda) > 0$이고, $\lambda > 0.4$(대략)에 대해 $R'(\lambda) < 0$이며 R은 연속이므로 정리 4.4로부터 R은 $x \approx 0.4$에서 최댓값을 갖는다.

48. (a) $G(t) = e^{1 - e^{0.085t}}$, $G(0) = 1$, 이는 성공적으로 태어난 뒤 0세까지 생존할 확률이 100%라는 뜻

이다.

(b) 0, 이는 곰페르츠 생장 곡선은 생존 연령이 임의로 커짐에 따라 생존 확률이 0에 가까워질 것이라고 예측한다는 뜻이다.

(c) 해석: 태어난 뒤 t세까지 생존할 확률은 연령이 증가함에 따라 감소한다.

(d) 해석: 태어난 뒤 t세까지 생존할 확률은 연령이 증가함에 따라 점차 더 큰 폭으로 감소한다.

<u>49.</u> (c) $v = \frac{1}{\sqrt{e}} \approx 0.6\,\mathrm{m/s}$

<u>50.</u> $\frac{2\pi}{3}\,\mathrm{f/s}$ <u>51.</u> $\frac{40\pi}{3}\,\mathrm{km/min}$

<u>53.</u> (a) $(0, \pi)$에서 증가 (b) 없음 (c) $f(0)$에서 극댓값, $f(\pi)$에서 극솟값 (d) $x = 0$에서 최댓값, $x = \pi$에서 최솟값 (e) $(0, 2\pi/3)$에서 위로 볼록, $(2\pi/3, \pi)$에서 아래로 볼록, $x = 2\pi/3$에서 변곡점

<u>54.</u> (a) $(-\pi/3, \pi/3)$에서 증가 (b) 없음
(c) $g(-\pi/3)$에서 극솟값), $g(\pi/3)$에서 극댓값
(d) $x = \pi/3$에서 최댓값, $x = -\pi/3$에서 최솟값
(e) $(-\pi/3, 0)$에서 아래로 볼록, $(0, \pi/3)$에서 위로 볼록, $x = \pi/3$에서 변곡점

<u>55.</u> (a) $(0, \pi/6)$에서 증가, $(\pi/6, \pi/2)$에서 감소 (b) $\pi/6$ (c) $h(0)$과 $h(\pi/2)$에서 극솟값, $h(\pi/6)$에서 극댓값 (d) $t = \pi/6$에서 최댓값, $t = \pi/2$에서 최솟값 (e) $(0, \pi/2)$에서 위로 볼록, 관심 구간에 변곡점 없음

<u>56.</u> (a) $(\pi/2, 3\pi/2)$에서 증가, $(\pi/4, \pi/2)$와 $(3\pi/2, 7\pi/4)$에서 감소 (b) $\pi/2$와 $3\pi/2$ (c) $g(\pi/4)$와

$g(3\pi/2)$에서 극댓값, $g(\pi/2)$와 $g(7\pi/4)$에서 극솟값 (d) $x = \pi/4$에서 최댓값, $x = 7\pi/4$에서 최솟값 (e) $(\pi/4, \pi)$에서 아래로 볼록, $(\pi, 7\pi/4)$에서 위로 볼록, $s = \pi$에서 변곡점

<u>58.</u> (c) $0 \le \mu \le 1$이므로 $0 \le \mu^2 \le 1$이고 $1 \le 1 + \mu^2 \le 2$이다. 따라서 $1 \le \sqrt{1 + \mu^2} \le \sqrt{2}$이 성립하므로 $\frac{1}{\sqrt{1+\mu^2}} \le 1$이 된다. 여기에 음이 아닌 숫자 $\mu m g$를 곱하면 $\frac{\mu m g}{\sqrt{1+\mu^2}} \le \mu m g$가 나온다. 마지막으로 $\mu m g \le m g$는 $\mu \le 1$로부터 나온다.

<u>59.</u> (a) $r(0) = a(1 - e)$, $r(\pi) = a(1 + e)$. 이때 $r(\pi) = r(0) + 2ae$이므로 $r(\pi) - r(0) = 2ae > 0$이 된다.

(c) 가장 가까울 때: $r(0) \approx 9.14 \times 10^7$마일, 가장 멀 때: $r(\pi) \approx 9.46 \times 10^7$마일

<u>61.</u> (c) 구간 $[0, L]$에서 $t''(x) > 0$

<u>63.</u> (a) n이 크면 $\frac{2\pi}{n}$는 0에 가깝다. $x = \frac{2\pi}{n}$로 놓으면 결과는 $\sin x \approx x$를 따른다(식 **4.14**를 떠올리자).

5장 연습문제

<u>1.</u> $A(t) = 10t$ <u>2.</u> $A(t) = t - t^2/2$

<u>3.</u> $A(t) = \begin{cases} t^2 & , \quad 0 \le t \le \frac{1}{2} \\ \frac{1}{4} + \left(t - \frac{1}{2}\right) & , \quad \frac{1}{2} \le t \le \frac{3}{2} \\ \frac{5}{4} + \frac{1}{2}\left(t - \frac{3}{2}\right)(5 - 2t) & , \quad \frac{3}{2} \le t \le 2 \end{cases}$

<u>4.</u> (a) 0.25   (b) 0.75   (c) 1.25

5. (a) 왼쪽: (2, 3), 오른쪽: (0, 2)

(b) $\int_0^1 \mathscr{s}(x)dx = \frac{3}{4}$은 처음 1단위 시간 동안 이동한 거리다. $\int_0^3 \mathscr{s}(x)dx = \frac{3}{4}$은 처음 3단위 시간 동안의 변위다.

6. (a) 다음은 [0, 1] 구간에서 임의의 x값에 대한 그래프이다.

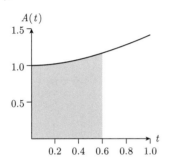

(b) $A'(t) = \sqrt{1+t^2}$, $A'(t) > 0$이므로 $A(t)$는 구간 [0, 1]을 포함하여 모든 곳에서 증가한다.

(c) $A''(t) = \frac{t}{\sqrt{1+t^2}}$, $t > 0$에 대해 $A''(t) > 0$이므로 $A(t)$는 구간 (0, 1]에서 아래로 볼록하다.

7. (a) $A'(t) = t$ (b) $g'(t) = 2t^3$

8. $\pi/2$ **9.** $f(x) = 0$, $f(x) = \frac{1}{2}x + C$

10. 3   **11.** 1/2   **12.** 2

13. (a) 미적분의 기본 정리, 정리 5.1   (b) 합의 법칙, 정리 3.3   (c) 정리 5.3   (d) $t = a$로 놓으면 $A_{f+g}(a) = A_f(a) = A_g(a) = 0$이 된다($f$와 g, $f + g$에서 $x = a$와 $x = a$로 경계가 설정된 면적은 0이기 때문). 따라서 $C = 0$이 되므로 적분의 합의 법칙이 나온다.

14. (a) $A(t)$와 $d(t)$ 그래프에 대한 접선의 기울기

는 모든 t값에서 같다.

(b) $g'(t) = 0$, $g'(t)$는 동일한 t값에서 $A(t)$와 $d(t)$의 그래프에 대한 접선의 기울기 차이이고, (a)번에 의해 이 차이는 0이다.

(c) $g'(t) = 0$은 $g(t)$의 그래프에 대한 모든 접선의 기울기가 0임을 의미한다. 이는 $g(t)$가 상수 함수여야 한다는 뜻이나. 그리고 $g(t) = d(t) - A(t)$이므로 $d(t) - A(t)$는 일정하다. (참고: 이 문제에서는 $d(t)$와 $A(t)$가 연속이라고 암묵적으로 가정했다. 이는 $d(t)$가 떨어지는 사과가 이동한 거리이고 $A(t)$는 $d(t)$ 그래프 아래의 면적이기 때문이다.)

15. (a) $L(0)$은 하위 0% 가정이 버는 국가 소득의 백분율로 0이다. $L(1)$은 하위 100% 가정이 버는 국가 소득의 백분율로 100%이다. 따라서 $L(1) = 1$이다(백분율 x와 $L(x)$는 100으로 나눈 소수 형식으로 변환됨을 떠올리자). x와 $L(x)$는 백분율이므로 0%에서 100%까지는 곧 소수 형식으로 0에서 1까지이다. 따라서 x와 $L(x)$는 모두 0과 1 사이의 숫자다.

(b) 모든 가정의 소득이 같으면 하위 x%의 가정이 국가 소득의 x%를 번다. 이는 $L(x) = x$를 의미한다. 식 **5.26**에 이를 이용하면 면적이 0이므로 $G = 0$이다.

(c) 하위 x% 가정이 벌어들인 국가 소득 비율은 x% 미만이다.

(d) $L(x) < x$이면 $2x - 2L(x) > 0$이다. G는 이러한 함수 그래프 아래의 $x = 0$과 $x = 1$ 사이의 면적이므로 (식 **5.27** 참고), $G > 0$이다.

16. 곡선 아래에 대략 24.5개의 파란색 네모가 있다. 이러한 각 네모의 면적은 0.05이므로 $\int_0^T c(t)\,dt$ 의 추정치는 $(24.5)(0.05) = 1.225$이다. 따라서 $F = \frac{A}{1.225} \approx 0.82A$이다.

17. 8   **18.** 0   **19.** $\frac{3}{\sqrt[3]{4}}$ **20.** $\frac{7}{10}$

21. $\frac{2}{3}x^{3/2} - 4\sqrt{x} + C$ **22.** $\frac{y^3}{3} - \frac{3}{2}y^2 + 2y + C$

23. 7   **24.** $\frac{16}{15}$

25. $-\frac{2}{15}\sqrt{1-t}(3t^2 + 4t + 8) + C$ **26.** $\frac{(2\sqrt{2}-1)a^3}{3}$

27. 정리 5.2를 사용하고 있지만 $f(x) = x^{-2}$은 구간 $[-1, 1]$에서 연속이 아니다.

28. 7   **29.** 8   **30.** 2   **31.** $\frac{1}{2}$

32. $r(t)$가 연속이라고 가정하면 정리 5.2를 통해 이러한 적분이 2017년과 2027년 사이 석유 소비량의 순수 변화량을 나타낸다는 것을 알 수 있다. 2017년부터 10년 동안 세계 석유 소비량이 계속 증가할 것으로 예상한다면 이러한 순수 변화량이 양수일 것이다(2017에 비해 2027년에 세계 석유 소비량이 더 많을 것으로 예상).

33. (a) v_x는 일정하고 수평 방향으로 작용하는 힘은 없으므로 $x(t) = v_x t$이다.

(b) $A = -\frac{g}{2v_x^2}$, $B = \frac{v_y}{v_x}$, $C = d$, B는 물체의 수직과 수평 속도의 비율이며 C는 물체의 초기 높이다.

34. (b) 1시간 동안 약 1.73ft, 2시간 동안 약 1.49ft

35. (a) $P'(100) = -23(100)^{-1.23}$, 해석: 100개 단위가 생산되었을 때 생산 비용은 단위당 $23(100)^-$

1.23\$(약 8센트)의 순간 변화율로 감소하고 있다.

(b) $P(n) = 100n^{-0.23}$ ($P(1) = 100$은 임의의 상수 $C = 0$임을 보이기 위해 사용됨.)

36. (a) 정리 4.5

(b) (a)에 의해, 구간 $[t, t + \Delta t]$의 모든 x값에 대해 $f(x) \geq f(m)$이다. 따라서 $x = t$와 $x = t + \Delta t$ 사이의 $f(x)$ 그래프 아래의 면적은 같은 구간의 상수 함수 $f(m)$ 그래프 아래의 면적보다 더 크거나 같다. 구간 $[t, t + \Delta t]$의 모든 x값에 대해 $f(x) \leq f(M)$으로부터 시작하는 비슷한 추론을 통해 다른 부등식도 설명할 수 있다.

(c) (b)번에서 가장 왼쪽의 적분은 높이 $f(m)$, 너비 Δt의 직사각형 면적이다. 마찬가지로, 가장 오른쪽 적분은 높이 $f(M)$, 너비 Δt의 직사각형 면적이다. 이러한 결과를 이용하고 (b)번 부등식을 Δt로 나누면 (c)번의 부등식이 나온다.

(d) $\Delta t \to 0$일 때, m과 M은 t에 다가간다(m과 M은 모두 계속 줄어드는 구간 $[t, t + \Delta t]$에 있기 때문). 따라서 $\Delta t \to 0$일 때, $f(m)$과 $f(M)$은 $f(t)$에 다가간다. 그러므로 (c)번 부등식의 가운데 항 역시 $\Delta t \to 0$일 때, $f(t)$에 다가간다(이것이 (d)번의 주장이다).

41. $\frac{2\sqrt{2}}{3}$ **42.** $e^{3x} + C$ **43.** $\frac{5^x}{\ln 5}$

44. $\frac{2}{3}\left[(1+e)^{3/2} - 2^{3/2}\right] \approx 2.9$ **45.** $\ln 2 \approx 0.7$

46. $\ln(\pi + e^x) + C$ **47.** $\frac{1}{3}$

52. (a) $p'(x) = \frac{1}{\ln x}$, 해석: 큰 수 x에 대해, x보다

작거나 같은 소수의 개수는 증가하고 있다.

(b) $p''(x) = -\frac{1}{(\ln x)^2}$, 해석: 큰 수 x에 대해, x보다 작거나 같은 소수의 개수가 증가하는 순간 변화율은 감소하고 있다(섹션 3.13에서 다룬 f''의 해석 참고). 달리 말하자면, x가 커질수록 x보다 작거나 같은 소수의 개수가 증가하기는 하는데, x가 커질수록 그러한 증가율($p'(x)$)은 점점 느려진다($p''(x)$ <0)는 뜻이다. 즉, x가 커질수록 소수는 드물게 나온다.

53. (a) $\Delta P \approx 2\pi x p(x) \Delta x$, 해석: 도심으로부터의 반경 x와 비교하여 반경 $x + \Delta x$ 내에 사는 인구는 약 $2\pi x p(x)$만큼 더 많다. 이때 인구 수를 세므로 $p(x) > 0$임에 주의한다.

(b) $P(x) = 600(1 - e^{-\pi x^2/100})$, 극한은 600이다. 해석: 우리가 도시에서 임의로 멀리 떨어진 반경을 고려할 때, 도심에서 그러한 거리 내에 사는 인구는 600,000명에 가까워진다는 것을 알 수 있다.

54. $\frac{t^4}{4} - \sin t + C$ **55.** $-\cot x + \cos x + C$

56. $-\frac{4}{3}(\cot t)^{3/2} + C$ **57.** $\frac{2+\sqrt{2}}{6} \approx 0.57$

58. $\sqrt{2} - 1 \approx 0.41$ **59.** $x - \ln|\cos\theta| + C$

60. $\frac{2}{\pi}$ **61.** (b) $\frac{\pi}{8}$

62. (a) a리터/초   (b) 이 질문은 $v(t)$의 주기에 관한 것이다. 답은 $\frac{2\pi}{b}$ (c) $\frac{2a}{b}$, 해석: 한 번의 호흡 주기 동안 흡입한 공기의 양(리터)

63. (a) $a = 74$, $b = 2$ (c) $c = \frac{\pi}{12}$

참고문헌

[1] 오스카 E. 페르난데스. (2015).《미적분으로 바라본 하루》: 일상 속 어디에나 있는 수학 찾기. 프리렉.

[2] Gellish, R. L., Goslin, B. R., Olson, R. E., McDonald, A., Russi, G. D., and Moudgil, V. K. (2007). Longitudinal Modeling of the Relationship between Age and Maximal Heart Rate. *Medicine & Science in Sports & Exercise* 39(5), 822 – 829.

[3] West, G. B., and Brown, J. H. (2005). The origin of allometric scaling laws in biology from genomes to ecosystems: towards a quantitative unifying theory of biological structure and organization. *Journal of Experimental Biology* 208, 1575 – 1592.

[4] Speakman, J. R. (2005). Body size, energy metabolism and lifespan. *Journal of Experimental Biology* 208, 1717 – 1730.

[5] Savage, V. M., Gillooly, J. F., Woodruff, W. H., West, G. B., Allen, A. P., Enquist, B. J., and Brown, J. H. (2004). The predominance of quarter – power scaling in biology. *Functional Ecology* 18, pgs. 257 – 282.

[6] "What Is Inflation and How Does the Federal Reserve Evaluate Changes in the Rate of Inflation?" Board of Governors of the Federal Reserve System, January 26, 2015. http://www.federalreserve.gov/faqs/economy_14419.htm (Accessed May 15, 2017).

[7] 오스카 E. 페르난데스. (2017).《수학의 참견》: 방정식으로 바라본 건강, 돈, 사랑의 해법. 프리렉.

[8] Wilson, Chris. "This One Simple Tool Could Save Your Relationship." TIME.com, 24 July 2017. http://time.com/4867730/relationships – money – tool/ (Accessed August 15, 2017).

[9]   Frankenfeld, D., Routh – Yousey, L., and Compher C. (2005). Comparison of Predictive Equations for Resting Metabolic Rate in Healthy Nonobese and Obese Adults: A Systematic Review. *Journal of the Academy of Nutrition and Dietetics* 105(5), 775 – 789.

　　　참고: 이 연구에서 저자들은 다음과 같이 언급한다. "Mifflin – St. Jeor 방정식이 테스트한 다른 방정식보다 RMR을 측정값과 오차 10% 이내로 추정할 확률이 더 크지만, 개인에게 적용할 때는 주의할 만한 오류와 한계가 있으며, 특정 연령과 인종에 일반화할 때 역시 그렇다."

[10] "Wind Chill Chart." National Weather Service. National Oceanic and Atmospheric Administration, n.d. http://www.nws.noaa.gov/om/cold/wind_chill.shtml (Accessed May 15, 2017).

[11] World Bank. "Poverty and Prosperity 2016: Taking on Inequality" (PDF). Figure O.10 Global Inequality, 1988 – 2013.

[12] Hubble, E. (1929). A Relation Between Distance and Radial Velocity Among ExtraGalactic Nebulae. *Proceedings of the National Academy of Sciences of the USA* 15(3), 168 – 173.

[13] Child, J. M. (1920). *The Early Mathematical Manuscripts of Leibniz.* Chicago: Open Court.

응용 예제 찾아보기

물리학

가가속도(Jerk, 가속도의 미분) ⋯⋯⋯⋯ 133

고도에 따른 중력 가속도 함수 ⋯⋯⋯⋯ 133

고도에 따른 지평선까지의 거리 ⋯⋯⋯⋯ 297

공중에 던진 물체의 높이 함수 ⋯⋯⋯⋯ 236

공중에 던진 물체의 포물선 궤적 ⋯⋯⋯⋯ 243

뉴욕 시 평균 최저 기온 ⋯⋯⋯⋯ 293

뉴턴의 중력 법칙 ⋯⋯⋯⋯ 78

달 위의 중력 가속도 ⋯⋯⋯⋯ 203

달리기 주자의 속도 ⋯⋯⋯⋯ 262

떨어지는 물체의 가속도 ⋯⋯⋯⋯ 127

발사체의 사정 거리 ⋯⋯⋯⋯ 177

방사성 붕괴와 방사성 탄소 연대 측정법 ⋯⋯⋯⋯ 300

비행기 활주로 길이 추정 ⋯⋯⋯⋯ 317

빗방울의 종단 속도 ⋯⋯⋯⋯ 299

삼각법으로 지구 반지름 추정 ⋯⋯⋯⋯ 283

섭씨 화씨 온도 변환 ⋯⋯⋯⋯ 261

소리의 크기(데시벨) ⋯⋯⋯⋯ 279

순간 속도 ⋯⋯⋯⋯ 87-89

스넬의 법칙 ⋯⋯⋯⋯ 198

아인슈타인 상대성 이론(길이 수축) ⋯⋯⋯⋯ 304

아인슈타인 상대성 이론(시간 지연) ⋯⋯⋯⋯ 77

아인슈타인 상대성 이론(질량 증가) ⋯⋯⋯⋯ 305

온도 변화에 따른 음속의 변화 ⋯⋯⋯⋯ 134

우주마이크로파배경복사(CMB, 빅뱅 이론 관련) ⋯⋯⋯⋯ 193

우주의 나이 추정 ⋯⋯⋯⋯ 297

위도에 따른 중력 가속도 함수 ⋯⋯⋯⋯ 82

전류의 삼각법 ⋯⋯⋯⋯ 302

체감온도 ⋯⋯⋯⋯ 111

태양계 행성의 궤도 ⋯⋯⋯⋯ 196

페르마의 증명: 반사와 굴절의 법칙 ⋯⋯⋯⋯ 197

페르마의 최소 시간의 원리
(Fermat's Principle of Least Time) ⋯⋯⋯⋯ 197

평균 속도 ⋯⋯⋯⋯ 86

평균 온도(온도 조절기) ⋯⋯⋯⋯ 249

풍력 ⋯⋯⋯⋯ 137, 194

생명과학

감기의 전파 ⋯⋯⋯⋯ 314

곰페르츠 생장 곡선(Gompertz Curves) ⋯⋯⋯⋯ 194

기침할 때 공기 흐름의 최대 속도 ⋯⋯⋯⋯ 171

동맥 수축에 따른 혈압 변화 ⋯⋯⋯⋯ 297

로지스틱 방정식 ⋯⋯⋯⋯ 314

비타민 섭취 ⋯⋯⋯⋯ 35

심박출량 ⋯⋯⋯⋯ 242

안정시 대사율(RMR) ⋯⋯⋯⋯ 107

인구 증가(지수적 성장) ⋯⋯⋯⋯ 299

폐활량 ⋯⋯⋯⋯ 249

포유류의 수명과 심박수 ⋯⋯⋯⋯ 266

혈관의 최적 분기 각도 ⋯⋯⋯⋯ 311

혈류의 최대 속도 ⋯⋯⋯⋯ 190

경제 경영

1년에 n번 이자가 붙는 예금 계좌의 잔액 A2, 300

70의 법칙(예금 잔액이 두 배가 되는 데 걸리는 시간의 근삿값) .. 80

대출금 상환 기간 계산 301

매월 휴대전화 요금 계산 296

복리 계산 274

복리 효과를 이용한 퇴직 연금 300

소득 분배의 불평등(지니 계수) 234

실업률 133

아마존의 평균 수익 최대화 190

연속 복리 A2, 79

음료수 캔을 만드는 데 쓰이는 재료 최소화 172

자산의 최적 보유 기간 309

택시 요금 77

학자금 대출 상환 133

항공사의 티켓 판매 수익 152

스포츠

달리기 주자의 속도 262

아쿠아슬론(수영과 달리기)에 걸리는 시간 최소화 189

앤더슨 체력 검사(Andersen Fitness Test) 232

최대 심박수 296

풋볼과 이차 방정식 296

사회과학, 행동과학

경험 곡선(Experience Curve) 244

두 당사자 사이의 최적의 의사결정 306

에빙하우스 망각 곡선 136

인구 밀도 248

정치학에서의 세제곱 법칙
(Cube Rule, 미국 대선과 관련된 하원 의석 배분) 312

책 안의 단어 출현 빈도 296

기타

무거운 물건을 당기는 데 필요한 힘 최소화 196

물시계를 이용한 시간 측정 244

색의 삼각법 302

음악의 삼각법 302

진자를 이용한 시간 측정 138

출퇴근 비용 최소화 174

침실 면적을 최대로 만드는 사각형 모양 168

커피 온도의 미적분 136

통계학에서의 정규 분포(벨 곡선) 192